国际电气工程先进技术译丛

电力系统分析中的计算方法
（原书第2版）

Computational Methods for Electric Power Systems
(2nd edition)

［美］ 玛丽莎 L. 克劳 （Mariesa L. Crow） 著

徐政 译

机 械 工 业 出 版 社

本书对应用于电力系统各种计算问题的数值计算方法进行了总结，内容包括线性方程组的解法、非线性方程组的解法、稀疏矩阵求解技术、微分方程数值解法、数值优化方法和特征值问题。

本书适合于电力系统专业的本科生、研究生、教师以及从事电力系统规划、设计、运行和控制的技术人员阅读。

译 者 序

  大规模电力系统的规划、设计、运行和控制涉及大量的计算问题。本书对应用于电力系统的各种数值计算方法进行了总结，是目前国际上少有的一本专门讲述电力系统计算方法的书。译者从事电力系统领域的教学和科研工作多年，承担过"计算方法"和多门电力系统领域课程的讲授，深深感到，一方面，透彻掌握电力系统规划、设计、运行和控制的相关理论，开发或熟练应用电力系统分析软件，需要对相应的数值计算方法有比较深入的了解；另一方面，目前本科生或研究生的"计算方法"课程，缺乏针对性的教材，一般性的适用于工科的"计算方法"教材，只包括了电力系统领域应用到的计算方法的一部分内容，还不够充分。译者认为，阅读本书，可以帮助学生对"电力系统稳态分析""电力系统暂态分析""电力系统运行与控制"等课程有更加深入的理解，因此推荐采用本书作为上述课程的教学参考书；同时，译者也推荐采用本书作为电力系统专业本科生或研究生"计算方法"课程的教材。

  翻译过程中，徐雨哲、许哲铃、刘开愚、卢星辉做了大量工作，在此深表谢意。原书中一些明显的笔误或印刷错误，在翻译过程中直接改正并未加以说明。限于译者水平，书中难免存在错误和不妥之处，恳请广大读者批评指正。译者联系方式：电话（0571）87952074，电子信箱 hvdc@ zju. edu. cn。

徐　政

于浙江大学求是园

原书第 2 版前言

此版在第 1 版基础上添加了新的内容，特别地，新版关于如下内容增加了新的章节：

(1) 广义最小残差（GMRES）法

(2) 数值差分

(3) 割线法

(4) 同伦连续法

(5) 计算主导特征值的幂法

(6) 奇异值分解和伪逆

(7) 矩阵束法

并且对优化方法那一章（第 6 章）进行了较多的修改，新增加了线性规划方法和二次规划方法。

典型的课程结构应依次包括第 1 章、第 2 章和第 3 章，接着讲后面的任意一章都是可以的，不会破坏课程的连贯性和一致性。对于每章所讲述的方法，我试图通过特色鲜明的例子使读者有一个总体的把握。但在很多情况下，不可能对所涉内容做详尽的阐述；特别是很多主题本身的发展经历了几十年的工作积累。

本书所阐述的很多方法已经有商业化的软件包，由于这些软件包具有很多防失效功能，诸如考虑病态问题等，通过这些软件包可以很严格地得到问题的解。我的目标不是使学生成为某个主题的专家，而是培养他们理解并欣赏这些商业化软件包后面的算法。很多商业化软件包为使用者提供了默认设置或参数选择，通过更好地理解驱动计算的算法，知情的使用者可以做得更好，并且对算法失效的情况有更深刻的了解。如果本书能为读者在使用商业化软件包时提供更多的自信，我已经成功地实现了我的目标。

和以前一样，我要感谢很多人：我的丈夫 Jim 及我的孩子 David 和 Jacob，他们让我每一天都快乐；我的父母 Lowell 和 Sondra，感谢他们一直以来的支持；以及 Frieda Adams，感谢她帮助我完成本书所做的一切。

Mariesa L. Crow
于美国密苏里州罗拉城

原书第 1 版前言

本书是我过去十多年里在密苏里大学罗拉分校讲授一门研究生课程的副产品。在那些年里，我已使用了多本该课程的优秀教科书，但每本教科书总是缺少我希望在课堂上讲授的某些主题。在使用了多年的讲义以后，我的好朋友 Leo Grigsby 鼓励我（如果施加压力可以被称为鼓励的话……）将它们整理成一本书。在我的研究生（他们是每一章的试用者）的支持下，本书慢慢地成形了。我希望本书的读者会像我已经发现的那样，发现这个领域是那么地令人兴奋。

除了要感谢 Leo 和 CRC 出版社严谨的人们，我还要感谢密苏里大学罗拉分校的管理部门和电气与计算机工程系，为我提供了从事教学和科研的环境以及追求我在此领域个人兴趣的自由度。

最后，我要借此难得的机会当众感谢在我的职业发展中给予我指导和帮助的人们。我要感谢 Marija Ilic，最初的时候带我入门；Peter Sauer，一路上一直鼓励我；Jerry Heydt，启迪我的灵感；Frieda Adams，所做的减轻我生活负担的所有工作；Steve Pekarek，容忍我的牢骚和抱怨；以及 Lowell 和 Sondra Crow，使这所有的一切成为可能。

Mariesa L. Crow
于美国密苏里州罗拉城

目　　录

第 1 章 引　论

在今天放松管制的大环境下，本国电网已不能按照当初设计时设想好的方式运行。因此，系统分析和计算对于预测并不断地更新电网的运行状态就显得非常重要。系统分析和计算的内容包括估算当前的潮流和电压（潮流分析和状态估计），确定系统的稳定极限（连续潮流、用于暂态稳定计算的数值积分和特征值分析），以及费用最小化计算（最优潮流）等。本书讲述各种计算方法的入门知识，这些计算方法构成了电力系统及其他工程和科学领域很多分析计算的基础，也是无数商业软件所使用算法的基础。通过了解支撑这些算法的理论，读者可以更好地使用那些商业软件并做出更明智的决策（即在仿真软件中选择更好的数值积分方法和确定更合适的积分步长等）。

由于电网的规模巨大，电力系统分析计算依靠手工几乎是不可能的，计算机是唯一真正可行的手段。电力工业界是计算机技术的最大用户之一，也是在大型计算机出现后最早接受计算机分析的工业部门之一。虽然电力系统分析的第一批算法是在 20 世纪 40 年代开发出来的，但直到 60 年代计算机才在电力工业界得到广泛使用。今天用于大系统仿真和分析的很多技术和算法起初是为电力系统应用而开发的。

随着电力系统更多地运行在重载状态下，计算机仿真将会在电力系统的控制和安全性评估方面发挥更大的作用。将商业化软件包用于仿真重载的电力系统时，往往不能运行或者给出错误的结果。为了正确理解和解释商业化软件包的仿真结果，必须了解其内在的数值计算方法。例如，是系统确实呈现出了仿真得到的行为特征，还是仅仅因为数值计算不精确而导致的伪结果？如何弥补商业化软件包存在的算法缺陷？是通过选择更好的仿真参数，还是通过将问题描述成更适合于数值计算的形式？对诸如此类的问题，受过数值计算训练的用户可以做出更好的判断。本书将给出多种广泛使用的数值计算方法的背景知识，这些计算方法构成了众多电力系统分析和设计商业化软件包的基础。

本书是为研究生计算方法课程而写的教材，课程长度是一个学期。尽管本书中的大多数例子是基于电力系统应用的，但数值计算的理论是按照一般性的方式阐述的，因而可应用于大范围的工程系统。虽然完全领会本书中某些内容的微妙之处需要具有电力系统工程的一些知识，但这些知识对理解算法本身并不是前提条件。相对于内容广泛的计算方法领域，本书的叙述和例子仅仅是一个入门的导引，并不能包罗万象。本书阐述的很多算法一直存在着众多的改进算法，并且仍然是当前研究的目标；由于本书的意图是打基础，因此很多新的进展并没有明确地包含在叙述中，而是作为参考文献列出，以方便感兴趣的读者进一步学习。为了让读者能够容易地将书中的算例复现出来，本书特意挑选了简单而足够完整的问题作为算例。很多"真实世界"的问题其规模和范围要大得多，然而本书给出的处理问题的方法，应该可以为读者提供足够的工具，以应对其所遇到的困难。

　　本书中的大部分算例是通过 Matlab 编程实现的，虽然这是本书作者所采用的平台，但实际上，任何计算机语言都可用来实现本书中的算法，没有理由偏好某个特定的平台或语言。

第 2 章　线性方程组的解法

在很多工程和科学领域，希望根据一组物理学上的关系式，能够用数学的方法来确定系统的状态。这些物理学上的关系式可以是描述诸如电路拓扑、质量、重量、力等物理特性的方程，例如，电路系统中针对每个节点的由注入电流、网络拓扑和支路阻抗构成的约束方程。在很多情况下，描述已知量（即输入）与未知状态（即输出）之间的关系式是线性的。因此，一般性地可以将线性系统描述为

$$Ax = b \qquad\qquad\qquad (2.1)$$

式中，b 是一个 $n \times 1$ 向量，为已知量；x 是一个 $n \times 1$ 的未知状态向量；而 A 是将 x 与 b 联系起来的 $n \times n$ 阶矩阵。暂时我们假定矩阵 A 是可逆的，即非奇异的，这样，每个向量 b 将对应一个唯一的向量 x^*。也就是矩阵 A^{-1} 存在，且

$$x^* = A^{-1}b \qquad\qquad\qquad (2.2)$$

是式（2.1）的唯一解。

对式（2.1）进行求解的自然方法是直接计算矩阵 A 的逆，并将它与向量 b 相乘。计算 A^{-1} 的方法之一是采用 Cramer 法则：

$$A^{-1}(i,j) = \frac{1}{det(A)}(A_{ij})^{\mathrm{T}} \qquad 对于 \; i = 1, \cdots, n, \quad j = 1, \cdots, n \qquad (2.3)$$

式中，$A^{-1}(i,j)$ 是 A^{-1} 的第 i 行、第 j 列元素，而 A_{ij} 是矩阵 A 的元素 a_{ij} 的余子式。这种方法需要计算 $(n+1)$ 个行列式，从而需要 $2(n+1)!$ 次乘法运算。当 n 值较大时，计算量爆炸式增长，不可控制。因此，必须开发替代的算法。

一般地说，求解式（2.1）有两种基本的方法：

1）直接法，也称为消去法。该方法通过有限次算术运算找到上述方程的精确解（指在计算机的精度内）。如果不计计算机的舍入误差，采用直接法得到的解 x 将是完全精确的。

2）迭代法。这种方法的每次计算都基于相同的计算过程，试图产生一系列不断逼近真解的近似解。当所获得的近似解达到预先设定的精度指标或者已确定迭代过程不再对精度有改进时，终止迭代。

求解方法的选择通常取决于所研究系统的结构，某些系统更适合于采用特定的方法进行求解。一般地，直接法更适合于满矩阵，而迭代法更适合于稀疏矩阵。但是，正像对于大多数一般性结论一样，上述经验法则存在很多的例外。

2.1   Gauss 消去法

Gauss 消去法是一种不需要显式计算 A^{-1} 而对式（2.1）进行求解的方法。因为 x 是直接求出的，因此 Gauss 消去法是一种求解线性方程组的直接法，并且是一种常用的直接法。Gauss 消去法的基本思路是利用第 1 个方程消去其余方程中的第 1 个未知量，依次重复这个过程就能消去第 2 个未知量、第 3 个未知量……直到整个消去过程完成，此时，第 n 个未知量可以直接从输入向量 b 中求出。然后，对上述方程进行递归回代就能求出所有的未知量。

Gauss 消去法是这样一个过程，它通过一系列初等行变换运算，将 $n \times (n+1)$ 阶的增广矩阵

$$[A \mid b]$$

变换为 $n \times (n+1)$ 阶的矩阵

$$[I \mid b^*]$$

其中，

$$Ax = b$$
$$A^{-1}Ax = A^{-1}b$$
$$Ix = A^{-1}b = b^*$$
$$x^* = b^*$$

这样，如果存在一系列初等行变换运算可以将矩阵 A 变换成一个单位矩阵 I，那么，对向量 b 进行相同系列的初等行变换运算就能将向量 b 变换为方程组的解 x^*。

初等行变换运算包括如下 3 种矩阵运算：

1）交换矩阵中的任意两行。

2）用一个常数乘任意一行。

3）将任意行的线性组合加到另一行上。

选择一系列初等行变换运算将矩阵 A 变换成一个上三角矩阵，该上三角矩阵的对角元为 1，而所有下三角元素为零。这个过程被称为"向前消去过程"。向前消去过程的每一步可以通过对矩阵 A 乘以一个初等矩阵 ξ 来获得，这里的初等矩阵 ξ 指的是通过对单位矩阵进行初等行变换运算就能得到的矩阵。

例 2.1   寻找一系列初等矩阵将如下矩阵变换成上三角矩阵。

$$A = \begin{bmatrix} 1 & 3 & 4 & 8 \\ 2 & 1 & 2 & 3 \\ 4 & 3 & 5 & 8 \\ 9 & 2 & 7 & 4 \end{bmatrix}$$

解 2.1   为了使上述矩阵上三角化，所采用的行变换运算应能使此矩阵对角

线以下每一列的元素为零。这可以通过如下的行变换运算来实现：将对角线以下的每一行用其本身减去一个常数乘对角线行来代替，该常数的选择应使此列中对角线以下的元素为零。因此，A 的第 2 行应该用（行 $2-2\times$ 行 1）来代替，而对应此初等行变换运算的初等矩阵是

$$\xi_1 = \begin{bmatrix} 1 & 0 & 0 & 0 \\ -2 & 1 & 0 & 0 \\ 0 & 0 & 1 & 0 \\ 0 & 0 & 0 & 1 \end{bmatrix}$$

和

$$\xi_1 A = \begin{bmatrix} 1 & 3 & 4 & 8 \\ 0 & -5 & -6 & -13 \\ 4 & 3 & 5 & 8 \\ 9 & 2 & 7 & 4 \end{bmatrix}$$

注意除了第 2 行其他的行没有变化，而第 2 行在第 1 个对角元下的元素变为了零。类似地，完成消去第 1 列任务的另外 2 个初等矩阵是

$$\xi_2 = \begin{bmatrix} 1 & 0 & 0 & 0 \\ 0 & 1 & 0 & 0 \\ -4 & 0 & 1 & 0 \\ 0 & 0 & 0 & 1 \end{bmatrix}$$

$$\xi_3 = \begin{bmatrix} 1 & 0 & 0 & 0 \\ 0 & 1 & 0 & 0 \\ 0 & 0 & 1 & 0 \\ -9 & 0 & 0 & 1 \end{bmatrix}$$

并且有

$$\xi_3 \xi_2 \xi_1 A = \begin{bmatrix} 1 & 3 & 4 & 8 \\ 0 & -5 & -6 & -13 \\ 0 & -9 & -11 & -24 \\ 0 & -25 & -29 & -68 \end{bmatrix} \tag{2.4}$$

现在向前消去过程将针对第 2 列展开，首先是将第 2 个对角元下面的元素全部消去，然后将第 2 个对角元变换为 1。具体过程是

$$\xi_4 = \begin{bmatrix} 1 & 0 & 0 & 0 \\ 0 & 1 & 0 & 0 \\ 0 & -\dfrac{9}{5} & 1 & 0 \\ 0 & 0 & 0 & 1 \end{bmatrix}$$

$$\xi_5 = \begin{bmatrix} 1 & 0 & 0 & 0 \\ 0 & 1 & 0 & 0 \\ 0 & 0 & 1 & 0 \\ 0 & -\dfrac{25}{5} & 0 & 1 \end{bmatrix}$$

$$\xi_6 = \begin{bmatrix} 1 & 0 & 0 & 0 \\ 0 & -\dfrac{1}{5} & 0 & 0 \\ 0 & 0 & 1 & 0 \\ 0 & 0 & 0 & 1 \end{bmatrix}$$

并且有

$$\xi_6\xi_5\xi_4\xi_3\xi_2\xi_1 A = \begin{bmatrix} 1 & 3 & 4 & 8 \\ 0 & 1 & \dfrac{6}{5} & \dfrac{13}{5} \\ 0 & 0 & -\dfrac{1}{5} & -\dfrac{3}{5} \\ 0 & 0 & 1 & -3 \end{bmatrix} \tag{2.5}$$

继续向前消去过程，有

$$\xi_7 = \begin{bmatrix} 1 & 0 & 0 & 0 \\ 0 & 1 & 0 & 0 \\ 0 & 0 & 1 & 0 \\ 0 & 0 & 5 & 1 \end{bmatrix}$$

$$\xi_8 = \begin{bmatrix} 1 & 0 & 0 & 0 \\ 0 & 1 & 0 & 0 \\ 0 & 0 & -5 & 0 \\ 0 & 0 & 0 & 1 \end{bmatrix}$$

从而有

$$\xi_8\xi_7\xi_6\xi_5\xi_4\xi_3\xi_2\xi_1 A = \begin{bmatrix} 1 & 3 & 4 & 8 \\ 0 & 1 & \dfrac{6}{5} & \dfrac{13}{5} \\ 0 & 0 & 1 & 3 \\ 0 & 0 & 0 & -6 \end{bmatrix} \tag{2.6}$$

最后有

$$\xi_9 = \begin{bmatrix} 1 & 0 & 0 & 0 \\ 0 & 1 & 0 & 0 \\ 0 & 0 & 1 & 0 \\ 0 & 0 & 0 & -\dfrac{1}{6} \end{bmatrix}$$

和

$$\xi_9\xi_8\xi_7\xi_6\xi_5\xi_4\xi_3\xi_2\xi_1 A = \begin{bmatrix} 1 & 3 & 4 & 8 \\ 0 & 1 & \dfrac{6}{5} & \dfrac{13}{5} \\ 0 & 0 & 1 & 3 \\ 0 & 0 & 0 & 1 \end{bmatrix} \tag{2.7}$$

从而完成了向前消去过程，将矩阵变换成了上三角矩阵。

一旦将矩阵变换成了上三角矩阵，式（2.1）的解向量 x^* 就可以通过状态量的逐次代换（也称为"回代"）而求得。

例 2.2　利用例 2.1 的上三角矩阵，求如下方程的解。

$$\begin{bmatrix} 1 & 3 & 4 & 8 \\ 2 & 1 & 2 & 3 \\ 4 & 3 & 5 & 8 \\ 9 & 2 & 7 & 4 \end{bmatrix} \begin{bmatrix} x_1 \\ x_2 \\ x_3 \\ x_4 \end{bmatrix} = \begin{bmatrix} 1 \\ 1 \\ 1 \\ 1 \end{bmatrix}$$

解 2.2　注意一系列下三角矩阵的乘积仍然是下三角矩阵。因此，矩阵乘积

$$W = \xi_9\xi_8\xi_7\xi_6\xi_5\xi_4\xi_3\xi_2\xi_1 \tag{2.8}$$

是一个下三角矩阵。将 W 与矩阵 A 相乘将得到一个上三角矩阵，

$$WA = U \tag{2.9}$$

即 U 是一个通过向前消去过程而得到的上三角矩阵。在式（2.1）的两边同时左乘 W，可以得到

$$WAx = Wb \tag{2.10}$$
$$Ux = Wb \tag{2.11}$$
$$= b' \tag{2.12}$$

式中，$Wb = b'$。

根据例 2.1

$$W = \begin{bmatrix} 1 & 0 & 0 & 0 \\ \dfrac{2}{5} & -\dfrac{1}{5} & 0 & 0 \\ 2 & 9 & -5 & 0 \\ \dfrac{1}{6} & \dfrac{14}{6} & -\dfrac{5}{6} & -\dfrac{1}{6} \end{bmatrix}$$

且

$$b' = W \begin{bmatrix} 1 \\ 1 \\ 1 \\ 1 \end{bmatrix} = \begin{bmatrix} 1 \\ \dfrac{1}{5} \\ \dfrac{6}{5} \\ \dfrac{3}{2} \end{bmatrix}$$

这样，

$$
\begin{bmatrix} 1 & 3 & 4 & 8 \\ 0 & 1 & \dfrac{6}{5} & \dfrac{13}{5} \\ 0 & 0 & 1 & 3 \\ 0 & 0 & 0 & 1 \end{bmatrix} \begin{bmatrix} x_1 \\ x_2 \\ x_3 \\ x_4 \end{bmatrix} = \begin{bmatrix} 1 \\ \dfrac{1}{5} \\ 6 \\ \dfrac{3}{2} \end{bmatrix} \tag{2.13}
$$

通过观察，$x_4 = 3/2$。由第 3 行可得

$$
x_3 = 6 - 3x_4 \tag{2.14}
$$

将 x_4 的值代入到式（2.14）中，得到 $x_3 = 3/2$。类似地，

$$
x_2 = \frac{1}{5} - \frac{6}{5}x_3 - \frac{13}{5}x_4 \tag{2.15}
$$

将 x_3 和 x_4 的值代入到式（2.15）中，得到 $x_2 = -11/2$。以类似的方法求解 x_1，

$$
x_1 = 1 - 3x_2 - 4x_3 - 8x_4 \tag{2.16}
$$

$$
= -\frac{1}{2} \tag{2.17}
$$

从而得到

$$
\begin{bmatrix} x_1 \\ x_2 \\ x_3 \\ x_4 \end{bmatrix} = \frac{1}{2} \begin{bmatrix} -1 \\ -11 \\ 3 \\ 3 \end{bmatrix}
$$

逐次将已求得的 x 值代回到方程中进行求解的步骤，在 Gauss 消去法的求解过程中被称为"回代"。因此，Gauss 消去法包括两个主要步骤："向前消去"过程和"回代"过程。向前消去过程是将矩阵 A 变换成其三角因子，而回代过程则根据输入向量 b 和 A 的矩阵因子求解未知向量 x。Gauss 消去法同时也为 LU 因子分解过程提供了框架。

2.2 LU 分解法

Gauss 消去法的向前消去过程产生了一系列与矩阵 A 相关的上三角矩阵和下三角矩阵，如式（2.9）所示。其中，矩阵 W 是一个下三角矩阵，而矩阵 U 是一个对角元为 1 的上三角矩阵。考虑到下三角矩阵的逆仍然是一个下三角矩阵，因此如果定义

$$
L \triangleq W^{-1}
$$

那么

$$A = LU$$

正是基于矩阵 L 和矩阵 U，将矩阵的因子分解或消去算法命名为矩阵的 "LU 分解"。事实上，对于任何非奇异的矩阵 A，存在一些置换矩阵 P（有可能 $P = I$），使得

$$LU = PA \qquad (2.18)$$

式中，U 是对角元为 1 的上三角矩阵，L 是对角元为非零的下三角矩阵，而 P 是由单位矩阵 I 通过行交换或列交换而形成的元素仅为 0 或 1 的矩阵。一旦选定一个合适的矩阵 P，那么上述的 LU 分解就是唯一的[6]。如果 P、L 和 U 已经确定，那么方程组

$$Ax = b \qquad (2.19)$$

就可以迅速得到求解。在式（2.19）两边同时左乘矩阵 P 得

$$PAx = Pb = b' \qquad (2.20)$$

$$LUx = b' \qquad (2.21)$$

式中，b' 仅仅是对向量 b 的一个重新排列。如果引入一个 "哑" 向量 y，使得

$$Ux = y \qquad (2.22)$$

那么

$$Ly = b' \qquad (2.23)$$

考虑到式（2.23）的结构为

$$\begin{bmatrix} l_{11} & 0 & 0 & \cdots & 0 \\ l_{21} & l_{22} & 0 & \cdots & 0 \\ l_{31} & l_{32} & l_{33} & \cdots & 0 \\ \vdots & \vdots & \vdots & \ddots & \vdots \\ l_{n1} & l_{n2} & l_{n3} & \cdots & l_{nn} \end{bmatrix} \begin{bmatrix} y_1 \\ y_2 \\ y_3 \\ \vdots \\ y_n \end{bmatrix} = \begin{bmatrix} b'_1 \\ b'_2 \\ b'_3 \\ \vdots \\ b'_n \end{bmatrix}$$

向量 y 的元素可以通过直接代换得到：

$$y_1 = \frac{b'_1}{l_{11}}$$

$$y_2 = \frac{1}{l_{22}}(b'_2 - l_{21}y_1)$$

$$y_3 = \frac{1}{l_{33}}(b'_3 - l_{31}y_1 - l_{32}y_2)$$

$$\vdots$$

$$y_n = \frac{1}{l_{nn}}\left(b'_n - \sum_{j=1}^{n-1} l_{nj}y_j\right)$$

求出 y 以后，x 就可以很容易根据如下方程求得：

$$\begin{bmatrix} 1 & u_{12} & u_{13} & \cdots & u_{1n} \\ 0 & 1 & u_{23} & \cdots & u_{2n} \\ 0 & 0 & 1 & \cdots & u_{3n} \\ \vdots & \vdots & \vdots & \ddots & \vdots \\ 0 & 0 & 0 & \vdots & 1 \end{bmatrix} \begin{bmatrix} x_1 \\ x_2 \\ x_3 \\ \vdots \\ x_n \end{bmatrix} = \begin{bmatrix} y_1 \\ y_2 \\ y_3 \\ \vdots \\ y_n \end{bmatrix}$$

类似地，解向量 x 可以通过回代得到：

$$\begin{aligned} x_n &= y_n \\ x_{n-1} &= y_{n-1} - u_{n-1,n}x_n \\ x_{n-2} &= y_{n-2} - u_{n-2,n}x_n - u_{n-2,n-1}x_{n-1} \\ &\vdots \\ x_1 &= y_1 - \sum_{j=2}^{n} u_{1j}x_j \end{aligned}$$

LU 分解的价值在于，一旦矩阵 A 被分解成上三角矩阵和下三角矩阵，那么寻找解向量 x 就是一件直截了当的事了。注意上述求解过程并没有显式地对矩阵 A 求逆。

存在多种方法对矩阵进行 LU 因子分解，每种方法具有各自的优缺点。一种常用的 LU 分解方法被称为 Croutb 算法[6]。定义矩阵 Q 为

$$Q \triangleq L + U - I = \begin{bmatrix} l_{11} & u_{12} & u_{13} & \cdots & u_{1n} \\ l_{21} & l_{22} & u_{23} & \cdots & u_{2n} \\ l_{31} & l_{32} & l_{33} & \cdots & u_{3n} \\ \vdots & \vdots & \vdots & \ddots & \vdots \\ l_{n1} & l_{n2} & l_{n3} & \cdots & l_{nn} \end{bmatrix} \tag{2.24}$$

Crout 算法逐列逐行地计算 Q 的元素，首先计算 Q 的列元素，然后计算 Q 的行元素，如图 2.1 所示。Q 中的每个元素 q_{ij} 只依赖于 A 的元素 a_{ij} 和前面已经计算得到的 Q 的元素。

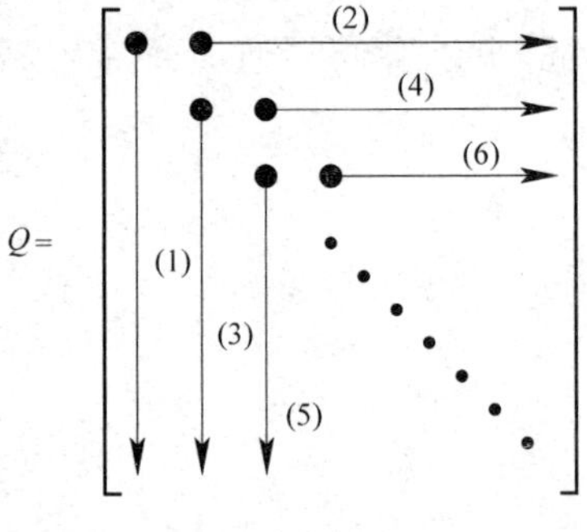

图 2.1 矩阵 Q 列和行元素的计算次序

对矩阵 A 进行 LU 分解的 Crout 算法

（1）对矩阵 Q 进行初始化，即清零，并令 $j=1$；

（2）根据下式计算 Q 的第 j 列（即矩阵 L 的第 j 列）：

$$q_{kj} = a_{kj} - \sum_{i=1}^{j-1} q_{ki}q_{ij} \qquad 对\ k = j,\cdots,n \tag{2.25}$$

（3）如果 $j=n$，则停止；

（4）假定 $q_{jj} \neq 0$，根据下式计算 Q 的第 j 行（即矩阵 U 的第 j 行）：

$$q_{jk} = \frac{1}{q_{jj}} \left(a_{jk} - \sum_{i=1}^{j-1} q_{ji}q_{ik} \right) \qquad 对 k = j+1, \cdots, n \qquad (2.26)$$

（5）令 $j = j+1$，转到步骤（2）。

一旦完成 LU 分解，通过"前代"就能得到哑向量 y：

$$y_k = \frac{1}{q_{kk}} \left(b_k - \sum_{j=1}^{k-1} q_{kj}y_j \right) \qquad 对 k = 1, \cdots, n \qquad (2.27)$$

类似地，通过"回代"就能得到解向量 x：

$$x_k = y_k - \sum_{j=k+1}^{n} q_{kj}x_j \qquad 对 k = n, n-1, \cdots, 1 \qquad (2.28)$$

衡量 LU 分解过程计算量的一种指标是，获得解向量所需要的乘法和除法运算次数，因为两者都是浮点数运算。计算 Q 的第 j 列（L 的第 j 列）需要的乘法和除法次数为

$$\sum_{j=1}^{n} \sum_{k=j}^{n} (j-1)$$

类似地，计算 Q 的第 j 行（U 的第 j 行）需要的乘法和除法次数为

$$\sum_{j=1}^{n-1} \sum_{k=j+1}^{n} j$$

前代所需要的乘法和除法次数为

$$\sum_{j=1}^{n} j$$

回代所需要的乘法和除法次数为

$$\sum_{j=1}^{n} (n-j)$$

这样，可以算出 LU 分解所需要的乘法和除法次数为

$$\frac{1}{3} (n^3 - n)$$

而前代和回代所需要的乘法和除法次数为 n^2。因此，求解式（2.1）线性方程组所需要的总的乘法和除法次数为

$$\frac{1}{3} (n^3 - n) + n^2 \qquad (2.29)$$

将这个乘除法次数与采用 Cramer 法则所需要的 $2(n+1)!$ 次乘除法相比，对于任何较大阶数的矩阵，显然采用 LU 分解和前代/回代方法的计算效率要高得多。

例 2.3　采用 LU 分解和前代/回代算法，求解例 2.2 中方程的解。

解 2.3　第 1 步是求矩阵 A 的 LU 因子：

$$A = \begin{bmatrix} 1 & 3 & 4 & 8 \\ 2 & 1 & 2 & 3 \\ 4 & 3 & 5 & 8 \\ 9 & 2 & 7 & 4 \end{bmatrix}$$

从 $j=1$ 开始，式（2.25）表示 Q 的第 1 列与 A 的第 1 列完全相同。类似地，根据式（2.26），Q 的第 1 行变为

$$q_{12} = \frac{a_{12}}{q_{11}} = \frac{3}{1} = 3$$

$$q_{13} = \frac{a_{13}}{q_{11}} = \frac{4}{1} = 4$$

$$q_{14} = \frac{a_{14}}{q_{11}} = \frac{8}{1} = 8$$

这样，对于 $j=1$，矩阵 Q 变为

$$Q = \begin{bmatrix} 1 & 3 & 4 & 8 \\ 2 & & & \\ 4 & & & \\ 9 & & & \end{bmatrix}$$

对于 $j=2$，将分别计算矩阵 Q 主对角元下面的列元素和右面的行元素。对于 Q 的第 2 列有

$$q_{22} = q_{22} - q_{21}q_{12} = 1 - (2)(3) = -5$$
$$q_{32} = a_{32} - q_{31}q_{12} = 3 - (4)(3) = -9$$
$$q_{42} = a_{42} - q_{41}q_{12} = 2 - (9)(3) = -25$$

Q 中的每个元素通过 A 中的对应元素和 Q 中已经求得的元素得到。注意乘积的第 2 个下标总是相同的，而第 1 个下标与正要计算的元素下标相同。这个规则对于列计算和行计算都是成立的。Q 的第 2 行计算如下：

$$q_{23} = \frac{1}{q_{22}}(a_{23} - q_{21}q_{13}) = \frac{1}{-5}(2 - (2)(4)) = \frac{6}{5}$$

$$q_{24} = \frac{1}{q_{22}}(a_{24} - q_{21}q_{14}) = \frac{1}{-5}(3 - (2)(8)) = \frac{13}{5}$$

对 $j=2$ 处理完以后，矩阵 Q 变为

$$Q = \begin{bmatrix} 1 & 3 & 4 & 8 \\ 2 & -5 & \frac{6}{5} & \frac{13}{5} \\ 4 & -9 & & \\ 9 & -25 & & \end{bmatrix}$$

继续计算 $j=3$，Q 的第 3 列计算如下：

$$q_{33} = a_{33} - (q_{31}q_{13} + q_{32}q_{23}) = 5 - \left((4)(4) + (-9)\frac{6}{5}\right) = -\frac{1}{5}$$

$$q_{43} = a_{43} - (q_{41}q_{13} + q_{42}q_{23}) = 7 - \left((9)(4) + (-25)\frac{6}{5}\right) = 1$$

而 Q 的第 3 行变为

$$q_{34} = \frac{1}{q_{33}}(a_{34} - (q_{31}q_{14} + q_{32}q_{24}))$$

$$= (-5)\left(8 - \left((4)(8) + (-9)\left(\frac{13}{5}\right)\right)\right) = 3$$

得到

$$Q = \begin{bmatrix} 1 & 3 & 4 & 8 \\ 2 & -5 & \dfrac{6}{5} & \dfrac{13}{5} \\ 4 & -9 & -\dfrac{1}{5} & 3 \\ 9 & -25 & 1 & \end{bmatrix}$$

最后，计算 $j=4$，最后一个对角元为

$$q_{44} = a_{44} - (q_{41}q_{14} + q_{42}q_{24} + q_{43}q_{34})$$

$$= 4 - \left((9)(8) + (-25)\left(\frac{13}{5}\right) + (3)(1)\right) = -6$$

这样，

$$Q = \begin{bmatrix} 1 & 3 & 4 & 8 \\ 2 & -5 & \dfrac{6}{5} & \dfrac{13}{5} \\ 4 & -9 & -\dfrac{1}{5} & 3 \\ 9 & -25 & 1 & -6 \end{bmatrix}$$

$$L = \begin{bmatrix} 1 & 0 & 0 & 0 \\ 2 & -5 & 0 & 0 \\ 4 & -9 & -\dfrac{1}{5} & 0 \\ 9 & -25 & 1 & -6 \end{bmatrix}$$

$$U = \begin{bmatrix} 1 & 3 & 4 & 8 \\ 0 & 1 & \dfrac{6}{5} & \dfrac{13}{5} \\ 0 & 0 & 1 & 3 \\ 0 & 0 & 0 & 1 \end{bmatrix}$$

　　检查上述计算是否正确的一种方法是验证 LU 是否等于 A，对于本例，结果是成立的。

　　一旦求得了矩阵 LU，下一步就是基于矩阵 L 和向量 b 通过前代来计算哑向量 y，采用前代解方程 $Ly=b$ 得到 y 为

$$y_1 = \frac{b_1}{L_{11}} = \frac{1}{1} = 1$$

$$y_2 = \frac{(b_2 - L_{21}y_1)}{L_{22}} = \frac{(1-(2)(1))}{-5} = \frac{1}{5}$$

$$y_3 = \frac{(b_3 - (L_{31}y_1 + L_{32}y_2))}{L_{33}} = (-5)\left(1 - \left((4)(1)+(-9)\frac{1}{5}\right)\right) = 6$$

$$y_4 = \frac{(b_4 - (L_{41}y_1 + L_{42}y_2 + L_{43}y_3))}{L_{44}}$$

$$= \frac{\left(1 - \left((9)(1)+(-25)\left(\frac{1}{5}\right)+(1)(6)\right)\right)}{-6} = \frac{3}{2}$$

这样

$$y = \begin{bmatrix} 1 \\ \dfrac{1}{5} \\ 6 \\ \dfrac{3}{2} \end{bmatrix}$$

类似地，采用回代解方程 $Ux=y$，可以得到解向量 x 为

$$x_4 = y_4 = \frac{3}{2}$$

$$x_3 = y_3 - U_{34}x_4 = 6 - (3)\left(\frac{3}{2}\right) = \frac{3}{2}$$

$$x_2 = y_2 - (U_{24}x_4 + U_{23}x_3) = \frac{1}{5} - \left(\left(\frac{13}{5}\right)\left(\frac{3}{2}\right)+\left(\frac{6}{5}\right)\left(\frac{3}{2}\right)\right) = -\frac{11}{2}$$

$$x_1 = y_1 - (U_{14}x_4 + U_{13}x_3 + U_{12}x_2)$$

$$= 1 - \left((8)\left(\frac{3}{2}\right)+(4)\left(\frac{3}{2}\right)+(3)\left(-\frac{11}{2}\right)\right) = -\frac{1}{2}$$

最终得到解向量

$$x = \frac{1}{2}\begin{bmatrix} -1 \\ -11 \\ 3 \\ 3 \end{bmatrix}$$

此解与例 2.2 中采用 Gauss 消去法和回代方法所得到的解是一样的。检查所得到的解是否正确的一种快速方法是将解向量 x 代回到线性方程组 $Ax = b$ 中，看是否成立。

2.2.1　采用部分选主元的 LU 分解法

上述的 LU 分解过程假定了对角元是非零的。实际上不但要求对角元是非零的，还要求对角元与其他非零元具有相同的数量级。考察如下线性方程组的解：

$$\begin{bmatrix} 10^{-10} & 1 \\ 2 & 1 \end{bmatrix}\begin{bmatrix} x_1 \\ x_2 \end{bmatrix} = \begin{bmatrix} 1 \\ 5 \end{bmatrix} \tag{2.30}$$

通过观察，很容易得出此线性方程组的解为

$$x_1 \approx 2$$
$$x_2 \approx 1$$

而 A 的 LU 分解因子为

$$L = \begin{bmatrix} 10^{-10} & 0 \\ 2 & (1 - 2 \times 10^{10}) \end{bmatrix}$$

$$U = \begin{bmatrix} 1 & 10^{10} \\ 0 & 1 \end{bmatrix}$$

采用前代方法求解哑向量 y 得到：

$$y_1 = 10^{10}$$

$$y_2 = \frac{(5 - 2 \times 10^{10})}{(1 - 2 \times 10^{10})} \approx 1$$

采用回代方法求解 $Uy = x$ 得到

$$x_2 = y_2 \approx 1$$
$$x_1 = 10^{10} - 10^{10}x_2 \approx 0$$

这里，x_2 的解是正确的，而 x_1 的解是完全不对的。为什么会发生这种情况呢？问题是式（2.30）中的 10^{-10} 对大多数计算机来说是太接近于零了。但是，如果将式（2.30）进行整理，变为

$$\begin{bmatrix} 2 & 1 \\ 10^{-10} & 1 \end{bmatrix}\begin{bmatrix} x_1 \\ x_2 \end{bmatrix} = \begin{bmatrix} 5 \\ 1 \end{bmatrix} \tag{2.31}$$

然后，再进行 LU 分解，则得到

$$L = \begin{bmatrix} 2 & 0 \\ 10^{-10} & \left(1 - \frac{1}{2} \times 10^{-10}\right) \end{bmatrix}$$

$$U = \begin{bmatrix} 1 & \frac{1}{2} \\ 0 & 1 \end{bmatrix}$$

哑向量 y 变为

$$y_1 = \frac{5}{2}$$

$$y_2 = \frac{\left(1 - \frac{5}{2} \times 10^{-10}\right)}{\left(1 - \frac{1}{2} \times 10^{-10}\right)} \approx 1$$

通过回代，得到 x 为

$$x_2 \approx 1$$

$$x_1 \approx \frac{5}{2} - \frac{1}{2}(1) = 2$$

这与通过观察得到的解相同。因此，即使对角元不是精确等于零，将方程组的次序进行重新排列以使最大数值的元素位于对角元上，仍然是一种好的做法。这种做法被称为"选主元"，并导致了式（2.18）中的置换矩阵 P。

由于 Crout 算法从第 1 列和第 1 行开始逐列和逐行计算矩阵 Q，因此只能实施"部分选主元"，也就是只有 Q（对应地 A）的行可以相互交换，而列必须保持不变。为了选择最好的主元，需要在第 j 个对角元（在 LU 分解的第 j 步）下面的列元素中选择绝对值最大的元素，然后将该元素所在行与第 j 行相互交换。上述选主元策略可以简洁地表述为

部分选主元策略

（1）在 LU 分解的第 j 步，选择第 k 行作为交换行，k 的选择满足如下条件：

$$|q_{jj}| = \max|q_{kj}| \qquad 对 k = j, \cdots, n \qquad (2.32)$$

（2）将第 j 行与第 k 行进行交换，同时更新 A、P 和 Q。

置换矩阵 P 是由 0 和 1 构成的矩阵，它等于一系列初等置换矩阵 $P^{j,k}$ 的乘积，这里 $P^{j,k}$ 表示第 j 行与第 k 行相交换的初等置换矩阵。初等置换矩阵 $P^{j,k}$ 如图 2.2 所示，它由单位矩阵通过交换第 j 行和第 k 行得到。通过左乘合适的 $P^{j,k}$ 就能实现选主元的目的。因为这仅仅是行的交换，未知向量中的元素次序没有变化。

例 2.4 采用部分选主元方法重做例 2.3。

解 2.4 为方便起见将 A 重

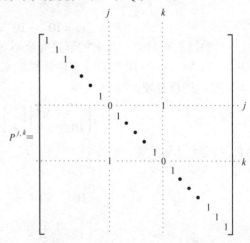

图 2.2 初等置换矩阵 $P^{j,k}$

写如下：

$$A = \begin{bmatrix} 1 & 3 & 4 & 8 \\ 2 & 1 & 2 & 3 \\ 4 & 3 & 5 & 8 \\ 9 & 2 & 7 & 4 \end{bmatrix}$$

对于 $j=1$，Q 的第 1 列就是 A 的第 1 列，利用式（2.32）的选主元策略，第 1 列中 q_{41} 的绝对值最大，因此将第 4 行和第 1 行交换。对应的初等置换矩阵 $P^{1,4}$ 为

$$P^{1,4} = \begin{bmatrix} 0 & 0 & 0 & 1 \\ 0 & 1 & 0 & 0 \\ 0 & 0 & 1 & 0 \\ 1 & 0 & 0 & 0 \end{bmatrix}$$

对应的矩阵 A 变为

$$A = \begin{bmatrix} 9 & 2 & 7 & 4 \\ 2 & 1 & 2 & 3 \\ 4 & 3 & 5 & 8 \\ 1 & 3 & 4 & 8 \end{bmatrix}$$

而 $j=1$ 时的矩阵 Q 为

$$Q = \begin{bmatrix} 9 & \dfrac{2}{9} & \dfrac{7}{9} & \dfrac{4}{9} \\ 2 & & & \\ 4 & & & \\ 1 & & & \end{bmatrix}$$

当 $j=2$ 时，计算 Q 第 2 列得到的结果是

$$Q = \begin{bmatrix} 9 & \dfrac{2}{9} & \dfrac{7}{9} & \dfrac{4}{9} \\ 2 & \dfrac{5}{9} & & \\ 4 & \dfrac{19}{9} & & \\ 1 & \dfrac{25}{9} & & \end{bmatrix}$$

对第 j 列主对角元下面的元素进行最大值搜索，第 j 列（这里为第 2 列）的第 4 行元素绝对值最大，因此第 2 行与第 4 行交换，产生的初等置换矩阵 $P^{2,4}$ 为

$$P^{2,4} = \begin{bmatrix} 1 & 0 & 0 & 0 \\ 0 & 0 & 0 & 1 \\ 0 & 0 & 1 & 0 \\ 0 & 1 & 0 & 0 \end{bmatrix}$$

类似地，更新后的 A 为

$$
\begin{bmatrix}
9 & 2 & 7 & 4 \\
1 & 3 & 4 & 8 \\
4 & 3 & 5 & 8 \\
2 & 1 & 2 & 3
\end{bmatrix}
$$

而产生的矩阵 Q 为

$$
Q = \begin{bmatrix}
9 & \dfrac{2}{9} & \dfrac{7}{9} & \dfrac{4}{9} \\[2mm]
1 & \dfrac{25}{9} & \dfrac{29}{25} & \dfrac{68}{25} \\[2mm]
4 & \dfrac{19}{9} & & \\[2mm]
2 & \dfrac{5}{9} & &
\end{bmatrix}
$$

当 $j = 3$ 时，计算 Q 第 3 列得到的结果是

$$
Q = \begin{bmatrix}
9 & \dfrac{2}{9} & \dfrac{7}{9} & \dfrac{4}{9} \\[2mm]
1 & \dfrac{25}{9} & \dfrac{29}{25} & \dfrac{68}{25} \\[2mm]
4 & \dfrac{19}{9} & -\dfrac{14}{25} & \\[2mm]
2 & \dfrac{5}{9} & -\dfrac{1}{5} &
\end{bmatrix}
$$

这种情况下，主对角元具有最大的绝对值，因此不用再选主元。继续计算 Q 的第 3 行得到

$$
Q = \begin{bmatrix}
9 & \dfrac{2}{9} & \dfrac{7}{9} & \dfrac{4}{9} \\[2mm]
1 & \dfrac{25}{9} & \dfrac{29}{25} & \dfrac{68}{25} \\[2mm]
4 & \dfrac{19}{9} & -\dfrac{14}{25} & -\dfrac{12}{14} \\[2mm]
2 & \dfrac{5}{9} & -\dfrac{1}{5} &
\end{bmatrix}
$$

最后，计算 q_{44} 得到最终的矩阵 Q 为

$$Q = \begin{bmatrix} 9 & \dfrac{2}{9} & \dfrac{7}{9} & \dfrac{4}{9} \\[2mm] 1 & \dfrac{25}{9} & \dfrac{29}{25} & \dfrac{68}{25} \\[2mm] 4 & \dfrac{19}{9} & -\dfrac{14}{25} & -\dfrac{12}{14} \\[2mm] 2 & \dfrac{5}{9} & -\dfrac{1}{5} & \dfrac{3}{7} \end{bmatrix}$$

置换矩阵 P 等于上述 2 个初等置换矩阵的乘积：

$$P = P^{2,4}P^{1,4}I$$

$$= \begin{bmatrix} 0 & 0 & 0 & 1 \\ 1 & 0 & 0 & 0 \\ 0 & 0 & 1 & 0 \\ 0 & 1 & 0 & 0 \end{bmatrix}$$

上述结果可以通过检查 $PA = LU$ 而得到验证。而前代和回代计算将对修正过的向量 $b' = Pb$ 进行。

2.2.2 采用完全选主元的 LU 分解法

采用完全选主元的另一种 LU 分解方法是 Gauss 方法。这种方法将产生 2 个置换矩阵：一个用于行交换，如在部分选主元中那样；另一个用于列交换。采用这种方法，LU 因子满足

$$P_1AP_2 = LU \tag{2.33}$$

因此，为了对线性方程组 $Ax = b$ 进行求解，需要采用略微不同的方法。与部分选主元情况相同，置换矩阵 P_1 左乘线性方程组得

$$P_1Ax = P_1b = b' \tag{2.34}$$

现在，定义一个新的向量 z 为

$$x = P_2z \tag{2.35}$$

然后，将式（2.35）代入到式（2.34）中得

$$P_1AP_2z = P_1b = b' \tag{2.36}$$

$$LUz = b'$$

其中，式（2.36）可以通过前代和回代求解出 z。一旦求出 z，解向量 x 就可以根据式（2.35）求出。

在全主元方法中，LU 分解的每一步，都会对行和列进行交换以使绝对值最大的元素交换到对角元位置。主元从余下的矩阵元素中搜索，包括对角元下面的元素和对角元右面的元素。

全主元策略

（1）在 LU 分解的第 j 步，按如下条件选择主元：

$$|q_{jj}| = \max |q_{kl}| \qquad \text{对 } k=j,\cdots,n \text{ 和 } l=j,\cdots,n \qquad (2.37)$$

（2）交换对应的行并相应地更新 A、P 和 Q。

对 A 进行 LU 分解的 Gauss 算法

（1）将矩阵 Q 初始化为零矩阵，令 $j=1$；

（2）设令矩阵 Q 的第 j 列（矩阵 L 的第 j 列），使之等于残余矩阵 $A^{(j)}$ 的第 j 列，其中 $A^{(1)}=A$，即

$$q_{kj} = a_{kj}^{(j)} \qquad \text{对 } k=j,\cdots,n \qquad (2.38)$$

（3）如果 $j=n$，则停止。

（4）假定 $q_{jj} \neq 0$，设令 Q 的第 j 行（U 的第 j 行）为

$$q_{jk} = \frac{a_{jk}^{(j)}}{q_{jj}} \qquad \text{对 } k=j+1,\cdots,n \qquad (2.39)$$

（5）根据 $A^{(j)}$ 产生 $A^{(j+1)}$，即

$$a_{ik}^{(j+1)} = a_{ik}^{(j)} - q_{ij}q_{jk} \qquad \text{对 } i=j+1,\cdots,n \text{ 和 } k=j+1,\cdots,n \qquad (2.40)$$

（6）设令 $j=j+1$，转到步骤（2）。

Gauss 矩阵 LU 分解算法的乘除法次数与 Crout 的 LU 分解算法相同。Crout 算法对矩阵 A 的每个元素只计算 1 次，而 Gauss 算法的每一步都要对矩阵 A 的元素进行更新。Crout 算法相比于 Gauss 算法的一个优点是矩阵 A 的每个元素只使用一次。由于每个 q_{jk} 是 a_{jk} 的函数，而 a_{jk} 以后再也不会被使用，因此元素 q_{jk} 可以覆盖掉元素 a_{jk}。这样，就不需要在内存中存储 2 个 $n \times n$ 阶矩阵（A 和 Q），只要存储一个矩阵就够了。

Crout 算法和 Gauss 算法只是众多的 LU 分解算法中的两种。其他算法还包括 Doolittle 算法和双因子算法[20,26,49]等。这些算法中的大多数具有相同的乘除法次数，当在传统的串行计算机上实现时，其性能只有微小的差别。但是，当考虑开放内存、存储量和并行计算时，这些算法会有巨大差别。因此，应当明智地选择 LU 分解的算法，使其适合所应用的场合和所采用的计算机结构。

2.3　条件数与误差传播

Gauss 消去法和 LU 分解法被认为是直接法，因为它们通过有限步就能够计算出解向量 $x^* = A^{-1}b$，并不需要迭代过程。在具有无限精度的计算机上，直接法会得出精确解 x^*。但是，由于计算机是有限精度的，因而所获得的解也只有有限精度。矩阵的"条件数"是一种用来衡量解的精确程度的有用指标。矩阵 A 的条件数一般定义为

$$\kappa(A) = \sqrt{\frac{\lambda_{\max}}{\lambda_{\min}}} \tag{2.41}$$

式中，$\lambda_{\max}$ 和 $\lambda_{\min}$ 表示矩阵 $A^{\mathrm{T}}A$ 的最大和最小特征值。不管矩阵 A 本身的特征值是实数还是复数，$A^{\mathrm{T}}A$ 的特征值是实数并且非负。

矩阵的条件数是该矩阵特征向量线性独立性的一种度量。奇异矩阵至少有一个零特征值，并且包含至少一个退化行（即该行可以通过其他行的线性组合来表示）。单位矩阵的所有特征值为 1，其特征向量是最线性独立的，它的条件数为 1。如果一个矩阵的条件数大大超过 1，那么就称该矩阵是"病态的"。条件数越大，求解过程相对于 A 的元素的微小变化就越敏感，解向量包含数值误差的可能性就越大。

由于在求解过程中引入的数值误差，计算得到的式（2.1）的解 $\tilde{x}$ 将不同于其精确解 x^{*}，设两者存在的误差为 Δx。其他误差，如近似误差、测量误差和舍入误差等，也会引入到矩阵 A 和向量 b 中。Gauss 消去法产生的解大致具有下式描述的十进制正确位数：

$$t\log_{10}\beta - \log_{10}\kappa(A) \tag{2.42}$$

式中，t 是尾数的位长（对于典型的 32 位二进制字，$t = 24$），β 是基（对二进制运算，$\beta = 2$），而 κ 是矩阵 A 的条件数。式（2.42）的一种解释是，在 Gauss 消去过程（因此也是 LU 分解过程）中，方程的解将会损失大约 $\log_{10}\kappa$ 的精确位数。基于矩阵元素的已知精度、条件数和机器精度，可以对数值解 $\tilde{x}$ 的精度做出预测[35]。

2.4　松弛法

松弛法本质上是迭代法，它产生一系列向量，理想条件下会收敛于解 $x^{*} = A^{-1}b$。松弛法可以以多种方式应用于求解式（2.1）。在所有情况下，采用松弛法的一个主要优势来自于不需要对一个大型线性方程组进行直接求解，并且可以有效地利用该方程组的一些潜在特性（这些特性目前是相对不变的）。此外，随着并行处理技术的出现，松弛法比直接法更容易实现并行计算。最常用的两种松弛法是 Jacobi 法和 Gauss – Seidel 法[56]。

这些松弛法可以应用于求解线性方程组：

$$Ax = b \tag{2.43}$$

松弛法的一种通用做法是定义一个"分裂矩阵"M，使得式（2.43）可以重写成如下的等价形式：

$$Mx = (M - A)x + b \tag{2.44}$$

这种分裂方法可以导出如下的迭代过程：

$$Mx^{k+1} = (M - A)x^k + b \qquad k = 1, \cdots, \infty \tag{2.45}$$

式中，k 是迭代指标。对于一个初始的猜想值 x^0，此迭代过程产生一系列向量 x^1、x^2、$\cdots$。通过选择不同的矩阵 M，可以导出不同的迭代方法。松弛法的目标是选择一个分裂矩阵 M 使得上述向量序列容易计算，并且能够快速收敛到解。

设 A 被分裂成 $L + D + U$，其中 L 是严格下三角矩阵，D 是对角矩阵，而 U 是严格上三角矩阵。注意，这些矩阵是不同于 LU 分解时所得到的 L 和 U 的。那么采用 Jacobi 松弛法求解向量 x 的迭代式为

$$x^{k+1} = -D^{-1}((L + U)x^k - b) \tag{2.46}$$

或等价地写成标量形式：

$$x_i^{k+1} = -\sum_{j \neq i}^{n} \left(\frac{a_{ij}}{a_{ii}}\right)x_j^k + \frac{b_i}{a_{ii}} \qquad 1 \leqslant i \leqslant n, k \geqslant 0 \tag{2.47}$$

在 Jacobi 松弛法中，向量 x^{k+1} 所有元素的更新只用向量 x^k 的元素。因此这种方法有时也称为同时替换法。

Gauss - Seidel 松弛法是类似的：

$$x^{k+1} = -(L + D)^{-1}(Ux^k - b) \tag{2.48}$$

或用标量形式：

$$x_i^{k+1} = -\sum_{j-1}^{i-1} \left(\frac{a_{ij}}{a_{ii}}\right)x_j^{k+1} - \sum_{j=i+1}^{n} \left(\frac{a_{ij}}{a_{ii}}\right)x_j^k + \frac{b_i}{a_{ii}} \qquad 1 \leqslant i \leqslant n, k \geqslant 0 \tag{2.49}$$

Gauss - Seidel 法的优势是每个新的更新 x_i^{k+1} 仅依赖于前面迭代已计算得到的值 x_1^{k+1}、x_2^{k+1}、$\cdots$、x_{i-1}^{k+1}。由于状态是一个接一个被更新的，新数值可以存储在老数值所占的位置上，从而减小了存储的需求。

由于松弛法是迭代的，确定在什么条件下能保证收敛到如下的精确解是必须的：

$$x^* = A^{-1}b \tag{2.50}$$

众所周知，对于任意的初始猜想值 x^0，Jacobi 松弛法收敛的充分必要条件是如下矩阵的所有特征值落在复平面的单位圆内[56]。

$$M_J \triangleq -D^{-1}(L + U) \tag{2.51}$$

类似地，对于 Gauss - Seidel 法，相应的收敛条件是如下矩阵的所有特征值落在复平面的单位圆内。

$$M_{GS} \triangleq -(L + D)^{-1}U \tag{2.52}$$

实际上，这些条件是难以确认的。但存在几个容易确认的更一般性的条件，可以保证收敛。特别地，如果 A 是严格对角占优的，那么不管是 Jacobi 松弛法还是 Gauss - Seidel 松弛法，都能保证收敛到精确解。

初始向量 x^0 可以是任意的，但是，如果存在解的更好的猜想值，就应该使

用之，这样能够更快速地收敛到指定精度下的精确解。

一般地对大多数问题，Gauss – Seidel 法比 Jacobi 法收敛速度快。如果 A 是一个下三角矩阵，Gauss – Seidel 法可以通过 1 次迭代收敛到精确解，而 Jacobi 法则需要 n 次迭代才能收敛到精确解。但 Jacobi 法也有其优点，即每次迭代计算时，x_i^{k+1} 是独立于所有其他的 x_j^{k+1}（$j \neq i$）的；这样，所有 x_i^{k+1} 的计算可以并行处理。因此，这种方法非常适合于并行处理[36]。

不管是 Jacobi 法还是 Gauss – Seidel 法，都可以被一般化为分块 Jacobi 法和分块 Gauss – Seidel 法。即 A 被分裂成分块矩阵 $L + D + U$，其中，D 是分块对角矩阵，L 和 U 分别是分块下三角矩阵和分块上三角矩阵。分块情况与标量情况相同，也存在收敛的充分必要条件，即 M_J 和 M_{GS} 的特征值必须落在复平面的单位圆内。

例 2.5　采用（1）Gauss – Seidel 法和（2）Jacobi 法求解如下方程。

$$\begin{bmatrix} -10 & 2 & 3 & 6 \\ 0 & -9 & 1 & 4 \\ 2 & 6 & -12 & 2 \\ 3 & 1 & 0 & -8 \end{bmatrix} x = \begin{bmatrix} 1 \\ 2 \\ 3 \\ 4 \end{bmatrix} \tag{2.53}$$

解 2.5　采用由式（2.49）给出的 Gauss – Seidel 法，当初始向量 $x = [0\,0\,0\,0]^T$ 时得到如下的迭代序列：

k	x_1	x_2	x_3	x_4
1	0.0000	0.0000	0.0000	0.0000
2	-0.1000	-0.2222	-0.3778	-0.5653
3	-0.5969	-0.5154	-0.7014	-0.7883
4	-0.8865	-0.6505	-0.8544	-0.9137
5	-1.0347	-0.7233	-0.9364	-0.9784
6	-1.1126	-0.7611	-0.9791	-1.0124
7	-1.1534	-0.7809	-1.0014	-1.0301
8	-1.1747	-0.7913	-1.0131	-1.0394
9	-1.1859	-0.7968	-1.0193	-1.0443
10	-1.1917	-0.7996	-1.0225	-1.0468
11	-1.1948	-0.8011	-1.0241	-1.0482
12	-1.1964	-0.8019	-1.0250	-1.0489
13	-1.1972	-0.8023	-1.0225	-1.0492
14	-1.1976	-0.8025	-1.0257	-1.0494
15	-1.1979	-0.8026	-1.0259	-1.0495
16	-1.1980	-0.8027	-1.0259	-1.0496

Gauss – Seidel 法已收敛到解

$$x = [\,-1.1980 \quad -0.8027 \quad -1.0259 \quad -1.0496\,]^T$$

采用由式（2.47）给出的 Jacobi 法，当初始向量 $x = [0\,0\,0\,0]^T$ 时得到如下的迭代序列：

k	x_1	x_2	x_3	x_4
1	0.0000	0.0000	0.0000	0.0000
2	-0.1000	-0.2222	-0.2500	-0.5000
3	-0.5194	-0.4722	-0.4611	-0.5653
4	-0.6719	-0.5217	-0.6669	-0.7538
5	-0.8573	-0.6314	-0.7500	-0.8176
6	-0.9418	-0.6689	-0.8448	-0.9004
7	-1.0275	-0.7163	-0.8915	-0.9368
8	-1.0728	-0.7376	-0.9355	-0.9748
9	-1.1131	-0.7594	-0.9601	-0.9945
10	-1.1366	-0.7709	-0.9810	-1.0123
11	-1.1559	-0.7811	-0.9936	-1.0226
12	-1.1679	-0.7871	-1.0037	-1.0311
13	-1.1772	-0.7920	-1.0100	-1.0363
14	-1.1832	-0.7950	-1.0149	-1.0404
15	-1.1877	-0.7974	-1.0181	-1.0431
16	-1.1908	-0.7989	-1.0205	-1.0451
17	-1.1930	-0.8001	-1.0221	-1.0464
18	-1.1945	-0.8009	-1.0233	-1.0474
19	-1.1956	-0.8014	-1.0241	-1.0480
20	-1.1963	-0.8018	-1.0247	-1.0485
21	-1.1969	-0.8021	-1.0250	-1.0489
22	-1.1972	-0.8023	-1.0253	-1.0491
23	-1.1975	-0.8024	-1.0255	-1.0492
24	-1.1977	-0.8025	-1.0257	-1.0494
25	-1.1978	-0.8026	-1.0258	-1.0494

Jacobi 法所收敛到的解与 Gauss-Seidel 法相同。迭代过程中的误差如图 2.3 所示，该图采用半对数刻度，而误差定义为 $|(x_i^k - x_i^*)|(i=1,\cdots,4)$ 的最大值。Gauss-Seidel 法和 Jacobi 法都呈现出线性收敛特性，但 Gauss-Seidel 法的斜率更陡，因而在相同的初始值下能更快地收敛到误差限内。

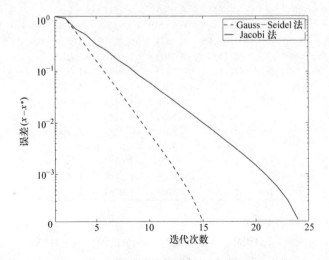

图 2.3　Gauss-Seidel 法和 Jacobi 法的收敛速度

例 2.6　采用 Jacobi 迭代法重做例 2.2。

解 2.6　再次采用例 2.5 中的迭代过程，得到如下的 Jacobi 迭代序列：

k	x_1	x_2	x_3	x_4
1	0	0	0	0
2	1.0000	1.0000	0.2000	0.2500
3	-4.8000	-2.1500	-1.6000	-2.8500
4	36.6500	22.3500	9.8900	14.9250
5	-225.0100	-136.8550	-66.4100	-110.6950

显然，上述迭代序列是不收敛的。为了理解为什么它们是发散的，考察 Jacobi 迭代矩阵：

$$M_J = -D^{-1}(L+U)$$

$$= \begin{bmatrix} 0.00 & -3.00 & -4.00 & -8.00 \\ -2.00 & 0.00 & -2.00 & -3.00 \\ -0.80 & -0.60 & 0.00 & -1.60 \\ -2.25 & -0.50 & -1.75 & 0.00 \end{bmatrix}$$

M_J 的特征值为

$$\begin{bmatrix} -6.6212 \\ 4.3574 \\ 1.2072 \\ 1.0566 \end{bmatrix}$$

都大于 1 并落在单位圆外。因此，不管取什么初始值，Jacobi 法都不能收敛，因而不能用来求解例 2.2 的方程组。

如果迭代矩阵 M_J 和 M_{GS} 的最大特征值小于 1 但几乎等于 1，那么收敛过程将非常慢。这种情况下，希望引入一个加权因子 ω 来改善收敛的速度。根据

$$x^{k+1} = -(L+D)^{-1}(Ux^k - b) \tag{2.54}$$

得到

$$x^{k+1} = x^k - D^{-1}(Lx^{k+1} + (D+U)x^k - b) \tag{2.55}$$

带有加权因子 ω 的一种新的迭代方法为

$$x^{k+1} = x^k - \omega D^{-1}(Lx^{k+1} + (D+U)x^k - b) \tag{2.56}$$

这种方法被称为"逐次超松弛（SOR）"法，其中松弛系数 $\omega > 0$。注意，如果松弛迭代收敛，它们会收敛到解 $x^* = A^{-1}b$。SOR 法收敛的一个必要条件是 $0 < \omega < 2$[27]。除了很少的简单情况外，计算 ω 的最优值是困难的。通常通过试错的方法确定最优值，但是分析表明，对于 $n > 30$ 的线性方程组，最优的 SOR 方法可以比 Jacobi 方法快 40 倍[27]。随着 n 的增大，对收敛速度的改进将更加明显。

2.5 共轭梯度法

另一种求解方程组 $Ax = b$ 的常用迭代法是"共轭梯度"法。这种方法可以认为是对如下函数逐次沿射线方向进行最小化的方法。

$$E(x) = \| Ax - b \|^2 \tag{2.57}$$

这种方法的一个有吸引力的特点是，如果矩阵 A 是正定的，那么可以保证至多在 n 步内收敛（忽略舍入误差）。如果矩阵 A 非常大且是稀疏的，共轭梯度法比 Gauss 消去法要常用得多，这种情况下可以在不到 n 步内得到解，特别是当矩阵 A 的性态很好时。如果矩阵 A 是病态的，那么舍入误差可能会导致 n 步迭代后仍然得不到足够精确的解。

在共轭梯度法中，每次迭代需要确定搜索方向 ρ_k 和参数 α_k，以使函数 $f(x_k - \alpha_k \rho_k)$ 沿着 ρ_k 方向最小化。一旦设定 x^{k+1} 等于 $x^k - \alpha_k \rho_k$，新的搜索方向就确定了。随着共轭梯度迭代的进展，每个误差函数都与一个特定的射线即正交扩展相关。因此，共轭梯度法可简化为产生正交向量并寻找合适系数来表示所期望解的过程。共轭梯度法可以用图 2.4 来说明，设 x^* 表示精确解（但未知），x^k 是一个近似解，而 $\Delta x^k = x^k - x^*$，给

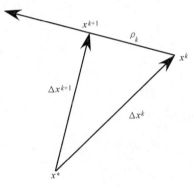

图 2.4　共轭梯度法

定任何搜索方向 ρ_k，从此直线到 x^* 的最小距离可以通过构建垂直于此直线而连接 x^* 的 Δx^{k+1} 来实现。由于精确解是未知的，因而构造的残差须与 ρ_k 垂直。不管新的搜索方向怎样选择，此残差的范数将不会增加。

所有求解 $Ax = b$ 的迭代法都定义一个如下的迭代过程：

$$x^{k+1} = x^k + \alpha_{k+1} \rho_{k+1} \tag{2.58}$$

式中，x^{k+1} 是需要更新的值，α_k 是步长，ρ_k 定义一个在 R^n 空间的方向，算法沿着此方向更新估计值。

设第 k 步的残差向量为

$$r_k = Ax^k - b \tag{2.59}$$

而误差函数由下式给出：

$$E_k(x^k) = \| Ax^k - b \|^2 \tag{2.60}$$

那么在 $k + 1$ 步使误差函数最小化的系数为

$$a_{k+1} = \frac{\| A^T r_k \|^2}{\| A \rho_{k+1} \|^2} \tag{2.61}$$

上式的几何解释是沿着 ρ_{k+1} 定义的射线方向使 E_{k+1} 最小化。更进一步，一种改进的算法是在由两个向量张成的平面内寻找 E_{k+1} 的最小值，即

$$x^{k+1} = x^k + \alpha_{k+1}(\rho_{k+1} + \beta_{k+1}\sigma_{k+1}) \tag{2.62}$$

式中，射线 ρ_{k+1} 和 σ_{k+1} 在 R^n 空间张成一个平面。当所选择的向量正交，即满足

$$\langle A\rho_{k+1}, A\sigma_{k+1} \rangle = 0 \tag{2.63}$$

时，为了使误差函数 E_{k+1} 最小化而选择的方向向量和系数是最优的。式（2.63）中的 $<\cdot>$ 表示内积。满足式（2.63）正交条件的向量被称为关于算子 A^TA 相互共轭，其中 A^T 是 A 的共轭转置。选择合适向量的一种方法是选择 σ_{k+1} 与 ρ_k 正交，这样就不需要在每一步中确定两个正交向量。虽然这简化了迭代过程，但在产生向量 ρ 时存在隐性的递归依赖性。

求解 $Ax = b$ 的共轭梯度算法

初始化：令 $k = 0$，和

$$r_0 = Ax^0 - b \tag{2.64}$$

$$\rho_0 = -A^T r_0 \tag{2.65}$$

如果 $\| r_k \| \geqslant \varepsilon$，则

$$\alpha_{k+1} = \frac{\| A^T r_k \|^2}{\| A\rho_k \|^2} \tag{2.66}$$

$$x^{k+1} = x^k + \alpha_{k+1}\rho_k \tag{2.67}$$

$$r_{k+1} = Ax^{k+1} - b \tag{2.68}$$

$$B_{k+1} = \frac{\| A^T r_{k+1} \|^2}{\| A^T r_k \|^2} \tag{2.69}$$

$$\rho_{k+1} = -A^T r_{k+1} + B_{k+1}\rho_k \tag{2.70}$$

$$k = k + 1 \tag{2.71}$$

对于任意的非奇异正定矩阵 A，共轭梯度法至多在 n 步内得到解（忽略舍入误差）。这是由 n 个方向向量 ρ_0、ρ_1、…必定会张成一个解空间而得出的直接结果。有限步终止是共轭梯度法相对于诸如松弛法等其他迭代法的一个巨大优势。

例 2.7 用共轭梯度法重新计算例 2.5。

解 2.7 为方便起见将例 2.5 的问题重写如下：

$$\begin{bmatrix} -10 & 2 & 3 & 6 \\ 0 & -9 & 1 & 4 \\ 2 & 6 & -12 & 2 \\ 3 & 1 & 0 & -8 \end{bmatrix} x = \begin{bmatrix} 1 \\ 2 \\ 3 \\ 4 \end{bmatrix} \tag{2.72}$$

并且 $x^0 = \begin{bmatrix} 0 & 0 & 0 & 0 \end{bmatrix}^T$

初始化：令 $k = 1$，并且

$$r_0 = Ax^0 - b = \begin{bmatrix} -1 \\ -2 \\ -3 \\ -4 \end{bmatrix} \tag{2.73}$$

$$\rho_0 = -A^T r_0 = \begin{bmatrix} 8 \\ 6 \\ -31 \\ -12 \end{bmatrix} \tag{2.74}$$

初始的误差为

$$E_0 = \| r_0 \|^2 = (5.4772)^2 = 30 \tag{2.75}$$

第 1 次迭代

$$\alpha_1 = \frac{\| A^T r_0 \|^2}{\| A\rho_0 \|^2} = 0.0049 \tag{2.76}$$

$$x^1 = x^0 + \alpha_1 \rho_0 = \begin{bmatrix} 0.0389 \\ 0.0292 \\ -0.1507 \\ -0.0583 \end{bmatrix} \tag{2.77}$$

$$r_1 = Ax^1 - b = \begin{bmatrix} -2.1328 \\ -2.6466 \\ -1.0553 \\ -3.3874 \end{bmatrix} \tag{2.78}$$

$$B_1 = \frac{\| A^T r_1 \|^2}{\| A^T r_0 \|^2} = 0.1613 \tag{2.79}$$

$$\rho_1 = -A^T r_1 + B_1 \rho_0 = \begin{bmatrix} -7.7644 \\ -8.8668 \\ -8.6195 \\ -3.5414 \end{bmatrix} \tag{2.80}$$

对应的误差为

$$E_1 = \| r_1 \|^2 = (4.9134)^2 = 24.1416 \tag{2.81}$$

类似地，第 2～4 次迭代如下：

k	α_k	x^k	r_k	B_k	ρ_k	$\| r_k \|$
2	0.0464	$\begin{bmatrix} -0.3211 \\ -0.3820 \\ -0.5504 \\ -0.2225 \end{bmatrix}$	$\begin{bmatrix} -1.5391 \\ -0.0030 \\ 0.2254 \\ -3.5649 \end{bmatrix}$	2.5562	$\begin{bmatrix} -24.9948 \\ -17.4017 \\ -14.7079 \\ -28.7765 \end{bmatrix}$	3.8895

（续）

k	α_k	x^k	r_k	B_k	ρ_k	$\| r_k \|$
3	0.0237	$\begin{bmatrix} -0.9133 \\ -0.7942 \\ -0.8988 \\ -0.9043 \end{bmatrix}$	$\begin{bmatrix} -1.5779 \\ -0.6320 \\ -0.6146 \\ -0.2998 \end{bmatrix}$	0.7949	$\begin{bmatrix} -33.5195 \\ -1.0021 \\ -14.9648 \\ -17.1040 \end{bmatrix}$	1.8322
4	0.0085	$\begin{bmatrix} -1.1981 \\ -0.8027 \\ -1.0260 \\ -1.0496 \end{bmatrix}$	$\begin{bmatrix} 0.0000 \\ 0.0000 \\ 0.0000 \\ 0.0000 \end{bmatrix}$	0.0000	$\begin{bmatrix} 0.0000 \\ 0.0000 \\ 0.0000 \\ 0.0000 \end{bmatrix}$	0.0000

正如该算法所保证的，迭代在第 4 步收敛。

不幸的是，对于一般性的线性方程组，共轭梯度法所需要的乘除法次数大大超过 LU 分解法。共轭梯度法在如下两种情况下更有竞争力：第 1 种情况是矩阵非常大并且很稀疏；第 2 种情况是矩阵具有特殊结构，LU 分解不容易处理。在有些情况下，共轭梯度法的收敛速度可以通过"预处理"而得到改进。

正如在 Gauss – Seidel 和 Jacobi 迭代中所看到的，迭代算法的收敛速度与迭代矩阵的特征值频谱紧密相关。因此，采用重新定标或矩阵变换的方法将原始方程组变换成具有更好矩阵特征值频谱的方程组，将能够大大提高收敛的速度。这个过程被称为预处理。已开发出了针对稀疏矩阵的多个系统性的预处理方法，其中最基本的做法是将方程组

$$Ax = b$$

变换成等价的方程组

$$M^{-1}Ax = M^{-1}b$$

式中，M^{-1} 用来近似 A^{-1}。例如，此种方法可用于非完整的 LU 分解，即使用 LU 分解但所有的填入被忽略。如果矩阵 A 是对角占优的，M^{-1} 的一个简单近似是

$$M^{-1} = \begin{bmatrix} \dfrac{1}{A(1,1)} & & & \\ & \dfrac{1}{A(2,2)} & & \\ & & \ddots & \\ & & & \dfrac{1}{A(n,n)} \end{bmatrix} \tag{2.82}$$

这种预处理策略将线性方程组重新定标，使得对角线上的元素全部相等。这种处理可以补偿元素大小上的数量级的差别。注意，重新定标对矩阵固有的病态特性并没有任何作用。

例 2.8 采用预处理的方法重做例 2.7。

解 2.8 设 M^{-1} 采用式（2.82）的形式，因此有

$$M^{-1} = \begin{bmatrix} -\dfrac{1}{10} & & & \\ & -\dfrac{1}{9} & & \\ & & -\dfrac{1}{12} & \\ & & & -\dfrac{1}{8} \end{bmatrix} \qquad (2.83)$$

$$A' = M^{-1}A = \begin{bmatrix} 1.0000 & -0.2000 & -0.3000 & -0.6000 \\ 0.0000 & 1.0000 & -0.1111 & -0.4444 \\ -0.1667 & -0.5000 & 1.0000 & -0.1667 \\ -0.3750 & -0.1250 & 0.0000 & 1.0000 \end{bmatrix} \qquad (2.84)$$

$$b' = M^{-1}b = \begin{bmatrix} -0.1000 \\ -0.2222 \\ -0.2500 \\ -0.5000 \end{bmatrix} \qquad (2.85)$$

求解 $A'x = b'$，采用共轭梯度法得到如下的误差序列：

k	E_k^2
0	0.6098
1	0.5500
2	0.3559
3	0.1131
4	0.0000

虽然也要用 4 步迭代才收敛，但注意在 $k < 4$ 时，其误差与例 2.7 的情况相比要小很多。对于大型线性方程组，可以想象误差将会足够快速地下降，以至于在第 n 步迭代之前就可以终止。如果只需要 x 的一个近似解，这种方法也是很有用的。

2.6 广义最小残差法

如果矩阵 A 既不是对称的，也不是正定的，那么就不能保证下式

$$\langle A\rho_{k+1}, A\sigma_{k+1} \rangle$$

为零，从而搜索向量不是相互正交的。为了构成解空间的基，相互正交是必须

的。因此，这个基必须采用显式方法构造。共轭梯度方法的扩展，被称为广义最小残差法（GMRES），在如下向量张成的子空间中使残差的范数最小化：

$$r^0,\ Ar^0,\ A^2r^0,\ \cdots,\ A^{k-1}r^0$$

式中，向量 r^0 是初始残差 $r^0 = \parallel b - Ax^0 \parallel$，而解的第 k 次近似就是从这个空间中选择的。这个子空间是一个"Krylov 子空间"，通过著名的 Gram – Schmidt 方法将其正交化；当应用于 Krylov 子空间时，这个正交化的过程被称为 Arnoldi 算法[37]。在第 k 步，GMRES 方法将 Arnoldi 算法应用于构成第 k 个 Krylov 子空间的 k 个正交基向量上，以产生下一个基向量。Arnoldi 算法将在 7.3 节更详细地描述。每步计算时，用矩阵 A 乘前面已求出的 Arnoldi 向量 v_j，然后，将所得到的向量 w_j 对所有前面已求出的向量 v_i 正交化。列向量集 $V = [v_1,\ v_2,\ \cdots,\ v_k]$ 构成了 Krylov 子空间的正交基，而 H 是矩阵 A 在此子空间上的正交投影。

像 Arnoldi 算法那样的正交矩阵三角化需要确定一个 $n \times n$ 正交矩阵 Q，使得

$$Q^{\mathrm{T}} = \begin{bmatrix} R \\ 0 \end{bmatrix} \tag{2.86}$$

式中，R 是一个 $m \times m$ 上三角矩阵。这样，求解过程就简化为求解三角矩阵方程 $Rx = Py$，这里的 P 由 Q 的前 m 行组成。

为了将矩阵化为上三角矩阵，可以应用 Givens 旋转变换一次清除一个元素。Givens 旋转变换是基于如下矩阵的变换：

$$\begin{bmatrix} 1 & \cdots & 0 & \cdots & 0 & \cdots & 0 \\ \vdots & \ddots & \vdots & & & & \vdots \\ 0 & \cdots & \mathrm{cs} & \cdots & \mathrm{sn} & \cdots & 0 \\ \vdots & & \vdots & \ddots & & & \vdots \\ 0 & \cdots & -\mathrm{sn} & \cdots & \mathrm{cs} & \cdots & 0 \\ \vdots & & \vdots & & & \ddots & \vdots \\ 0 & \cdots & 0 & \cdots & 0 & \cdots & 1 \end{bmatrix} \tag{2.87}$$

式中，$\mathrm{cs} = \cos(\phi)$，$\mathrm{sn} = \sin(\phi)$，ϕ 为经过适当选择的旋转角。采用 Givens 旋转变换可以将元素 A_{ki} 变为零。

GMRES 方法的困难之一是随着 k 的增加，需要存储的向量个数增加，而乘法次数等于 $k^2n/2$（对于 $n \times n$ 矩阵）。为了克服这个困难，此算法可以按照迭代的方式应用，即可以每隔 m 步重启动一次，其中 m 是某个固定的整数。这种方法通常被称为 GMRES(m) 算法。

用于求解 $Ax = b$ 的 GMRES(m) 算法

初始化：令 $k = 0$，并且

$$r_0 = Ax^0 - b$$

$$e_1 = \begin{bmatrix} 1 & 0 & 0 & \cdots & 0 \end{bmatrix}^{\mathrm{T}}$$

当 $\|r_k\| \geqslant \varepsilon$ 和 $k \leqslant k_{\max}$ 时，设置

$$j = 1$$

$$v_1 = r/\|r\|$$

$$s = \|r\|e_1$$

$$\mathrm{cs} = [0\ 0\ 0\cdots 0]^\mathrm{T}$$

$$\mathrm{sn} = [0\ 0\ 0\cdots 0]^\mathrm{T}$$

当 $j < m$ 时

（1）Arnoldi 过程

（a）构成矩阵 H，使得 $H(i,j) = (Av_j)^\mathrm{T} v_i$，$i = 1$，$\cdots$，$j$

（b）令 $w = Av_j - \sum_{i=1}^{j} H(i,j)v_i$

（c）令 $H(j+1,j) = \|w\|$

（d）令 $v_{j+1} = w/\|w\|$

（2）Givens 旋转

（a）计算

$$\begin{bmatrix} H(i,j) \\ H(i+1,j) \end{bmatrix} = \begin{bmatrix} \mathrm{cs}(i) & \mathrm{sn}(i) \\ -\mathrm{sn}(i) & \mathrm{cs}(i) \end{bmatrix} \begin{bmatrix} H(i,j) \\ H(i+1,j) \end{bmatrix} \quad i = 1,\cdots,j-1$$

（b）令

$$\mathrm{cs}(j) = \frac{H(j,j)}{\sqrt{H(j+1,j)^2 + H(j,j)^2}}$$

$$\mathrm{sn}(j) = \frac{H(j+1,j)}{\sqrt{H(j+1,j)^2 + H(j,j)^2}}$$

（c）求残差范数的近似值

$$\alpha = \mathrm{cs}(j)s(j)$$

$$s(j+1) = -\mathrm{sn}(j)s(j)$$

$$s(j) = \alpha$$

$$误差 = |s(j+1)|$$

（d）令

$$H(j,j) = \mathrm{cs}(j)H(j,j) + \mathrm{sn}(j)H(j+1,j)$$

$$H(j+1,j) = 0$$

（3）如果误差 $\leqslant \varepsilon$，则

（a）求解方程 $Hy = s$，求出 y

（b）作近似值更新

$$x = x - Vy$$

（c）此过程已收敛，返回。

（4）令 $j = j + 1$

（5）如果 $j = m$ 并且误差 $> \varepsilon$（重新启动 GMRES）

（a）令 $s = \begin{bmatrix} 1 & 0 & 0 & \cdots & 0 \end{bmatrix}$

（b）解 $Hy = s$ 求 y

（c）计算 $x = x - Vy$

（d）计算 $r = Ax - b$

（e）令 $k = k + 1$

例 2.9　采用 GMRES 方法重做例 2.5。

解 2.9　为了方便起见将例 2.5 重写如下：

求解方程

$$
\begin{bmatrix}
-10 & 2 & 3 & 6 \\
0 & -9 & 1 & 4 \\
2 & 6 & -12 & 2 \\
3 & 1 & 0 & -8
\end{bmatrix} x =
\begin{bmatrix}
1 \\
2 \\
3 \\
4
\end{bmatrix}
\tag{2.88}
$$

并且 $x^0 = \begin{bmatrix} 0 & 0 & 0 & 0 \end{bmatrix}^{\mathrm{T}}$，$\varepsilon = 10^{-3}$

$j = 1$　采用 Arnoldi 算法得到

$$
H = \begin{bmatrix}
-4.0333 & 0 & 0 & 0 \\
6.2369 & 0 & 0 & 0 \\
0 & 0 & 0 & 0 \\
0 & 0 & 0 & 0
\end{bmatrix}
$$

$$
V = \begin{bmatrix}
-0.1826 & -0.9084 & 0 & 0 \\
-0.3651 & -0.2654 & 0 & 0 \\
-0.5477 & 0.0556 & 0 & 0 \\
-0.7303 & 0.3181 & 0 & 0
\end{bmatrix}
$$

应用 Givens 旋转变换得到

$$
\mathrm{cs} = \begin{bmatrix} -0.5430 & 0 & 0 & 0 \end{bmatrix}
$$

$$
\mathrm{sn} = \begin{bmatrix} 0.8397 & 0 & 0 & 0 \end{bmatrix}
$$

$$
H = \begin{bmatrix}
7.4274 & 0 & 0 & 0 \\
0 & 0 & 0 & 0 \\
0 & 0 & 0 & 0 \\
0 & 0 & 0 & 0
\end{bmatrix}
$$

$$
s = \begin{bmatrix} -2.9743 & -4.5993 & 0 & 0 \end{bmatrix}^{\mathrm{T}}
$$

由于误差（$= |s(2)| = 4.5993$）大于 ε，$j = j + 1$ 再重复。

$j = 2$　采用 Arnoldi 算法得到

$$H = \begin{bmatrix} 7.4274 & 2.6293 & 0 & 0 \\ 0 & -12.5947 & 0 & 0 \\ 0 & 1.9321 & 0 & 0 \\ 0 & 0 & 0 & 0 \end{bmatrix}$$

$$V = \begin{bmatrix} -0.1826 & -0.9084 & -0.1721 & 0 \\ -0.3651 & -0.2654 & 0.6905 & 0 \\ -0.5477 & 0.0556 & -0.6728 & 0 \\ -0.7303 & 0.3181 & 0.2024 & 0 \end{bmatrix}$$

应用 Givens 旋转变换得到

$$cs = \begin{bmatrix} -0.5430 & 0.9229 & 0 & 0 \end{bmatrix}$$

$$sn = \begin{bmatrix} 0.8397 & 0.3850 & 0 & 0 \end{bmatrix}$$

$$H = \begin{bmatrix} 7.4274 & -12.0037 & 0 & 0 \\ 0 & 5.0183 & 0 & 0 \\ 0 & 0 & 0 & 0 \\ 0 & 0 & 0 & 0 \end{bmatrix}$$

$$s = \begin{bmatrix} -2.9743 & -4.2447 & 1.7708 & 0 \end{bmatrix}^{\mathrm{T}}$$

由于误差（ $= |s(3)| = 1.7708$ ）大于 ε ， $j = j + 1$ 再重复。

$j = 3$ 采用 Arnoldi 算法得到

$$H = \begin{bmatrix} 7.4274 & -12.0037 & -3.8697 & 0 \\ 0 & 5.0183 & -0.2507 & 0 \\ 0 & 0 & -13.1444 & 0 \\ 0 & 0 & 2.6872 & 0 \end{bmatrix}$$

$$V = \begin{bmatrix} -0.1826 & -0.9084 & -0.1721 & -0.3343 \\ -0.3651 & -0.2654 & 0.6905 & 0.5652 \\ -0.5477 & 0.0556 & -0.6728 & 0.4942 \\ -0.7303 & 0.3181 & 0.2024 & -0.5697 \end{bmatrix}$$

应用 Givens 旋转变换得到

$$cs = \begin{bmatrix} -0.5430 & 0.9229 & -0.9806 & 0 \end{bmatrix}$$

$$sn = \begin{bmatrix} 0.8397 & 0.3850 & 0.1961 & 0 \end{bmatrix}$$

$$H = \begin{bmatrix} 7.4274 & -12.0037 & 1.8908 & 0 \\ 0 & 5.0183 & -1.9362 & 0 \\ 0 & 0 & 13.7007 & 0 \\ 0 & 0 & 0 & 0 \end{bmatrix}$$

$$s = \begin{bmatrix} -2.9743 & -4.2447 & -1.7364 & -0.3473 \end{bmatrix}^{\mathrm{T}}$$

由于误差（ $= |s(4)| = 0.3473$ ）大于 ε ， $j = j + 1$ 再重复。

$j = 4$ 采用 Arnoldi 算法得到

$$H = \begin{bmatrix} 7.4274 & -12.0037 & 1.8908 & 1.4182 \\ 0 & 5.0183 & -1.9362 & 0.5863 \\ 0 & 0 & 13.7007 & -1.4228 \\ 0 & 0 & 0 & -9.2276 \end{bmatrix}$$

$$V = \begin{bmatrix} -0.1826 & -0.9084 & -0.1721 & -0.3343 & 0.7404 \\ -0.3651 & -0.2654 & 0.6905 & 0.5652 & 0.2468 \\ -0.5477 & 0.0556 & -0.6728 & 0.4942 & 0.6032 \\ -0.7303 & 0.3181 & 0.2024 & -0.5697 & 0.1645 \end{bmatrix}$$

应用 Givens 旋转变换得到

$$cs = \begin{bmatrix} -0.5430 & 0.9229 & -0.9806 & 1.0000 \end{bmatrix}$$

$$sn = \begin{bmatrix} 0.8397 & 0.3850 & 0.1961 & 0.0000 \end{bmatrix}$$

$$H = \begin{bmatrix} 7.4274 & -12.0037 & 1.8908 & -0.2778 \\ 0 & 5.0183 & -1.9362 & -1.9407 \\ 0 & 0 & 13.7007 & -1.0920 \\ 0 & 0 & 0 & 9.1919 \end{bmatrix}$$

$$s = \begin{bmatrix} -2.9743 & -4.2447 & -1.7364 & -0.3473 & 0.0000 \end{bmatrix}^{T}$$

由于误差($= |s(5)| = 0$),迭代已收敛。

根据 $Hy = s$ 求解 y,得

$$y = \begin{bmatrix} -1.8404 \\ -0.9105 \\ -0.1297 \\ -0.0378 \end{bmatrix} \tag{2.89}$$

根据下式求 x

$$x = x - Vy \tag{2.90}$$

得

$$x = \begin{bmatrix} -1.1981 \\ -0.8027 \\ -1.0260 \\ -1.0496 \end{bmatrix} \tag{2.91}$$

这与前面的例子结果一样。

2.7 问题

1. 证明对于 $n \times n$ 方阵,其 LU 分解所需要的乘除法次数为 $n(n^2 - 1)/3$。

2. 考察线性方程组 $Ax = b$，其中

$$a_{ij} = \frac{1}{i+j-1} \quad i,\ j = 1,\ \cdots,\ 4$$

和

$$b_i = \frac{1}{3} \sum_{j=1}^{4} a_{ij}$$

采用只有 4 位十进制数的精度，用 LU 分解法求解该方程组。

（a）不选主元

（b）部分选主元

如果有差别的话，对两者的差别进行评论。

3. 证明如下矩阵不存在 LU 分解

$$A = \begin{bmatrix} 0 & 1 \\ 1 & 1 \end{bmatrix}$$

4. 假设 A 的 LU 分解是已知的，写一个算法求解方程 $x^{\mathrm{T}} A = b^{\mathrm{T}}$。

5. 对如下矩阵，求 $A = LU$（不选主元）和 $PA = LU$（部分选主元）

（a）

$$A = \begin{bmatrix} 6 & -2 & 2 & 4 \\ 12 & -8 & 4 & 10 \\ 3 & -13 & 3 & 3 \\ -6 & 4 & 2 & -18 \end{bmatrix}$$

（b）

$$A = \begin{bmatrix} -2 & 1 & 2 & 5 \\ 2 & -1 & 4 & 1 \\ 1 & 4 & -3 & 2 \\ 8 & 2 & 3 & -6 \end{bmatrix}$$

6. 写一个基于 LU 分解的算法来求任意非奇异矩阵 A 的逆。

7. 求解问题 5（b）中的方程组，其中

$$b = \begin{bmatrix} 1 \\ 1 \\ 1 \\ 1 \end{bmatrix}$$

（a）采用 LU 分解和前代/回代算法。

（b）采用 Gauss – Jacobi 迭代法，需要几次迭代？

（c）采用 Gauss – Seidel 迭代法，需要几次迭代？

（d）采用共轭梯度法，需要几次迭代？

（e）采用 GMRES 方法，需要几次迭代？

设初始解

$$x = \begin{bmatrix} 0 \\ 0 \\ 0 \\ 0 \end{bmatrix}$$

迭代算法的收敛误差指标为 10^{-5}。

8. 应用 Gauss - Seidel 迭代于如下方程

$$A = \begin{bmatrix} 0.96326 & 0.81321 \\ 0.81321 & 0.68654 \end{bmatrix}$$

$$b = \begin{bmatrix} 0.88824 \\ 0.74988 \end{bmatrix}$$

设 $x^0 = [0.33116 \quad 0.70000]^T$，并解释发生了什么。

9. 采用共轭梯度法求解问题 2 中的方程。

10. 采用 GMRES 方法求解问题 2 中的方程。

11. 考察如下的 $n \times n$ 三对角矩阵

$$T_a = \begin{bmatrix} a & -1 & & & & \\ -1 & a & -1 & & & \\ & -1 & a & -1 & & \\ & & -1 & a & -1 & \\ & & & -1 & a & -1 \\ & & & & -1 & a \end{bmatrix}$$

式中，a 是实数。

（a）验证 T_a 的特征值由下式给出

$$\lambda_j = a - 2\cos(j\theta) \quad j = 1, \cdots, n$$

式中

$$\theta = \frac{\pi}{n+1}$$

（b）令 $a = 2$

i. 对这个矩阵，Jacobi 迭代收敛吗？

ii. 对这个矩阵，Gauss - Seidel 迭代收敛吗？

12. 求解 $Ax = b$ 的共轭梯度法的另一种形式可以基于误差函数 $E_k(x^k) = \langle x^k - x, x^k - x \rangle$，其中 $\langle \cdot \rangle$ 表示内积。其解为

$$x^{k+1} = x^k + \alpha_k \sigma_k$$

应用 $\sigma_1 = -A^T r_0$ 和 $\sigma_{k+1} = -A^T r_k + \beta_k \sigma_k$，推导这种共轭梯度算法。系数 α_k 和 β_k 可以表示为

$$\alpha_{k+1} = \frac{\| r_k \|^2}{\| \sigma_{k+1} \|^2}$$

$$\beta_{k+1} = \frac{\| r_{k+1} \|^2}{\| r_k \|^2}$$

利用这种共轭梯度法求解例 2.7。

13. 写一个具有 2 个输入（A, flag）的子程序，对任意非奇异矩阵 A，将输出（Q, P），使得

- flag = 0, $A = LU$, $P + I$
- flag = 1, $PA = LU$

其中

$$L = \begin{bmatrix} l_{11} & 0 & 0 & \cdots & 0 \\ l_{21} & l_{22} & 0 & \cdots & 0 \\ l_{31} & l_{32} & l_{33} & \cdots & 0 \\ \vdots & \vdots & \vdots & \vdots & \vdots \\ l_{n1} & l_{n2} & l_{n3} & \cdots & l_{nn} \end{bmatrix} \quad U = \begin{bmatrix} 1 & u_{12} & u_{13} & \cdots & u_{1n} \\ 0 & 1 & u_{23} & \cdots & u_{2n} \\ 0 & 0 & 1 & \cdots & u_{3n} \\ \vdots & \vdots & \vdots & \vdots & \vdots \\ 0 & 0 & 0 & \cdots & 1 \end{bmatrix}$$

$$Q = L + U - I$$

14. 对于如下的非奇异矩阵，采用问题 13 中的子程序，求出 P 和 Q：

（a）

$$\begin{bmatrix} 0 & 0 & 1 \\ 3 & 1 & 4 \\ 2 & 1 & 0 \end{bmatrix}$$

（b）

$$\begin{bmatrix} 10^{-10} & 0 & 0 & 1 \\ 0 & 0 & 1 & 4 \\ 0 & 2 & 1 & 0 \\ 1 & 0 & 0 & 0 \end{bmatrix}$$

15. 写一个具有 2 个输入（A, b）的子程序，对任意非奇异矩阵 A，该子程序输出方程 $Ax = b$ 的解 x。采用前代和回代方法。此子程序应当与问题 13 中所开发的子程序合并。

16. 采用问题 13 和问题 15 中的子程序，求解如下线性方程组

$$\begin{bmatrix} 2 & 5 & 6 & 11 \\ 4 & 6 & 8 & 2 \\ 4 & 3 & 7 & 0 \\ 1 & 26 & 3 & 4 \end{bmatrix} \begin{bmatrix} x_1 \\ x_2 \\ x_3 \\ x_4 \end{bmatrix} = \begin{bmatrix} 1 \\ 1 \\ 1 \\ 1 \end{bmatrix}$$

第 3 章　非线性方程组的解法

很多系统可以被一般性地描述为

$$F(x) = 0 \tag{3.1}$$

式中，x 是一个 n 维向量，F 是一个非线性映射，其源域和值域都在 n 维实线性空间 R^n 中。映射 F 也可以表述为一个 n 维的函数向量：

$$F(x) = \begin{bmatrix} f_1(x_1, x_2, \cdots, x_n) \\ f_2(x_1, x_2, \cdots, x_n) \\ \vdots \\ f_n(x_1, x_2, \cdots, x_n) \end{bmatrix} = 0 \tag{3.2}$$

式中至少有一个函数是非线性的，且每个函数不一定包含所有 n 个状态变量 x_i，但每个状态变量至少出现在其中的一个函数中。一般地，上述非线性方程组的解 x^* 无法用解析式来表达。因此，非线性方程组通常用数值方法来求解。在很多情况下，通过不断地改进近似解，可以找到一个任意逼近其真实解 x^* 的近似解 $\hat{x}$，使得

$$F(\hat{x}) \approx 0$$

此类方法通常是迭代性质的。所谓迭代解法是这样一种方法，采用一个初始的猜想解 x^0 以构造出一个解的序列 x^0、x^1、x^2、$\cdots$，而希望该序列能够任意逼近所期望的解 x^*。

采用迭代法时存在三个主要的问题，即

1）迭代过程的定义是否合适？即迭代过程能够执行下去而不发生数值计算上的困难。

2）迭代值（即更新值的序列）能否收敛到式（3.1）的一个解？该解是所期望的解吗？

3）整个求解过程的效率如何？

为了完全（或部分）回答这些问题，可以写好几本书，因此这些问题不可能在本章中进行完整的论述。但是，这些问题又是求解非线性方程组的核心问题，不能完全被忽略掉。因此本章将尽量提供足够的细节，以使读者理解不同种类的迭代方法的优点和缺点。

3.1　不动点迭代法

求解非线性方程组是一个复杂的问题，为了更好地理解大型方程组的机理，

首先考虑一个一维的（即标量的）非线性方程是有启发意义的。该方程为

$$f(x) = 0 \tag{3.3}$$

求解任何非线性方程的一种做法是试错法，大多数的理工科学生在其学习生涯中可能早已用过这种方法。

例3.1 求解如下方程的解

$$f(x) = x^2 - 5x + 4 = 0 \tag{3.4}$$

解3.1 这是一个二次方程，其解可以用解析式表达。该方程的 2 个解为

$$x_1^*, x_2^* = \frac{5 \pm \sqrt{(-5)^2 - (4)(4)}}{2} = 1, 4$$

但是，如果解的解析式不存在的话，一种做法就是采用试错法。因为所求的解满足 $f(x) = 0$，因此可以通过监视 $f(x)$ 的值来使真解 x^* 的估计值精确化。

k	x	$f(x)$
0	0	$0 - 0 + 4 = 4 > 0$
1	2	$4 - 10 + 4 = -2 < 0$
2	0.5	$0.25 - 2.5 + 4 = 1.75 > 0$
3	1.5	$2.25 - 7.5 + 4 = -1.25 < 0$

通过注意函数的符号以及是否变号，可以逐次收缩解存在的区间。如果函数 $f(x)$ 是连续的，并且 $f(a) \cdot f(b) < 0$，那么在区间 (a, b) 内方程 $f(x) = 0$ 至少存在 1 个解。因为 $f(0.5) > 0$ 而 $f(1.5) < 0$，可以推出有一个解位于区间（0.5，1.5）内。

但是，根据 $f(x)$ 符号的变化来寻找解的过程是冗长而乏味的，除了确定解的边界之外并不能指导如何确定下一个猜想值。一种更好的方法是根据前一次的猜想值构造一个不断更新的序列，可以定义一个迭代格式如下：

$$I: x^{k+1} = g(x^k), \quad k = 1, \cdots, \infty \tag{3.5}$$

这种迭代被称为不动点迭代，因为在解上存在

$$x^* = g(x^*) \tag{3.6}$$

例3.2 采用不动点迭代法求式（3.4）的解。

解3.2 式（3.4）可以被改写为

$$x = \frac{x^2 + 4}{5} \tag{3.7}$$

采用式（3.5）的符号，迭代格式变为

$$x^{k+1} = g(x^k) = \frac{(x^k)^2 + 4}{5} \tag{3.8}$$

利用这个迭代格式，x^* 的估计值为

k	x^k	$g(x^k)$
0	0	$\dfrac{0+4}{5}=0.8$
1	0.8	$\dfrac{0.64+4}{5}=0.928$
2	0.928	$\dfrac{0.856+4}{5}=0.971$
3	0.971	$\dfrac{0.943+4}{5}=0.989$

显然，这个序列将收敛于解 $x^*=1$。

现在考察同一个例子，但初始的猜想值不同，结果为

k	x^k	$g(x^k)$
0	5	$\dfrac{25+4}{5}=5.8$
1	5.8	$\dfrac{33.64+4}{5}=7.528$
2	7.528	$\dfrac{56.67+4}{5}=12.134$

这种情况下，迭代值增加很快，不用几次迭代，其值就趋近于无穷大。因此，称这种情况为迭代"发散"。

这个例子引出了两个非常重要的问题：①迭代值序列是否会收敛？②如果收敛的话，将会收敛到什么解？为了回答这些问题，首先给出例 3.2 的图形解释。将式（3.7）两边的函数同时画出，得到如图 3.1 所示的一条曲线和一条直线。

这两条线的 2 个交点与原始方程 $f(x)=0$ 的两个根相同。不动点迭代就是要寻找这个交点。考察图 3.1 中的初始猜想值 x^0，函数 $g(x)$ 基于 x^0 进行计算得到更新的迭代值 x^1。这个过程在图形上的解释是，从 x^0 点投射一条垂直线到 $g(x^0)$，然后从 $g(x^0)$ 投射一条水平线到 x^1。

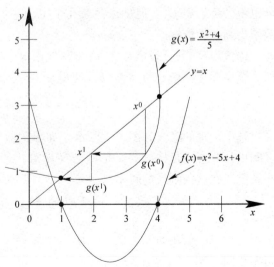

图 3.1　不动点迭代的图形解释

$g(x^1)$ 的投射产生 x^2。类似的垂直和水平投射将最终直接到达两条线的交点。以这种方式，就能得到原始方程 $f(x) = 0$ 的解。

在本例中，解 $x^* = 1$ 是不动点迭代的"吸引点"。点 x^* 被称作迭代格式 I 的吸引点，指的是如果存在一个 x^* 的开邻域 S_0，使得对所有属于 $S_0(S_0 \in S)$ 的初始猜想值 x^0，其迭代值仍然属于 S，并且

$$\lim_{k \to \infty} x^k = x^* \tag{3.9}$$

邻域 S_0 被称作 x^* 的"吸引域"[34]。这个概念可以用图 3.2 来进行说明，该图表明迭代格式 I 将收敛于 x^*，只要 x^0 足够靠近 x^*。在例 3.2 中，不动点 $x^* = 1$ 是如下迭代格式的吸引点：

$$I: x^{k+1} = \frac{(x^k)^2 + 4}{5}$$

而 $x^* = 4$ 则不是上述迭代格式的吸引点。$x^* = 1$ 的吸引域是位于区间 $-\infty < x < 4$ 中的所有 x。

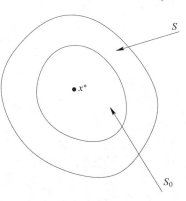

图 3.2 x^* 的吸引域

事先确定某种迭代格式是否会收敛通常是困难的。在有些情况下，一系列的迭代值看起来会收敛，但即使迭代次数 $k \to \infty$ 也不会趋近于 x^*。但是，存在几个定理，可以对迭代格式 $x = g(x)$ 是否会收敛给出判断的依据。

中值定理[47]：设函数 $g(x)$ 及其导数 $g'(x)$ 在区间 $a \leq x \leq b$ 上都是连续的，那么至少存在一个 ξ，$a < \xi < b$，使得

$$g'(\xi) = \frac{g(b) - g(a)}{b - a} \tag{3.10}$$

这个定理的意义如图 3.3 所示。如果函数 $g(x)$ 定义在 $x = a$ 和 $x = b$ 之间的区间内，并且既是连续的又是可微（光滑）的，那么在点 A 和 A' 之间就可以画一条割线，这条割线的斜率是

$$\frac{g(b) - g(a)}{b - a}$$

中值定理说的是在曲线上至少存在一个点 $x = \xi$，该点上曲线的切线与割线 AA' 的斜率相同。

改写中值定理的公式为

$$g(b) - g(a) = g'(\xi)(b - a)$$

那么对于连续的两次迭代值 $x^{k+1} = b$ 和 $x^k = a$，有

$$g(x^{k+1}) - g(x^k) = g'(\xi^k)(x^{k+1} - x^k) \tag{3.11}$$

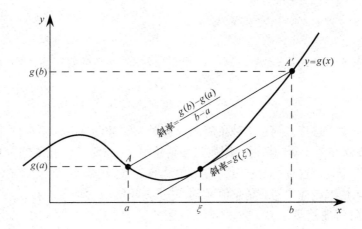

图 3.3　中值定理的意义

或者取绝对值：

$$|g(x^{k+1}) - g(x^k)| = |g'(\xi^k)||(x^{k+1} - x^k)| \tag{3.12}$$

只要采用合适的 ξ^k，中值定理可以相继使用在每次迭代中。如果在包含 x^* 和所有 x^k 的区间上导数 $g'(x)$ 是有界的。即对于任意的 k，

$$|g'(\xi^k)| \leq M \tag{3.13}$$

式中，M 是正上限。那么，从初始猜想值 x^0 开始，有

$$|x^2 - x^1| \leq M|x^1 - x^0| \tag{3.14}$$

$$|x^3 - x^2| \leq M|x^2 - x^1| \tag{3.15}$$

$$\vdots \tag{3.16}$$

$$|x^{k+1} - x^k| \leq M|x^k - x^{k-1}| \tag{3.17}$$

将上面各式合并得到

$$|x^{k+1} - x^k| \leq M^k|x^1 - x^0| \tag{3.18}$$

这样，对于任何的初始猜想值 x^0，只要

$$|g'(x)| \leq M < 1 \tag{3.19}$$

那么，迭代就是收敛的。

另外一种类似但稍微有些不同的判断迭代过程是否收敛的定理是 Ostrowski 定理[34]。该定理的表述为：如果迭代格式

$$I: \ x^{k+1} = g(x^k), k = 1, \cdots, \infty$$

具有不动点 x^*，并且在 x^* 点上是连续和可微的，那么如果 $\left|\dfrac{\partial g(x^*)}{\partial x}\right| < 1$，$x^*$ 就是 I 的吸引点。

　　例 3.3　确定 $x^* = 1$ 和 $x^* = 4$ 是否为迭代格式（3.8）的吸引点。

　　解 3.3　与式（3.8）对应的迭代格式 I 的导数为

$$\left| \frac{\partial g(x)}{\partial x} \right| = \left| \frac{2}{5} x \right|$$

因此，对于 $x^* = 1$，$\left| \frac{2}{5} x^* \right| = \frac{2}{5} < 1$，因此 $x^* = 1$ 是 I 的吸引点。而对于 $x^* = 4$，$\left| \frac{2}{5} x^* \right| = \frac{2}{5}(4) = \frac{8}{5} > 1$，因此 $x^* = 4$ 不是 I 的吸引点。

对于不动点迭代，存在 4 种可能的收敛类型，如图 3.4 所示。图 3.4a 展示了 $g'(x)$ 在 0 和 1 之间的情况，即使初始猜想值 x^0 远离 x^*，相继的 x^k 的值也会从一侧趋近于解，这种情况被定义为"单调收敛"。图 3.4b 展示了 $g'(x)$ 在 -1 和 0 之间的情况，即使初始猜想值 x^0 远离 x^*，相继的 x^k 的值会首先从一侧然后从另一侧振荡地趋近于解，这种情况被定义为"振荡收敛"。图 3.4c 展示了 $g'(x)$ 大于 1 的情况，此时会导致"单调发散"。图 3.4d 展示了 $g'(x) < -1$ 和 $|g'(x)| > 1$ 的情况，此时会导致"振荡发散"。

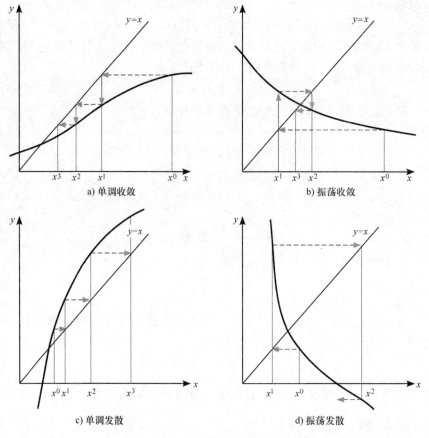

图 3.4 迭代 $x = g(x)$ 的 4 种可能收敛类型

3.2 Newton – Raphson 迭代法

与上节描述的简单的不动点迭代法相比，存在多种迭代法具有更好的鲁棒收敛性。其中得到最广泛应用的迭代法是 Newton – Raphson 迭代法。这种方法的迭代格式也可以描述成：

$$I: \quad x^{k+1} = g(x^k), \quad k = 1, \cdots, \infty$$

但通常会比不动点迭代法具有更好的收敛性。

再次考察标量非线性方程

$$f(x^*) = 0 \tag{3.20}$$

以 Taylor 级数展开的方式将此函数在点 x^k 展开，得到

$$f(x^*) = f(x^k) + \frac{\partial f}{\partial x}\bigg|_{x^k} (x^* - x^k) + \frac{1}{2!} \frac{\partial^2 f}{\partial x^2}\bigg|_{x^k} (x^* - x^k)^2 + \cdots = 0 \tag{3.21}$$

如果假定当 $k \to \infty$ 时迭代过程会收敛到 x^*，那么更新后的猜想值 x^{k+1} 可以用来替代 x^*，从而有

$$f(x^{k+1}) = f(x^k) + \frac{\partial f}{\partial x}\bigg|_{x^k} (x^{k+1} - x^k) + \frac{1}{2!} \frac{\partial^2 f}{\partial x^2}\bigg|_{x^k} (x^{k+1} - x^k)^2 + \cdots = 0 \tag{3.22}$$

如果初始猜想值与 x^* "足够靠近"并位于 x^* 的吸引域内，那么展开式的高次项可以被忽略，得到

$$f(x^{k+1}) = f(x^k) + \frac{\partial f}{\partial x}\bigg|_{x^k} (x^{k+1} - x^k) \approx 0 \tag{3.23}$$

直接求解 x^{k+1}，将其表示为 x^k 的函数，可得到如下的迭代格式：

$$I: \quad x^{k+1} = x^k - \left[\frac{\partial f}{\partial x}\bigg|_{x^k} \right]^{-1} f(x^k) \tag{3.24}$$

这就是著名的 Newton – Raphson 迭代法。

Newton – Raphson 迭代法也有一个图形解释。考察例 3.2 中的同一个函数，将其画于图 3.5 中。在此方法中，当前迭代点处计算出的函数的斜率被用于产生下一个猜想值。对任意猜想值 x^k，在函数上存在一个对应点 $f(x^k)$，其斜率为

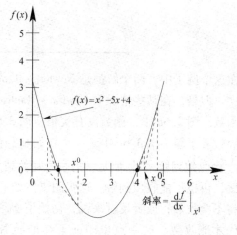

图 3.5 Newton – Raphson 法的图形解释

$$\frac{\partial f}{\partial x}\bigg|_{x=x^k}$$

因此，下一个猜想值仅仅是据此斜率所作的直线与 x 轴的交点。这个过程不断重复直到所得到的猜想值足够靠近解 x^*。一个迭代过程被认为已经收敛于 x^k，如果

$$|f(x^k)| < \varepsilon$$

式中，ε 是某个事先确定的容许误差。

　　例 3.4　用 Newton – Raphson 法重新做例 3.2。

　　解 3.4　利用式（3.24）的 Newton – Raphson 迭代格式得到：

$$I: \quad x^{k+1} = x^k - \frac{(x^k)^2 - 5x^k + 4}{2x^k - 5} \tag{3.25}$$

基于此迭代格式，从初始猜想值 $x^0 = 3$ 开始，得到的 x^* 的估计值为

k	x^k	$g(x^k)$
0	3	$3 - \dfrac{9 - 15 + 4}{6 - 5} = 5$
1	5	$5 - \dfrac{25 - 25 + 4}{10 - 5} = 4.2$
2	4.2	$4.2 - \dfrac{17.64 - 21 + 4}{8.4 - 5} = 4.012$

类似地，从初始猜想值 $x^0 = 2$ 开始，得到的 x^* 的估计值为

k	x^k	$g(x^k)$
0	2	$2 - \dfrac{4 - 10 + 4}{4 - 5} = 0$
1	0	$0 - \dfrac{0 - 0 + 4}{0 - 5} = 0.8$
2	0.8	$0.8 - \dfrac{0.64 - 4 + 4}{1.6 - 5} = 0.988$

在这个例子中，两个解都是 Newton – Raphson 迭代格式的吸引点。

　　但是，在某些情况下 Newton – Raphson 法将不能收敛。考察如图 3.6 所示的函数。图 3.6a 中，函数没有实根。图 3.6b 中，函数关于 x^* 是对称的并且二阶导数等于零。图 3.6c 中，一个初始猜想值 x_a^0 会收敛到解 x_a^*，一个初始猜想值 x_b^0 会收敛到解 x_b^*；但是，另一个初始猜想值 x_c^0 会使迭代锁定在虚线框内不断振荡，再也不能收敛到解。这张图支持如下的断言：如果初始值离真解太远，迭代将不会收敛；或者反过来说，初始值必须足够靠近真解，Newton – Raphson 法迭代才能收敛。这一点也印证了在推导 Newton – Raphson 法时所做的初始假定："如果迭代值足够靠近真解，Taylor 级数展开式中的高次项可以忽略"。如果迭代

值不是足够靠近真解，这些高次项是很大的，Newton - Raphson 法所基于的假设
条件就不再成立。

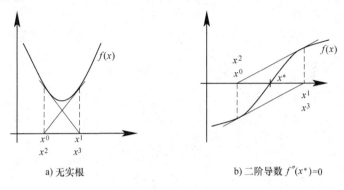

a) 无实根　　　　　　　　　　　b) 二阶导数 $f''(x^*)=0$

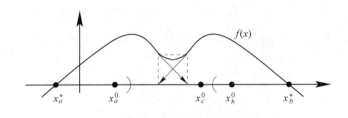

c) x^0 离根不是足够近

图 3.6　Newton - Raphson 法的收敛域

3.2.1　收敛性

注意例 3.4 中收敛到解的速度大大高于例 3.2。这是因为 Newton - Raphson
法具有平方收敛性，而不动点迭代法只有线性收敛性。线性收敛性指的是一旦迭
代值 x^k 与真解足够靠近，那么误差

$$\varepsilon^k = |x^k - x^*| \tag{3.26}$$

将以线性的方式趋近于零。例 3.2 和例 3.4 的收敛性如图 3.7 所示，该图以对数
刻度画出，不动点迭代的误差是明显线性的，而 Newton - Raphson 法的误差呈现
出平方收敛性，直到变得太小无法画出。已经提出了很多方法来预测迭代法的收
敛速度。设迭代格式的误差如式（3.26）所定义的那样，如果存在一个数 p 和
一个常数 $C \neq 0$，使得

$$\lim_{k \to \infty} \frac{|\varepsilon^{k+1}|}{|\varepsilon^k|^p} = C \tag{3.27}$$

那么，p 被称为迭代序列的"收敛阶"，而 C 被称为"渐近误差常数"。如果 $p =$
1，收敛阶被称为是线性的；如果 $p = 2$，收敛阶被称为是平方的；而如果 $p = 3$，

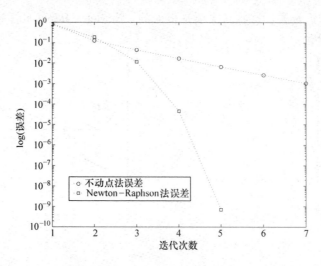

图 3.7　不动点迭代法与 Newton – Raphson 迭代法的收敛性比较

收敛阶被称为是立方的。Newton – Raphson 法满足式（3.27）的条件，并且 $p = 2$，而

$$C = \frac{1}{2} \frac{\left| \dfrac{\mathrm{d}^2 f(x^*)}{\mathrm{d}x^2} \right|}{\left| \dfrac{\mathrm{d}f(x^*)}{\mathrm{d}x} \right|}$$

只要 $\dfrac{\mathrm{d}^2 f(x^*)}{\mathrm{d}x^2} \neq 0$，$C \neq 0$。这样，对于大多数函数，Newton – Raphson 法呈现出平方收敛性。

3.2.2　用于求解非线性方程组的 Newton – Raphson 法

在科学和工程中，很多领域会产生如式（3.2）所示的方程组。只要少量的改变，上节导出的 Newton – Raphson 法可以扩展到非线性方程组。方程组可以类似地用 Taylor 级数展开来表示。通过再次假设初始猜想值与精确解足够靠近，多元的高次项可以被忽略，从而得到 n 元方程组的 Newton – Raphson 法：

$$x^{k+1} = x^k - \left[J(x^k) \right]^{-1} F(x^k) \tag{3.28}$$

式中，

$$x = \begin{bmatrix} x_1 \\ x_2 \\ x_3 \\ \vdots \\ x_n \end{bmatrix}$$

$$F(x^k) = \begin{bmatrix} f_1(x^k) \\ f_2(x^k) \\ f_3(x^k) \\ \vdots \\ f_n(x^k) \end{bmatrix}$$

而 Jacobi 矩阵 $[J(x^k)]$ 为

$$[J(x^k)] = \begin{bmatrix} \dfrac{\partial f_1}{\partial x_1} & \dfrac{\partial f_1}{\partial x_2} & \dfrac{\partial f_1}{\partial x_3} & \cdots & \dfrac{\partial f_1}{\partial x_n} \\[2mm] \dfrac{\partial f_2}{\partial x_1} & \dfrac{\partial f_2}{\partial x_2} & \dfrac{\partial f_2}{\partial x_3} & \cdots & \dfrac{\partial f_2}{\partial x_n} \\[2mm] \dfrac{\partial f_3}{\partial x_1} & \dfrac{\partial f_3}{\partial x_2} & \dfrac{\partial f_3}{\partial x_3} & \cdots & \dfrac{\partial f_3}{\partial x_n} \\[2mm] \vdots & \vdots & \vdots & \vdots & \vdots \\[2mm] \dfrac{\partial f_n}{\partial x_1} & \dfrac{\partial f_n}{\partial x_2} & \dfrac{\partial f_n}{\partial x_3} & \cdots & \dfrac{\partial f_n}{\partial x_n} \end{bmatrix}$$

通常不直接求 Jacobi 矩阵 $[J(x^k)]$ 的逆，而是将 Newton – Raphson 法变形为如下形式后再用 LU 分解求解：

$$[J(x^k)](x^{k+1} - x^k) = -F(x^k) \tag{3.29}$$

上式即为 $Ax = b$ 的形式，其中矩阵 A 就是 Jacobi 矩阵，函数 $-F(x^k)$ 就是向量 b，而未知向量 x 就是向量差 $(x^{k+1} - x^k)$。通常通过计算 $F(x^k)$ 的范数来评估收敛性，即评估

$$\| F(x^k) \| < \varepsilon \tag{3.30}$$

注意 Jacobi 矩阵是 x^k 的函数，因此每步迭代时与 $F(x^k)$ 一起更新。

例 3.5 求如下方程组的解

$$0 = x_1^2 + x_2^2 - 5x_1 + 1 = f_1(x_1, x_2) \tag{3.31}$$

$$0 = x_1^2 - x_2^2 - 3x_2 - 3 = f_2(x_1, x_2) \tag{3.32}$$

设初始猜想值为

$$x^{(0)} = \begin{bmatrix} 3 \\ 3 \end{bmatrix}$$

解 3.5 此方程组的 Jacobi 矩阵为

$$J(x_1, x_2) = \begin{bmatrix} \dfrac{\partial f_1}{\partial x_1} & \dfrac{\partial f_1}{\partial x_2} \\[2mm] \dfrac{\partial f_2}{\partial x_1} & \dfrac{\partial f_2}{\partial x_2} \end{bmatrix} = \begin{bmatrix} 2x_1 - 5 & 2x_2 \\[1mm] 2x_1 & -2x_2 - 3 \end{bmatrix}$$

第 1 次迭代

在初始值上计算 f_1 和 f_2 以及 Jacobi 矩阵

$$\begin{bmatrix} 1 & 6 \\ 6 & -9 \end{bmatrix} \begin{bmatrix} x_1^{(1)} - 3 \\ x_2^{(1)} - 3 \end{bmatrix} = \begin{bmatrix} -4 \\ 12 \end{bmatrix} \tag{3.33}$$

求解上述线性方程组得

$$\begin{bmatrix} x_1^{(1)} - 3 \\ x_2^{(1)} - 3 \end{bmatrix} = \begin{bmatrix} 0.8 \\ -0.8 \end{bmatrix} \tag{3.34}$$

这样，

$$x_1^{(1)} = 0.8 + x_1^{(0)} = 0.8 + 3 = 3.8 \tag{3.35}$$

$$x_2^{(1)} = -0.8 + x_2^{(0)} = -0.8 + 3 = 2.2 \tag{3.36}$$

第 1 次迭代的误差为

$$\left\| \begin{bmatrix} f_1(x_1^{(0)}, x_2^{(0)}) \\ f_2(x_1^{(0)}, x_2^{(0)}) \end{bmatrix} \right\|_\infty = 12$$

第 2 次迭代

在 $x^{(1)}$ 上计算 f_1 和 f_2 以及 Jacobi 矩阵

$$\begin{bmatrix} 2.6 & 4.4 \\ 7.6 & -7.4 \end{bmatrix} \begin{bmatrix} x_1^{(2)} - 3.8 \\ x_2^{(2)} - 2.2 \end{bmatrix} = \begin{bmatrix} -1.28 \\ 0.00 \end{bmatrix} \tag{3.37}$$

求解上述线性方程组得

$$\begin{bmatrix} x_1^{(2)} - 3.8 \\ x_2^{(2)} - 2.2 \end{bmatrix} = \begin{bmatrix} -0.1798 \\ -0.1847 \end{bmatrix} \tag{3.38}$$

这样，

$$x_1^{(2)} = -0.1798 + x_1^{(1)} = -0.1798 + 3.8 = 3.6202 \tag{3.39}$$

$$x_2^{(2)} = -0.1847 + x_2^{(1)} = -0.1847 + 2.2 = 2.0153 \tag{3.40}$$

第 2 次迭代的误差为

$$\left\| \begin{bmatrix} f_1(x_1^{(1)}, x_2^{(1)}) \\ f_2(x_1^{(1)}, x_2^{(1)}) \end{bmatrix} \right\|_\infty = 1.28$$

第 3 次迭代

在 $x^{(2)}$ 上计算 f_1 和 f_2 以及 Jacobi 矩阵

$$\begin{bmatrix} 2.2404 & 4.0307 \\ 7.2404 & -7.0307 \end{bmatrix} \begin{bmatrix} x_1^{(3)} - 3.6202 \\ x_2^{(3)} - 2.0153 \end{bmatrix} = \begin{bmatrix} -0.0664 \\ 0.0018 \end{bmatrix} \tag{3.41}$$

求解上述线性方程组得

$$\begin{bmatrix} x_1^{(3)} - 3.6202 \\ x_2^{(3)} - 2.0153 \end{bmatrix} = \begin{bmatrix} -0.0102 \\ -0.0108 \end{bmatrix} \tag{3.42}$$

这样，

$$x_1^{(3)} = -0.0102 + x_1^{(2)} = -0.0102 + 3.6202 = 3.6100 \qquad (3.43)$$

$$x_2^{(3)} = -0.0108 + x_2^{(2)} = -0.0108 + 2.0153 = 2.0045 \qquad (3.44)$$

第 3 次迭代的误差为

$$\left\| \begin{bmatrix} f_1(x_1^{(2)}, x_2^{(2)}) \\ f_2(x_1^{(2)}, x_2^{(2)}) \end{bmatrix} \right\|_{\infty} = 0.0664$$

在第 4 次迭代时，函数 f_1 和 f_2 在 $x^{(3)}$ 上进行计算并得到：

$$\begin{bmatrix} f_1(x_1^{(3)}, x_2^{(3)}) \\ f_2(x_1^{(3)}, x_2^{(3)}) \end{bmatrix} = \begin{bmatrix} -0.221 \times 10^{-3} \\ 0.012 \times 10^{-3} \end{bmatrix}$$

由于此向量的范数已很小，可以认为迭代已经收敛，并且

$$\begin{bmatrix} x_1^{(3)} \\ x_2^{(3)} \end{bmatrix} = \begin{bmatrix} 3.6100 \\ 2.0045 \end{bmatrix}$$

已经在真解的 10^{-3} 的误差数量级之内。

在求解例 3.5 时，每次迭代的误差如下：

迭代次数	误差
0	12.0000
1	1.2800
2	0.0664
3	0.0002

注意，一旦迭代解已足够靠近真解，每次迭代的误差将会快速减小。如果迭代的次数已很多，每次迭代的误差大致上为前次迭代误差的平方。这种收敛特性正是 Newton – Raphson 法平方收敛性的反映。

3.2.3　Newton – Raphson 法的改进

虽然完整的 Newton – Raphson 法具有平方收敛性和最小的迭代次数，但每次迭代需要很大的计算量。例如，构造完整的 Jacobi 矩阵需要 n^2 次计算，如果 Jacobi 矩阵是满矩阵，每次迭代对其进行 LU 分解所需要的运算次数为 n^3 数量级。因此，对 Newton – Raphson 法的大多数改进着眼在减少构造 Jacobi 矩阵的计算量或者减少进行 LU 分解的计算量。

再次考察 Newton – Raphson 法的迭代格式：

$$I: x^{k+1} = x^k - [J(x^k)]^{-1} f(x^k)$$

这个迭代格式可以被写成更为一般性的格式：

$$I: x^{k+1} = x^k - [M(x^k)]^{-1} f(x^k) \qquad (3.45)$$

式中，M 是一个 $n \times n$ 矩阵，它可以是也可以不是 x^k 的函数。注意，即使 $M \neq J$，如果迭代过程将 $f(x)$ 驱动到零，这种迭代格式仍然会收敛到正确解。因此，对 Newton – Raphson 法进行简化的一种做法是，寻找一个比 Jacobi 矩阵更容易计算的合适的替代矩阵 M。一种常用的简化方法是将每个偏导数元素 $\dfrac{\partial f_i}{\partial x_j}$ 用差商来近似。例如，一种可能的简单近似式为

$$\frac{\partial f_i}{\partial x_j} \approx \frac{1}{h_{ij}} \left[f_i(x + h_{ij}e^j) - f_i(x) \right] \tag{3.46}$$

式中，e^j 是第 j 个单位向量：

$$e^j = \begin{bmatrix} 0 \\ 0 \\ \vdots \\ 0 \\ 1 \\ 0 \\ \vdots \\ 0 \end{bmatrix}$$

式中，1 出现在此单位向量的第 j 行上，而其他元素都为零。标量 h_{ij} 的选择可以有无数种方法，但一种常用的选择是令 $h_{ij}^k = x_j^k - x_j^{k-1}$。这种 h_{ij} 的选择方法可以达到收敛阶为 1.62 的收敛速度，它居于平方收敛和线性收敛之间。

另一种对 Newton – Raphson 法的常用改进是令 M 隔一定的迭代次数等于 Jacobi 矩阵。例如，每当收敛速度慢下来时对 M 重新计算一次，或者相隔的迭代次数更加规则，诸如每隔 1 次或每隔 2 次等。这种改进被称为"不诚实 Newton 法"。这种方法的一种极端的推广是令 M 等于初始的 Jacobi 矩阵，并在余下的迭代过程中始终保持不变。这种方法通常被称为"极不诚实 Newton 法"。除了减少与构造矩阵相关的计算量外，这种方法还具有的优势是矩阵 M 只要被 LU 分解一次，因为矩阵 M 是恒定的。这样就可以省去用于 LU 分解的大量计算时间。类似地，不诚实 Newton 法也仅仅在矩阵 M 被重新计算时才需要再进行 LU 分解。

3.3 连续法

到目前为止所讲述的很多迭代法，一般地只有当初始值足够靠近真解 x^* 时，才会收敛到 $f(x) = 0$ 的一个解 x^*。连续法可以认为是一种试图扩大某种给定方法的收敛区域的方法。在很多物理系统中，用数学方程 $f(x) = 0$ 描述的问题可能以某种自然方式依赖于系统的某个参数 λ。当这个参数被设置为零时，系统

$f_0(x) = 0$ 具有一个已知的解 x^0。但是，当 λ 变化时，存在一族函数 $H(x, \lambda)$，满足：

$$H(x,0) = f_0(x), H(x,1) = f(x) \tag{3.47}$$

式中，$H(x, 0) = 0$ 的一个解 x^0 是已知的，而方程 $H(x, 1) = 0$ 是希望求解的问题。

即使 $f(x)$ 不是自然地依赖于某个合适的参数 λ，满足式（3.47）的一族问题也可以用下式来定义：

$$H(x,\lambda) = \lambda f(x) + (1 - \lambda)f_0(x), \lambda \in [0,1] \tag{3.48}$$

式中，$f_0(x) = 0$ 的解 x^0 已知的。当 λ 从 0 变到 1 时，上式的映射族从 $f_0(x) = 0$ 变到 $f_1(x) = 0$，而方程 $f_1(x) = f(x) = 0$ 的解是希望求出的解 $x^1 = x^*$。

作为获得 $x^1 = x^*$ 的第 1 种方法，区间 $[0, 1]$ 可以被分割成

$$0 = \lambda_0 < \lambda_1 < \lambda_2 < \cdots < \lambda_N = 1$$

并考虑求解如下问题：

$$H(x,\lambda_i) = 0, i = 1, \cdots, N \tag{3.49}$$

再假定采用 Newton – Raphson 法来求解式（3.49）中的每一个问题 i，并假定第 i 个问题的初始值取 $H(x, \lambda_{i-1}) = 0$ 的解。当 i 和 $i+1$ 之间的间隔足够小时，这种做法就解决了确定好的初始值的问题。

式（3.48）给出的关系是一个"同伦"的例子，所谓同伦，就是两个函数 $f(x)$ 和 $f_0(x)$ 嵌入在单个连续函数中。正规地描述，任何两个函数之间的同伦是一个连续映射 $f, f_0: X \rightarrow Y$：

$$H: [0,1] \times X \rightarrow Y \tag{3.50}$$

使得式（3.47）成立。如果这样的映射存在，就说 f 与 f_0 同伦。

同伦函数被用来定义一条解的路径，从一个相对简单的问题 $(f_0(x) = 0)$ 的解到一个比较复杂的问题的解 $(f(x) = 0)$，而后者正是希望得到的。这条路径由一族问题的解构成，它反映了从简单问题的解到所希望问题的解之间的连续形变。连续法是一种跟踪此形变路径的数值方法。

同伦连续法可以被构造成穷尽性的且全局收敛，即对于一个给定的非线性方程组，不管初值如何选择，都能求出其所有的解并且是收敛的[58]。由于沿着解的路径，对于 $\lambda \in [0, 1]$ 的每一点，同伦问题等于 0。因此对于路径上连续的两点 $\lambda = \lambda_k$ 和 $\lambda = \lambda_{k+1}$ 时它也为 0，从而有

$$0 = H(x^k,\lambda_k) = \lambda_k f(x^k) + (1 - \lambda_k)f_0(x^k) \tag{3.51}$$

$$0 = H(x^{k+1},\lambda_{k+1}) = \lambda_{k+1}f(x^{k+1}) + (1 - \lambda_{k+1})f_0(x^{k+1}) \tag{3.52}$$

在解的路径上，同伦参数 λ_{k+1} 与参数集

$$x^{k+1} = x^k + \Delta x$$

相关。如果参数变化很小，函数 $f_0(x^{k+1})$ 和 $f(x^{k+1})$ 就可以用在 x^k 处的 Taylor 级数展开来线性近似，忽略二次及以上的高次项。对式（3.52）应用此技术得

$$(\lambda_k + \Delta\lambda)[f(x^k) + F_x(x^k)\Delta x] + (1 - \lambda_k - \Delta\lambda)[f_0(x^k) + F_{0x}(x^k)\Delta x] = 0$$
$$(3.53)$$

式中，F_x 和 F_{0x} 分别是 $f(x)$ 和 $f_0(x)$ 关于 x 的 Jacobi 矩阵。从式（3.53）减去式（3.51）得

$$0 = [\lambda_{k+1}F_x(x^k) + (1 - \lambda_{k+1})F_{0x}(x^k)]\Delta x + [f(x^k) - f_0(x^k)]\Delta\lambda \quad (3.54)$$

利用 $x^{k+1} = x^k + \Delta x$，式（3.54）可以用同伦函数进行改写，并得到如下的更新方程：

$$x^{k+1} = x^k - \Delta\lambda H_x(x^k, \lambda_{k+1})^{-1}\frac{\partial}{\partial\lambda}H(x^k, \lambda_{k+1}) \quad (3.55)$$

式中，

$$\lambda_{k+1} = \lambda_k + \Delta\lambda$$

而 $H_x(x, \lambda)$ 是 $H(x, \lambda)$ 关于 x 的 Jacobi 矩阵。

例 3.6 使用同伦映射求解如下方程组

$$0 = f_1(x_1, x_2) = x_1^2 - 3x_2^2 + 3 \quad (3.56)$$
$$0 = f_2(x_1, x_2) = x_1 x_2 + 6 \quad (3.57)$$

其中起点方程组为

$$0 = f_{01}(x_1, x_2) = x_1^2 - 4 \quad (3.58)$$
$$0 = f_{02}(x_1, x_2) = x_2^2 - 9 \quad (3.59)$$

解 3.6 构造同伦函数如下：

$$H(x, \lambda) = \lambda f(x) + (1 - \lambda)f_0(x), \lambda \in [0, 1] \quad (3.60)$$
$$0 = \lambda(x_1^2 - 3x_2^2 + 3) + (1 - \lambda)(x_1^2 - 4) \quad (3.61)$$
$$0 = \lambda(x_1 x_2 + 6) + (1 - \lambda)(x_2^2 - 9) \quad (3.62)$$

采用连续法根据式（3.55）将解向前推进：

$$\lambda^{k+1} = \lambda^k + \Delta\lambda \quad (3.63)$$

$$\begin{bmatrix} x_1^{k+1} \\ x_2^{k+1} \end{bmatrix} = \begin{bmatrix} x_1^k \\ x_2^k \end{bmatrix} - \Delta\lambda\left[\lambda^{k+1}\begin{bmatrix} 2x_1^k & -6x_2^k \\ x_2^k & x_1^k \end{bmatrix} + (1 - \lambda^{k+1})\begin{bmatrix} 2x_1^k & 0 \\ 0 & 2x_2^k \end{bmatrix}\right]^{-1} \times$$

$$\begin{bmatrix} (x_1^k)^2 - 3(x_2^k)^2 + 3 - ((x_1^k)^2 - 4) \\ x_1^k x_2^k + 6 - ((x_2^k)^2 - 9) \end{bmatrix} \quad (3.64)$$

采用 Newton-Raphson 法直接求解如下的同伦方程使解精确化：

$$0 = \lambda^{k+1}((x_1^{k+1})^2 - 3(x_2^{k+1})^2 + 3) + (1 - \lambda^{k+1})((x_1^{k+1})^2 - 4) \quad (3.65)$$
$$0 = \lambda^{k+1}(x_1^{k+1}x_2^{k+1} + 6) + (1 - \lambda^{k+1})((x_2^{k+1})^2 - 9) \quad (3.66)$$

取 $\Delta\lambda = 0.1$，从 $\lambda^0 = 0$ 开始计算，很容易得到初始值为

$$x_1^0 = 2$$
$$x_2^0 = 3$$

根据式（3.63）和式（3.64）预测 $k = 1$ 时的解得到：

$$x_1^1 = 2.3941$$
$$x_2^1 = 2.7646$$

以此为初始值对式（3.65）和式（3.66）应用 Newton – Raphson 法使解精确化，得到：

$$x_1^1 = 2.3628$$
$$x_2^1 = 2.7585$$

重复这个过程直到 $\lambda = 1$，可得到所求问题的正确解为 $x_1 = -3$ 和 $x_2 = 2$。

如果取初始解为 $x_1^0 = -2$ 和 $x_2^0 = -3$，也可以进行同样的求解过程。这种情况下，所求问题的解将为 $x_1 = 3$ 和 $x_2 = -2$，是原方程组的另一组解。

3.4　割线法

Newton – Raphson 法基于函数 $y = f(x)$ 的切线，利用切线的斜率来计算新的迭代值。这种方法所遇到的困难是需要计算函数的导数，即 $f'(x)$。一种计算切线斜率的替代方法如图 3.8 所示，取所求根附近的两点进行内插并计算斜率。

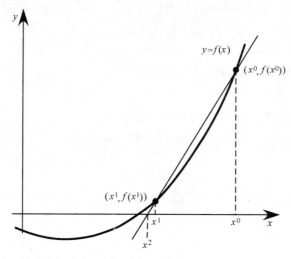

图 3.8　割线法的说明

这样就得到一个线性函数

$$q(x) = a_0 + a_1 x \tag{3.67}$$

式中，$q(x^0) = f(x^0)$ 和 $q(x^1) = f(x^1)$。这条直线是一条割线，并可表示为

$$q(x) = \frac{(x^1 - x)f(x^0) + (x - x^0)f(x^1)}{x^1 - x^0} \qquad (3.68)$$

求解方程并令 $x^2 = x$ 得

$$x^2 = x^1 - f(x^1)\left[\frac{f(x^1) - f(x^0)}{x^1 - x^0}\right]^{-1} \qquad (3.69)$$

现在，通过使用 x^2 和 x^1 构造另一条割线，这个过程可以重复。通过不断地更新割线，可得到一般性的公式为

$$x^{k+1} = x^k - f(x^k)\left[\frac{f(x^k) - f(x^{k-1})}{x^k - x^{k-1}}\right]^{-1} \qquad (3.70)$$

注意，割线法可以看作是 Newton – Raphson 法

$$x^{k+1} = x^k - \frac{f(x^k)}{f'(x^k)} \qquad (3.71)$$

的一种近似，即在求导时进行了近似：

$$f'(x^k) = \frac{f(x^k) - f(x^{k-1})}{x^k - x^{k-1}} \qquad (3.72)$$

割线法通常比 Newton – Raphson 法快，尽管它需要更多次数的迭代才能收敛到相同精度的解。这是因为 Newton – Raphson 法需要计算 2 个函数（$f(x^k)$ 和 $f'(x^k)$），而割线法只需要计算一个函数 $f(x^k)$，因为 $f(x^{k-1})$ 可以从前次迭代中继承。

割线法具有"超线性"收敛性，它比线性收敛快，但是不如平方收敛（Newton – Raphson 法）快。令第 k 次迭代时的误差为

$$e^k = x^k - x^* \qquad (3.73)$$

式中，x^* 是精确解。利用 Taylor 级数展开：

$$f(x^k) = f(x^* + (x^k - x^*)) \qquad (3.74)$$

$$= f(x^* + e^k) \qquad (3.75)$$

$$= f(x^*) + f'(x^*)e^k + \frac{1}{2}f''(x^*)(e^k)^2 + \cdots \qquad (3.76)$$

类似地

$$f(x^{k-1}) = f(x^*) + f'(x^*)e^{k-1} + \frac{1}{2}f''(x^*)(e^{k-1})^2 + \cdots \qquad (3.77)$$

此外有

$$x^k - x^{k-1} = (x^k - x^*) - (x^{k-1} - x^*) = e^k - e^{k-1}$$

在式（3.70）两边同时减去 x^* 并应用 $f(x^*) = 0$ 得到

$$e^{k+1} = e^k - \frac{f'(x^*)e^k + \frac{1}{2}f''(x^*)(e^k)^2}{f'(x^*) + \frac{1}{2}f''(x^*)(e^k + e^{k-1})} \qquad (3.78)$$

即

$$e^{k+1} = \frac{1}{2} \frac{f''(x^*)}{f'(x^*)} e^k e^{k-1} + O(e^3) \qquad (3.79)$$

令

$$e^k = C_k (e^k)^r$$

式中，r 是收敛阶。如果 $r > 1$，那么收敛速度就是超线性的。如果式（3.79）余下的项可以忽略，那么式（3.79）可以被重写为

$$\frac{e^{k+1}}{e^k e^{k-1}} = \frac{1}{2} \frac{f''(x^*)}{f'(x^*)} \qquad (3.80)$$

取极限

$$\lim_{k \to \infty} \frac{e^{k+1}}{e^k e^{k-1}} = C' \qquad (3.81)$$

对于很大的 k，

$$e^k = C(e^{k-1})^r$$

并且

$$e^{k+1} = C(e^k)^r = C(C(e^{k-1})^r)^r = C^{r+1}(e^{k-1})^{r^2}$$

将此代入到式（3.81）中得

$$\lim_{k \to \infty} C^r (e^{k+1})^{r^2 - r - 1} = C' \qquad (3.82)$$

因为 $\lim_{k \to \infty} e^k = 0$，这个关系只能在 $r^2 - r - 1 = 0$ 时成立，从而得到

$$r = \frac{1 + \sqrt{5}}{2} > 1 \qquad (3.83)$$

因此是超线性收敛的。

例 3.7 使用割线法求解如下方程的解，初始值为 $x^0 = 1.5$、$x^1 = 1.4$。

$$0 = e^{x^2 - 2} - 3\ln(x)$$

解 3.7 使用式（3.70），可得到如下的结果：

k	x^{k+1}	x^k	x^{k-1}	$f(x^k)$	$f(x^{k+1})$
1	1.4418	1.4000	1.5000	-0.0486	0.0676
2	1.4617	1.4418	1.4000	-0.0157	-0.0486
3	1.4552	1.4617	1.4418	0.0076	-0.0157
4	1.4557	1.4552	1.4617	-0.0006	0.0076
5	1.4557	1.4557	1.4552	-0.0000	-0.0006

3.5　数值微分法

使用 Newton – Raphson 法或任何其改进方法需要计算大量的偏导数。在很多

情况下，用解析方法求偏导数可能是极其困难的或者计算代价极其高昂。在这些情况下，希望通过函数 $f(x)$ 直接用数值方法来求偏导数，而不需要显式知道 $\dfrac{\partial f}{\partial x}$。

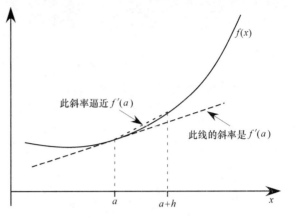

考察标量函数 $f(x)$，导数 f' 在 $x = a$ 的值等于函数在 $f(a)$ 处的斜率。对 $f(a)$ 处斜率的一个合理近似是用附近的点 $a + h$ 来计算一个"差分逼近"，如图 3.9 所示。

图 3.9　差分逼近 $f(a)$ 斜率的图形解释

这种做法具有数学上的依据，可以对 $f(a + h)$ 进行 Taylor 级数展开导出：

$$f(a+h) = f(a) + h\frac{\partial f}{\partial x}(a) + \frac{h^2}{2!}\frac{\partial^2 f}{\partial x^2}(a) + \frac{h^3}{3!}\frac{\partial^3 f}{\partial x^3}(a) + \cdots \tag{3.84}$$

重新整理得

$$\frac{f(a+h) - f(a)}{h} = \frac{\partial f}{\partial x}(a) + \frac{h}{2!}\frac{\partial^2 f}{\partial x^2}(a) + \cdots \tag{3.85}$$

将高次项忽略得

$$\frac{\partial f}{\partial x}(a) \approx \frac{f(a+h) - f(a)}{h} \tag{3.86}$$

这个近似在 h 变得越来越小时精度会越来越高（极限情况下 $h \to 0$，它就是精确的）。这种近似方法是单边差分逼近，被称为对函数 f 导数的"向前差分"逼近。类似的做法可以在 $a - h$ 处进行级数展开，并得到

$$\frac{\partial f}{\partial x}(a) \approx \frac{f(a) - f(a-h)}{h} \tag{3.87}$$

这种近似被称为"向后差分"逼近

现在考察两种方法的结合：

$$\frac{\partial f}{\partial x}(a) \approx \frac{f(a+h) - f(a-h)}{2h} \tag{3.88}$$

这种结合通常被称为"中心差分"逼近。其图形解释如图 3.10 所示。向前差分和向后差分逼近两者都具有 $O(h)$ 数量级的误差，而中心差分逼近的误差数量级为 $O(h^2)$，一般地会比向前差分和向后差分逼近具有更高的精度。

例 3.8　考察多项式

$$f(x) = x^3 + x^2 - \frac{5}{4}x - \frac{3}{4}$$

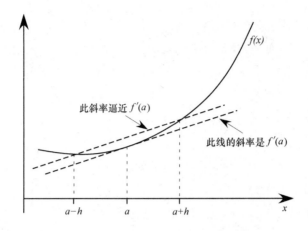

图 3.10   中心差分逼近 $f(a)$ 斜率的图形解释

使用向前、向后和中心差分逼近求此多项式在 $[-2, 1.5]$ 区间的导数近似值，步长 $h = 0.2$。

解 3.8   此函数的精确导数表达式为

$$f'(x) = 3x^2 + 2x - \frac{5}{4}$$

计算结果如下：

x	$f(x-h)$	$f(x)$	$f(x+h)$	$f'(x)$向后	$f'(x)$向前	$f'(x)$中心	$f'(x)$精确
-2.0	-3.808	-2.250	-1.092	7.79	5.79	6.79	6.75
-1.8	-2.250	-1.092	-0.286	5.79	4.03	4.91	4.87
-1.6	-1.092	-0.286	0.216	4.03	2.51	3.27	3.23
-1.4	-0.286	0.216	0.462	2.51	1.23	1.87	1.83
-1.2	0.216	0.462	0.500	1.23	0.19	0.71	0.67
-1.0	0.462	0.500	0.378	0.19	-0.61	-0.21	-0.25
-0.8	0.500	0.378	0.144	-0.61	-1.17	-0.89	-0.93
-0.6	0.378	0.144	-0.154	-1.17	-1.49	-1.33	-1.37
-0.4	0.144	-0.154	-0.468	-1.49	-1.57	-1.53	-1.57
-0.2	-0.154	-0.468	-0.750	-1.57	-1.41	-1.49	-1.53
-0.0	-0.468	-0.750	-0.952	-1.41	-1.01	-1.21	-1.25
0.2	-0.750	-0.952	-1.026	-1.01	-0.37	-0.69	-0.73
0.4	-0.952	-1.026	-0.924	-0.37	0.51	0.07	0.03
0.6	-1.026	-0.924	-0.598	0.51	1.63	1.07	1.03
0.8	-0.924	-0.598	-0.000	1.63	2.99	2.31	2.27
1.0	-0.598	-0.000	0.918	2.99	4.59	3.79	3.75
1.2	-0.000	-0.918	2.204	4.59	6.43	5.51	5.47
1.4	0.918	2.204	3.906	6.43	8.51	7.47	7.43

图 3.11 清楚地给出了不同导数近似方法的精确度。

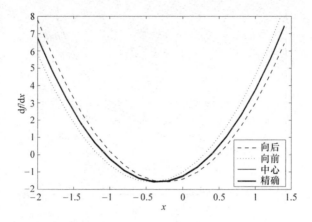

图 3.11　精确与近似导数比较

通过继续应用 Taylor 级数展开方法并包括附加的信息，可以导出更高精度的近似式。一种广泛应用的此种近似式是 Richardson 近似：

$$f'(x) \approx \frac{f(x-2h) - 8f(x-h) + 8f(x+h) - f(x+2h)}{12h} \qquad (3.89)$$

此近似式的误差数量级为 $O(h^4)$。

再次考察 Newton – Raphson 法，它需要计算 Jacobi 矩阵。上述近似方法可用来计算 Jacobi 矩阵中的偏导数，而不需要采用解析法进行直接计算。例如，考察如下的非线性方程组：

$$f_1(x_1, x_2, \cdots, x_n) = 0$$
$$f_2(x_1, x_2, \cdots, x_n) = 0$$
$$\vdots$$
$$f_n(x_1, x_2, \cdots, x_n) = 0$$

此方程组的 Jacobi 矩阵由形如 $\dfrac{\partial f_i}{\partial x_j}$ 的偏导数组成，此偏导数现在可以应用上述的任意一种近似方法进行计算。例如，采用中心差分法：

$$\frac{\partial f_i}{\partial x_j} = \frac{f_i(x_j + \Delta x_j) - f_i(x_j - \Delta x_j)}{2\Delta x_j}$$

式中，Δx_j 通常选择一个小增量（1% 左右）。

3.6　在电力系统中的应用

本章给出的分析和求解方法构成了可应用于电力系统分析的众多有力工具的基础。电力系统的一个最突出特点是其可以用超大型的非线性方程组来描述。北美的输电网是最大型的非线性工程系统之一。大多数类型的电力系统分析问题需要求解这种或那种形式的非线性方程组。以下将介绍的应用实例是比较常见的小部分应用，显然不能包括电力系统分析中遇到的所有非线性问题。

3.6.1 潮流计算

很多电力系统问题归结为一组非线性方程组的求解。可能电力系统中最常见的非线性问题是潮流计算问题。潮流计算问题的基本原理是，给定系统负荷、发电出力和网络结构，就能根据非线性的潮流方程求解母线电压和线路潮流。建立潮流方程的典型方法是对整个系统中的每一个母线应用 Kirchoff 定律。在此情景下，Kirchoff 定律可以理解为"进入一个母线的功率之和必须等于零"，即每个母线上的功率是守恒的。由于功率由有功功率和无功功率两个分量组成，每个母线就对应两个方程，一个对应于有功功率，另一个对应于无功功率。这些方程被称为"潮流方程"：

$$0 = \Delta P_i = P_i^{\text{inj}} - V_i \sum_{j=1}^{N_{\text{bus}}} V_j Y_{ij} \cos(\theta_i - \theta_j - \phi_{ij}) \tag{3.90}$$

$$0 = \Delta Q_i = Q_i^{\text{inj}} - V_i \sum_{j=1}^{N_{\text{bus}}} V_j Y_{ij} \sin(\theta_i - \theta_j - \phi_{ij})$$
$$i = 1, \cdots, N_{\text{bus}} \tag{3.91}$$

式中，P_i^{inj}、Q_i^{inj} 分别是注入母线 i 的有功功率和无功功率，负荷被模拟成负的功率注入；V_i 和 V_j 分别表示母线 i 和母线 j 的电压模值；θ_i 和 θ_j 分别表示母线 i 和母线 j 的电压相角；$Y_{ij} \angle \phi_{ij}$ 是网络导纳矩阵 Y 位于第 i 行、第 j 列位置上的元素；常数 N_{bus} 是整个系统的母线个数；式（3.90）和式（3.91）中的 ΔP_i 和 ΔQ_i 被称为偏差项，它们给出了根据电压模值和相角计算得出的功率值与实际注入功率之间的偏差。随着 Newton – Raphson 法迭代的继续，上述偏差值将被驱动到零，使根据电压模值和相角计算得到的离开母线的功率等于注入母线的功率。此时，已收敛的电压模值和相角被用来计算线路潮流、发电机母线的注入无功功率以及平衡母线的功率等。

式（3.90）和式（3.91）被称为是潮流方程的"极坐标"形式，如果将 $Y_{ij} \angle \phi_{ij}$ 用直角坐标复数 $g_{ij} + jb_{ij}$ 表示，那么潮流方程可以写成"直角坐标"形式：

$$0 = P_i^{\text{inj}} - V_i \sum_{j=1}^{N_{\text{bus}}} V_j (g_{ij} \cos(\theta_i - \theta_j) + b_{ij} \sin(\theta_i - \theta_j)) \tag{3.92}$$

$$0 = Q_i^{\text{inj}} - V_i \sum_{j=1}^{N_{\text{bus}}} V_j (g_{ij} \sin(\theta_i - \theta_j) - b_{ij} \cos(\theta_i - \theta_j))$$
$$i = 1, \cdots, N_{\text{bus}} \tag{3.93}$$

在上述任何一种情况下，潮流方程都是一组非线性方程组，它们在电压和相角两方面都是非线性的。这组方程最多有 $2N_{bus}$ 个方程。对于每个已知电压的母线（电压控制母线）可以除去一个潮流方程；而对于平衡母线，因相角已知，也可以除去一个潮流方程；因此，潮流方程组中的方程个数可以减少。这种方程数的减少是必要的，因为对于完全确定的方程组，方程的个数必须与未知量的个数相等。一旦建立起非线性的潮流方程组，就可以直接应用 Newton – Raphson 法进行求解。

采用 Newton – Raphson 法求解潮流方程的最常见做法是，将方程整理成先电压相角后电压模值的形式，即

$$
\begin{bmatrix} J_1 & J_2 \\ J_3 & J_4 \end{bmatrix}
\begin{bmatrix} \Delta\delta_1 \\ \Delta\delta_2 \\ \Delta\delta_3 \\ \vdots \\ \Delta\delta_{N_{bus}} \\ \Delta V_1 \\ \Delta V_2 \\ \Delta V_3 \\ \vdots \\ \Delta V_{N_{bus}} \end{bmatrix}
= -
\begin{bmatrix} \Delta P_1 \\ \Delta P_2 \\ \Delta P_3 \\ \vdots \\ \Delta P_{N_{bus}} \\ \Delta Q_1 \\ \Delta Q_2 \\ \Delta Q_3 \\ \vdots \\ \Delta Q_{N_{bus}} \end{bmatrix}
\tag{3.94}
$$

式中，

$$
\Delta\delta_i = \delta_i^{k+1} - \delta_i^k
$$

$$
\Delta V_i = V_i^{k+1} - V_i^k
$$

这些方程然后通过 LU 分解和前代/回代进行求解。而 Jacobi 矩阵通常被分为 4 个分块，为

$$
\begin{bmatrix} J_1 & J_2 \\ J_3 & J_4 \end{bmatrix}
=
\begin{bmatrix} \dfrac{\partial\Delta P}{\partial\delta} & \dfrac{\partial\Delta P}{\partial V} \\[2ex] \dfrac{\partial\Delta Q}{\partial\delta} & \dfrac{\partial\Delta Q}{\partial V} \end{bmatrix}
\tag{3.95}
$$

每个分块表示一种偏差方程相对于一种未知量的偏导数。这些偏导数具有 8 种类型，即每种偏差方程对应 2 种偏导数，其中一个对应对角元，而另一个对应非对角元。这些偏导数总结如下：

$$
\frac{\partial\Delta P_i}{\partial\delta_i} = V_i \sum_{j=1}^{N_{bus}} V_j Y_{ij} \sin(\delta_i - \delta_j - \phi_{ij}) + V_i^2 Y_{ii} \sin\phi_{ii}
\tag{3.96}
$$

$$
\frac{\partial\Delta P_i}{\partial\delta_j} = - V_i V_j Y_{ij} \sin(\delta_i - \delta_j - \phi_{ij})
\tag{3.97}
$$

$$\frac{\partial \Delta P_i}{\partial V_i} = -\sum_{i=1}^{N_{\text{bus}}} V_j Y_{ij} \cos(\delta_i - \delta_j - \phi_{ij}) - V_i Y_{ii} \cos\phi_{ii} \qquad (3.98)$$

$$\frac{\partial \Delta P_i}{\partial V_j} = -V_i Y_{ij} \cos(\delta_i - \delta_j - \phi_{ij}) \qquad (3.99)$$

$$\frac{\partial \Delta Q_i}{\partial \delta_i} = -V_i \sum_{j=1}^{N_{\text{bus}}} V_j Y_{ij} \cos(\delta_i - \delta_j - \phi_{ij}) + V_i^2 Y_{ii} \cos\phi_{ii} \qquad (3.100)$$

$$\frac{\partial \Delta Q_i}{\partial \delta_j} = V_i V_j Y_{ij} \cos(\delta_i - \delta_j - \phi_{ij}) \qquad (3.101)$$

$$\frac{\partial \Delta Q_i}{\partial V_i} = -\sum_{j=1}^{N_{\text{bus}}} V_j Y_{ij} \sin(\delta_i - \delta_j - \phi_{ij}) + V_i Y_{ii} \sin\phi_{ii} \qquad (3.102)$$

$$\frac{\partial \Delta Q_i}{\partial V_j} = -V_i Y_{ij} \sin(\delta_i - \delta_j - \phi_{ij}) \qquad (3.103)$$

对潮流方程求解的一种常见改进是将未知增量 ΔV_i 用标幺值 $\frac{\Delta V_i}{V_i}$ 来代替。这种改变将产生一个更加对称的 Jacobi 矩阵，因为现在 Jacobi 矩阵的分块 J_2 和 J_4 需要乘上 V_i 以补偿对 ΔV_i 除以 V_i 标度的改变。这样，分块中的所有偏导数都变成了电压模值的二次式。

用于求解潮流方程的 Newton – Raphson 法编程实现是相对简单的，因为函数值计算和偏导数计算使用的是相同的表达式。因此，一旦计算出偏差方程，计算 Jacobi 矩阵的附加计算量是很小的。

例 3.9　对图 3.12 所示的小型电力系统求电压模值、相角和线路潮流，系统的标幺值参数如下：

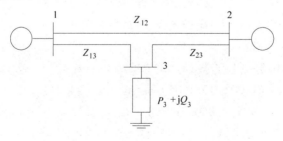

图 3.12　算例电力系统

母线	类型	V	P_{gen}	Q_{gen}	P_{load}	Q_{load}
1	平衡	1.02	—	—	0.0	0.0
2	PV	1.00	0.5	—	0.0	0.0
3	PQ	—	0.0	0.0	1.2	0.5

i	j	R_{ij}	X_{ij}	B_{ij}
1	2	0.02	0.3	0.15
1	3	0.01	0.1	0.1
2	3	0.01	0.1	0.1

解 3.9　潮流计算的第一步是计算系统的导纳矩阵 Y。计算导纳矩阵元素的一种简单方法是

$Y(i,j)$ 母线 i 和 j 之间导纳的负值；

$Y(i,i)$ 连接到母线 i 的所有导纳之和。

计算此系统的导纳矩阵得

$$Y = \begin{bmatrix} 13.1505\angle -84.7148° & 3.3260\angle 93.8141° & 9.9504\angle 95.7106° \\ 3.3260\angle 95.7106° & 13.1505\angle -84.7148° & 9.9504\angle 95.7106° \\ 9.9504\angle 95.7106° & 9.9504\angle 95.7106° & 19.8012\angle -84.2606° \end{bmatrix}$$

$$(3.104)$$

通过观察，此系统有 3 个未知量：δ_2、δ_3 和 V_3，因此需要 3 个潮流方程。这些潮流方程为

$$0 = \Delta P_2 = 0.5 - V_2 \sum_{j=1}^{3} V_j Y_{ij} \cos(\delta_2 - \delta_j - \theta_{ij}) \tag{3.105}$$

$$0 = \Delta P_3 = -1.2 - V_3 \sum_{j=1}^{3} V_j Y_{ij} \cos(\delta_3 - \delta_j - \theta_{ij}) \tag{3.106}$$

$$0 = \Delta Q_3 = -0.5 - V_3 \sum_{j=1}^{3} V_j Y_{ij} \sin(\delta_3 - \delta_j - \theta_{ij}) \tag{3.107}$$

将已知量 $V_1 = 1.02$、$V_2 = 1.00$ 和 $\delta_1 = 0$ 以及导纳矩阵的元素代入上述方程，得到

$$\Delta P_2 = 0.5 - (1.00)((1.02)(3.3260)\cos(\delta_2 - 0 - 93.8141°)$$
$$+ (1.00)(13.1505)\cos(\delta_2 - \delta_2 + 84.7148°)$$
$$+ (V_3)(9.9504)\cos(\delta_2 - \delta_3 - 95.7106°)) \tag{3.108}$$

$$\Delta P_3 = -1.2 - (V_3)((1.02)(9.9504)\cos(\delta_3 - 0 - 95.7106°)$$
$$+ (1.00)(9.9504)\cos(\delta_3 - \delta_2 - 95.7106°)$$
$$+ (V_3)(19.8012)\cos(\delta_3 - \delta_3 + 84.2606°)) \tag{3.109}$$

$$\Delta Q_3 = -0.5 - (V_3)((1.02)(9.9504)\sin(\delta_3 - 0 - 95.7106°)$$
$$+ (1.00)(9.9504)\sin(\delta_3 - \delta_2 - 95.7106°)$$
$$+ ((V_3)(19.8012)\sin(\delta_3 - \delta_3 + 84.2606°)) \tag{3.110}$$

这样，此系统的 Newton - Raphson 法迭代式为

$$
\begin{bmatrix}
\dfrac{\partial \Delta P_2}{\partial \delta_2} & \dfrac{\partial \Delta P_2}{\partial \delta_3} & \dfrac{\partial \Delta P_2}{\partial V_3} \\[3mm]
\dfrac{\partial \Delta P_3}{\partial \delta_2} & \dfrac{\partial \Delta P_3}{\partial \delta_3} & \dfrac{\partial \Delta P_3}{\partial V_3} \\[3mm]
\dfrac{\partial \Delta Q_3}{\partial \delta_2} & \dfrac{\partial \Delta Q_3}{\partial \delta_3} & \dfrac{\partial \Delta Q_3}{\partial V_3}
\end{bmatrix}
\begin{bmatrix}
\Delta \delta_2 \\[1mm] \Delta \delta_3 \\[1mm] \Delta V_3
\end{bmatrix}
= -
\begin{bmatrix}
\Delta P_2 \\[1mm] \Delta P_3 \\[1mm] \Delta Q_3
\end{bmatrix}
\tag{3.111}
$$

式中,

$$
\frac{\partial \Delta P_2}{\partial \delta_2} = 3.3925 \sin(\delta_2 - 93.8141^\circ)
$$
$$
+ 9.9504 V_3 \sin(\delta_2 - \delta_3 - 95.7106^\circ)
$$

$$
\frac{\partial \Delta P_2}{\partial \delta_3} = -9.9504 V_3 \sin(\delta_2 - \delta_3 - 95.7106^\circ)
$$

$$
\frac{\partial \Delta P_2}{\partial V_3} = -9.9504 \cos(\delta_2 - \delta_3 - 95.7106^\circ)
$$

$$
\frac{\partial \Delta P_3}{\partial \delta_2} = -9.9504 V_3 \sin(\delta_3 - \delta_2 - 95.7106^\circ)
$$

$$
\frac{\partial \Delta P_3}{\partial \delta_3} = 10.1494 V_3 \sin(\delta_3 - 95.7106^\circ)
$$
$$
+ 9.9504 V_3 \sin(\delta_3 - \delta_2 - 95.7106^\circ)
$$

$$
\frac{\partial \Delta P_3}{\partial V_3} = -10.1494 \cos(\delta_3 - 95.7106^\circ)
$$
$$
- 9.9504 \cos(\delta_3 - \delta_2 - 95.7106^\circ)
$$
$$
- 39.6024 V_3 \cos(84.2606^\circ)
$$

$$
\frac{\partial \Delta Q_3}{\partial \delta_2} = 9.9504 V_3 \cos(\delta_3 - \delta_2 - 95.7106^\circ)
$$

$$
\frac{\partial \Delta Q_3}{\partial \delta_3} = -10.1494 V_3 \cos(\delta_3 - 95.7106^\circ)
$$
$$
- 9.9504 V_3 \cos(\delta_3 - \delta_2 - 95.7106^\circ)
$$

$$
\frac{\partial \Delta Q_3}{\partial V_3} = -10.1494 \sin(\delta_3 - 95.7106^\circ)
$$
$$
- 9.9504 \sin(\delta_3 - \delta_2 - 95.7106^\circ)
$$
$$
- 39.6024 V_3 \sin(84.2606^\circ)
$$

回想一下, Newton - Raphson 迭代法的一个基本假设是, 只有当方程组的初始解足够靠近真解时, Taylor 级数展开的高次项才可以忽略。在大多数运行状态下, 系统中所有母线的电压在 ±10% 额定电压范围内, 因此标幺值电压 0.9pu ≤

$V_i \leqslant 1.1\text{pu}$。类似地，在大多数运行状态下，系统中相邻母线的相角差通常是很小的。这样，如果将平衡母线的相角设为 0，那么系统中所有母线的相角都接近于 0。因此，对潮流计算的初始化通常选择"平启动"的初始条件，即所有母线的电压模值等于 1.0pu，而所有母线的电压相角等于 0。

第 1 次迭代

在平启动初始条件下计算 Jacobi 矩阵和偏差方程得到

$$[J^0] = \begin{bmatrix} -13.2859 & 9.9010 & 0.9901 \\ 9.9010 & -20.0000 & -1.9604 \\ -0.9901 & 2.0000 & -19.4040 \end{bmatrix}$$

$$\begin{bmatrix} \Delta P_2^0 \\ \Delta P_3^0 \\ \Delta Q_3^0 \end{bmatrix} = \begin{bmatrix} 0.5044 \\ -1.1802 \\ -0.2020 \end{bmatrix}$$

求解

$$[J^0] \begin{bmatrix} \Delta \delta_2^1 \\ \Delta \delta_3^1 \\ \Delta V_3^1 \end{bmatrix} = - \begin{bmatrix} \Delta P_2^0 \\ \Delta P_3^0 \\ \Delta Q_3^0 \end{bmatrix}$$

通过 LU 分解求出方程的解为

$$\begin{bmatrix} \Delta \delta_2^1 \\ \Delta \delta_3^1 \\ \Delta V_3^1 \end{bmatrix} = \begin{bmatrix} -0.0096 \\ -0.0621 \\ -0.0163 \end{bmatrix}$$

因此，

$$\delta_2^1 = \delta_2^0 + \Delta \delta_2^1 = 0 - 0.0096 = -0.0096$$
$$\delta_3^1 = \delta_3^0 + \Delta \delta_3^1 = 0 - 0.0621 = -0.0621$$
$$V_3^1 = V_3^0 + \Delta V_3^1 = 1 - 0.0163 = 0.9837$$

注意，求出的相角是弧度而不是度。第 1 次迭代的误差取最大的偏差方程绝对值，其值为

$$\varepsilon^1 = 1.1802$$

对此过程的一种快速检查法是注意电压更新值 V_3^1 略小于 1.0pu，对于本例的系统结构这是意料中的。还请注意 Jacobi 矩阵的对角元在绝对值上都大于或等于非对角元，这是因为对角元是各项之和，而非对角元则是单独一项。

第 2 次迭代

以更新后的值 δ_2^1、δ_3^1 和 V_3^1 计算 Jacobi 矩阵和偏差方程得到

$$[J^1] = \begin{bmatrix} -13.1597 & 9.7771 & 0.4684 \\ 9.6747 & -19.5280 & -0.7515 \\ -1.4845 & 3.0929 & -18.9086 \end{bmatrix}$$

$$\begin{bmatrix} \Delta P_2^1 \\ \Delta P_3^1 \\ \Delta Q_3^1 \end{bmatrix} = \begin{bmatrix} 0.0074 \\ -0.0232 \\ -0.0359 \end{bmatrix}$$

求解更新值得到

$$\begin{bmatrix} \Delta\delta_2^2 \\ \Delta\delta_3^2 \\ \Delta V_3^2 \end{bmatrix} = \begin{bmatrix} -0.0005 \\ -0.0014 \\ -0.0021 \end{bmatrix}$$

和

$$\begin{bmatrix} \delta_2^2 \\ \delta_3^2 \\ V_3^2 \end{bmatrix} = \begin{bmatrix} -0.0101 \\ -0.0635 \\ 0.9816 \end{bmatrix}$$

其中，

$$\varepsilon^2 = 0.0359$$

第 3 次迭代

以更新后的值 δ_2^2、δ_3^2 和 V_3^2 计算 Jacobi 矩阵和偏差方程得到

$$[J^2] = \begin{bmatrix} -13.1392 & 9.7567 & 0.4600 \\ 9.6530 & -19.4831 & -0.7213 \\ -1.4894 & 3.1079 & -18.8300 \end{bmatrix}$$

$$\begin{bmatrix} \Delta P_2^0 \\ \Delta P_3^0 \\ \Delta Q_3^0 \end{bmatrix} = \begin{bmatrix} 0.1717 \\ -0.5639 \\ -0.9084 \end{bmatrix} \times 10^{-4}$$

求解更新值得到

$$\begin{bmatrix} \Delta\delta_2^2 \\ \Delta\delta_3^2 \\ \Delta V_3^2 \end{bmatrix} = \begin{bmatrix} -0.1396 \\ -0.3390 \\ -0.5273 \end{bmatrix} \times 10^{-5}$$

和

$$\begin{bmatrix} \delta_2^3 \\ \delta_3^3 \\ V_3^3 \end{bmatrix} = \begin{bmatrix} -0.0101 \\ -0.0635 \\ 0.9816 \end{bmatrix}$$

其中，

$$\varepsilon^3 = 0.9084 \times 10^{-4}$$

到此，迭代已经收敛，因为偏差量已足够小，而且更新值的变化已不大。

潮流计算的最后一个任务是计算发出的无功功率、平衡母线的有功功率以及线路潮流。发出的功率可直接通过潮流方程进行计算：

$$P_i^{\text{inj}} = V_i \sum_{j=1}^{N_{\text{bus}}} V_j Y_{ij} \cos(\theta_i - \theta_j - \phi_{ij})$$

$$Q_i^{\text{inj}} = V_i \sum_{j=1}^{N_{\text{bus}}} V_j Y_{ij} \sin(\theta_i - \theta_j - \phi_{ij})$$

因此，

$$P_{\text{gen},1} = P_1^{\text{inj}} = 0.7087$$

$$Q_{\text{gen},1} = Q_1^{\text{inj}} = 0.2806$$

$$Q_{\text{gen},2} = Q_2^{\text{inj}} = -0.0446$$

系统中的有功损耗等于发出的有功功率之和减去负荷的有功功率之和，对于本例为

$$P_{\text{loss}} = \sum P_{\text{gen}} - \sum P_{\text{load}} = 0.7087 + 0.5 - 1.2 = 0.0087\text{pu} \quad (3.112)$$

线路 i–j 上的损耗需要同时计算线路送端和受端的功率，从母线 i 送出到母线 j 的功率为

$$S_{ij} = V_i \angle \delta_i I_{ij}^* \quad (3.113)$$

母线 j 从母线 i 得到的功率为

$$S_{ji} = V_j \angle \delta_j I_{ji}^* \quad (3.114)$$

因此，

$$P_{ij} = V_i V_j Y_{ij} \cos(\delta_i - \delta_j - \phi_{ij}) - V_i^2 Y_{ij} \cos(\phi_{ij}) \quad (3.115)$$

$$Q_{ij} = V_i V_j Y_{ij} \sin(\delta_i - \delta_j - \phi_{ij}) + V_i^2 Y_{ij} \sin(\phi_{ij}) \quad (3.116)$$

类似地，可以得到 P_{ji} 和 Q_{ji} 的表达式。在特定线路上的有功功率损耗是从 i 送出的有功功率与从 j 受入的有功功率之差。无功功率损耗的计算比较复杂，因为必须考虑线路本身的充电无功（并联电容）。

3.6.2　调节变压器

电力网络中最常见的控制器之一是"调节变压器"。这是一种响应于负荷侧电压变化而改变匝数比（分接头档位）的变压器。如果二次侧（负荷侧）电压低于期望的电压（例如在重载情况下），分接头将会改变，在保持一次侧电压的条件下提高二次侧电压。调节变压器经常也被称为有载分接头变化（ULTC）变压器。分接头档位 t 可以是实数也可以是复数，在标幺制下，匝数比被定义为

1:t，其中 t 的典型值在 1.0 的 10% 范围内。通过将 t 定义为具有模值和相角的复数，就可以实现对移相变压器的模拟。

调节变压器的作用通过导纳矩阵而纳入到潮流计算中。为了将调节变压器归入到导纳矩阵中，将调节变压器看作为一个两端口网络，端口电流为 I_i 和 I_j，端口电压为 V_i 和 V_j，如图 3.13 所示。

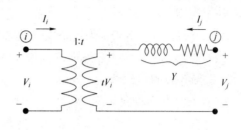

图 3.13　调节变压器模型

受端电流为

$$I_j = (V_j - tV_i)Y \quad (3.117)$$

注意，电流也可以通过功率传输方程获得

$$S_i = V_iI_i^* = -tV_iI_j^* \tag{3.118}$$

因此，

$$I_i = -t^*I_j \tag{3.119}$$
$$= -t^*(V_j - tV_i)Y \tag{3.120}$$
$$= tt^*YV_i - t^*YV_j \tag{3.121}$$
$$= |t|^2YV_i - t^*YV_j \tag{3.122}$$

因此，导纳矩阵中的非对角元为

$$Y(i,j) = -t^*Y$$
$$Y(j,i) = -tY$$

而 $Y(i, i)$ 上需要加上 $|t|^2Y$，$Y(j, j)$ 上需要加上 Y。

因为调节变压器是作为电压控制装置使用的，计算上的一种常用做法是求分接头档位 t 使得二次侧母线的电压模值 V_j 为一个特定值 $\hat{V}$。这可以理解为在系统方程中增加一个附加变量 t 和一个附加约束 $V_j = \hat{V}$。由于附加约束刚好由附加的自由度平衡，因此未知量与方程个数保持相同。存在两种主要的方法来求解分接头档位 t 使之满足 $V_j = \hat{V}$。一种方法是迭代法，另一种方法直接从潮流方程计算 t。

迭代法可以总结为如下步骤：

（1）令 $t = t_0$

（2）求解一次潮流以求出 V_j

（3）判断 $V_j > \hat{V}$？，如果是，那么 $t = t - \Delta t$，转第（2）步

（4）判断 $V_j < \hat{V}$？，如果是，那么 $t = t + \Delta t$，转第（2）步

（5）结束

这种方法概念上是简单的，并且不需要改变潮流算法。但是，如果 t_0 远离所

求的档位，这种方法可能需要计算很多次潮流。

直接法将 Newton – Raphson 法直接应用到包含分接头档位 t 的新的潮流方程上。其步骤为

（1）令 $V_j = \hat{V}$，并设 t 为一个未知状态量

（2）改变 Newton – Raphson 法的 Jacobi 矩阵，将相对于 V_j 求偏导数的行用相对于 t 求偏导数的行代替

（3）改变状态向量 x 为

$$x = \begin{bmatrix} \delta_2 \\ \delta_3 \\ \vdots \\ \delta_n \\ V_2 \\ V_3 \\ \vdots \\ V_{j-1} \\ t \\ V_{j+1} \\ \vdots \\ V_n \end{bmatrix}$$

注意，状态 V_j 已用 t 代替。

（4）用 Newton – Raphson 法求解

在这种情况下，潮流方程只计算一次，但是由于系统的 Jacobi 矩阵改变了，不能使用标准的潮流计算程序。

由于分接头不能沿着变压器绕组连续移动，而是垂直地从一个绕组移动到相邻绕组，实际的档位是一个非连续状态量。因此，在上述两种情况下，计算得到的分接头档位必须舍入到可能的最接近的物理档位。

例 3.10 对于图 3.12 中的系统，在母线 3 和负荷之间引入一个新的母线 4，在母线 3 和母线 4 之间加入一个变压器，其电抗为 X，分接头为实数 t。求新的导纳矩阵和相应的 Jacobi 元素。

解 3.10 令包含母线 1 – 3 的子系统的导纳矩阵为

$$Y_{\text{bus}} = \begin{bmatrix} Y_{11} \angle \theta_{11} & Y_{12} \angle \theta_{12} & Y_{13} \angle \theta_{13} \\ Y_{21} \angle \theta_{21} & Y_{22} \angle \theta_{22} & Y_{23} \angle \theta_{23} \\ Y_{31} \angle \theta_{31} & Y_{32} \angle \theta_{32} & Y_{33} \angle \theta_{33} \end{bmatrix} \tag{3.123}$$

在母线 3 和 4 之间加入变压器后产生的新的导纳矩阵为

$$Y_{\text{bus}} = \begin{bmatrix} Y_{11} \angle \theta_{11} & Y_{12} \angle \theta_{12} & Y_{13} \angle \theta_{13} & 0 \\ Y_{21} \angle \theta_{21} & Y_{22} \angle \theta_{22} & Y_{23} \angle \theta_{23} & 0 \\ Y_{31} \angle \theta_{31} & Y_{32} \angle \theta_{32} & Y_{33} \angle \theta_{33} + \dfrac{t^2}{jX} & \dfrac{-t}{jX} \\ 0 & 0 & \dfrac{-t}{jX} & \dfrac{1}{jX} \end{bmatrix} \tag{3.124}$$

母线 3 上的潮流方程变为

$$0 = P_3 - V_3 V_1 Y_{31} \cos(\delta_3 - \delta_1 - \theta_{31}) - V_3 V_2 Y_{32} \cos(\delta_3 - \delta_2 - \theta_{32})$$

$$- V_3 V_4 \left(\frac{t}{X} \right) \cos(\delta_3 - \delta_4 - 90°) - V_3^2 Y_{33} \cos(-\theta_{33}) - V_3^2 \left(\frac{t^2}{X} \right) \cos(90°)$$

$$0 = Q_3 - V_3 V_1 Y_{31} \sin(\delta_3 - \delta_1 - \theta_{31}) - V_3 V_2 Y_{32} \sin(\delta_3 - \delta_2 - \theta_{32})$$

$$- V_3 V_4 \left(\frac{t}{X} \right) \sin(\delta_3 - \delta_4 - 90°) - V_3^2 Y_{33} \sin(-\theta_{33}) - V_3^2 \left(\frac{t^2}{X} \right) \sin(90°)$$

由于 V_4 是固定的，因此没有偏导数 $\dfrac{\partial \Delta P_3}{\partial V_4}$，相反，有一个相对于 t 的偏导数：

$$\frac{\partial \Delta P_3}{\partial t} = -\frac{V_3 V_4}{X} \cos(\delta_3 - \delta_4 - 90°) \tag{3.125}$$

类似地，偏导数 $\dfrac{\partial \Delta Q_3}{\partial t}$ 为

$$\frac{\partial \Delta Q_3}{\partial t} = -\frac{V_3 V_4}{X} \sin(\delta_3 - \delta_4 - 90°) + 2V_3^2 \frac{t}{X} \tag{3.126}$$

相对于 δ_1、δ_2、V_1 和 V_2 的偏导数没有变化，但相对于 δ_3、δ_4 和 V_3 的偏导数变为

$$\frac{\partial \Delta P_3}{\partial \delta_3} = V_3 V_1 Y_{31} \sin(\delta_3 - \delta_1 - \theta_{31}) + V_3 V_2 Y_{32} \sin(\delta_3 - \delta_2 - \theta_{32})$$

$$+ V_3 V_4 \frac{t}{X} \sin(\delta_3 - \delta_4 - 90°)$$

$$\frac{\partial \Delta P_3}{\partial \delta_4} = -V_3 V_4 \frac{t}{X} \sin(\delta_3 - \delta_4 - 90°)$$

$$\frac{\partial \Delta P_3}{\partial V_3} = -V_1 Y_{31} \cos(\delta_3 - \delta_1 - \theta_{31}) - V_2 Y_{32} \cos(\delta_3 - \delta_2 - \theta_{32})$$

$$- V_4 \frac{t}{X} \cos(\delta_3 - \delta_4 - 90°) - 2V_3 Y_{33} \cos(-\theta_{33})$$

$$\frac{\partial \Delta Q_3}{\partial \delta_3} = -V_3 V_1 Y_{31} \cos(\delta_3 - \delta_1 - \theta_{31}) - V_3 V_2 Y_{32} \cos(\delta_3 - \delta_2 - \theta_{32})$$

$$- V_3 V_4 \frac{t}{X} \cos(\delta_3 - \delta_4 - 90°)$$

$$\frac{\partial \Delta Q_3}{\partial \delta_4} = V_3 V_4 \frac{t}{X} \cos(\delta_3 - \delta_4 - 90°)$$

$$\frac{\partial \Delta Q_3}{\partial V_3} = -V_1 Y_{31} \sin(\delta_3 - \delta_1 - \theta_{31}) - V_2 Y_{32} \sin(\delta_3 - \delta_2 - \theta_{32})$$

$$- V_4 \frac{t}{X} \sin(\delta_3 - \delta_4 - 90°) - 2V_3 Y_{33} \sin(-\theta_{33}) - 2V_3 \frac{t^2}{X}$$

这些偏导数用于建立 Newton – Raphson 法的 Jacobi 矩阵，并用于求解潮流方程。

3.6.3 解耦潮流算法

潮流计算是电力系统分析中使用最为广泛的计算工具之一，既可用以解决单机系统的问题，也可用以解决包含成千上万节点的大规模电力系统的问题。对于大规模电力系统，完整的潮流计算需要大量的计算资源用以计算、存储和分解Jacobi 矩阵。然而，正如前面已讨论过的那样，可以用一个容易计算和分解并仍然具有较好收敛特性的矩阵 M 来替代 Jacobi 矩阵。根据系统 Jacobi 矩阵的构成方法，潮流方程天然地具有多种适合于迭代计算的矩阵形式。回顾一下，系统Jacobi 矩阵具有如下形式：

$$\begin{bmatrix} J_1 & J_2 \\ J_3 & J_4 \end{bmatrix} = \begin{bmatrix} \dfrac{\partial \Delta P}{\partial \delta} & \dfrac{\partial \Delta P}{\partial V} \\ \dfrac{\partial \Delta Q}{\partial \delta} & \dfrac{\partial \Delta Q}{\partial V} \end{bmatrix} \tag{3.127}$$

式中，子矩阵 P 的一般性形式为

$$\frac{\partial \Delta P_i}{\partial \delta_j} = -V_i V_j Y_{ij} \sin(\delta_i - \delta_j - \phi_{ij}) \tag{3.128}$$

$$\frac{\partial \Delta P_i}{\partial V_j} = V_i Y_{ij} \cos(\delta_i - \delta_j - \phi_{ij}) \tag{3.129}$$

对于大多数输电线路，线路电阻对整个线路阻抗的值没有实质性的作用。因此，导纳矩阵元素中的相角 ϕ_{ij} 接近 $\pm 90°$。此外，在正常运行条件下，相邻母线之间的相角差通常是很小的，因此有

$$\cos(\delta_i - \delta_j - \phi_{ij}) \approx 0 \tag{3.130}$$

从而有

$$\frac{\partial \Delta P_i}{\partial V_j} \approx 0 \tag{3.131}$$

根据类似的理由，可以得到

$$\frac{\partial \Delta Q_i}{\partial \delta_j} \approx 0 \tag{3.132}$$

利用式（3.131）和式（3.132）的近似关系，Jacobi 矩阵的一种可能的替代

矩阵是

$$M = \begin{bmatrix} \dfrac{\partial \Delta P}{\partial \delta} & 0 \\ 0 & \dfrac{\partial \Delta Q}{\partial V} \end{bmatrix} \tag{3.133}$$

采用这个矩阵 M 来替代系统的 Jacobi 矩阵，可以得到解耦的潮流迭代过程：

$$\delta^{k+1} = \delta^k - \left[\frac{\partial \Delta P}{\partial \delta} \right]^{-1} \Delta P \tag{3.134}$$

$$V^{k+1} = V^k - \left[\frac{\partial \Delta Q}{\partial V} \right]^{-1} \Delta Q \tag{3.135}$$

式中，ΔP 迭代和 ΔQ 迭代可以独立完成。这种解耦潮流算法的主要优势是可以大大减少 LU 分解的计算量。每次迭代 LU 分解全 Jacobi 矩阵所需的浮点运算次数是 $(2n)^3 = 8n^3$；而采用解耦算法后，单次迭代所需的浮点运算次数仅仅为 $2n^3$。

例 3.11　采用解耦潮流算法重新做例 3.9。

解 3.11　对于例 3.9，在初始条件下得到的 Jacobi 矩阵为

$$[J^0] = \begin{bmatrix} -13.2859 & 9.9010 & 0.9901 \\ 9.9010 & -20.0000 & -1.9604 \\ -0.9901 & 2.0000 & -19.4040 \end{bmatrix} \tag{3.136}$$

注意，非对角位置上的子矩阵比主对角位置上的子矩阵其模值要小得多。例如，

$$\| [J_2] \| = \left\| \begin{bmatrix} 0.9901 \\ -1.9604 \end{bmatrix} \right\| \ll \| [J_1] \| = \left\| \begin{bmatrix} -13.2859 & 9.9010 \\ 9.9010 & -20.000 \end{bmatrix} \right\|$$

以及

$$\| [J_3] \| = \| [\, -0.9901 \quad 2.0000 \,] \| \ll \| [J_4] \| = \| [\, -19.4040 \,] \|$$

这样，忽略非对角位置上的子矩阵 J_2 和 J_3 是合理的。因此，解耦潮流算法的第 1 次迭代变为

$$\begin{bmatrix} \Delta \delta_2^1 \\ \Delta \delta_3^1 \end{bmatrix} = [J_1]^{-1} \begin{bmatrix} \Delta P_2 \\ \Delta P_3 \end{bmatrix} \tag{3.137}$$

$$= \begin{bmatrix} 13.2859 & 9.9010 \\ 9.9010 & -20.000 \end{bmatrix}^{-1} \begin{bmatrix} 0.5044 \\ -1.1802 \end{bmatrix} \tag{3.138}$$

$$[\Delta V_3^1] = [J_4]^{-1} \Delta Q_3 \tag{3.139}$$

$$= -19.4040^1 (\, -0.2020 \,) \tag{3.140}$$

从而得到更新值为

$$\begin{bmatrix} \delta_2^1 \\ \delta_3^1 \\ V_3^1 \end{bmatrix} = \begin{bmatrix} -0.0095 \\ -0.0637 \\ 0.9896 \end{bmatrix}$$

与完整的 Newton – Raphson 迭代法类似，上述迭代过程可以通过不断更新 Jacobi 子矩阵 J_1 和 J_4 以及偏差方程而进行下去。当偏差方程 ΔP 和 ΔQ 的偏差都小于收敛容差时上述迭代收敛。注意，一组偏差方程先于另一组偏差方程收敛的情况是可能的，因此 "P" 迭代达到收敛的次数与 "Q" 迭代达到收敛的次数可能是不同的。

3.6.4 快速解耦潮流算法

在例 3.11 中，每个解耦的 Jacobi 子矩阵在每次迭代时都是要更新的。然而，正如前面已讨论过的，为了使函数值计算和 LU 分解的次数最小化，期望采用常数矩阵进行迭代。我们将这种采用常数矩阵迭代的潮流算法称为快速解耦潮流算法。该算法的公式为

$$[\Delta P^k] = [B'][\Delta \delta^{k+1}] \tag{3.141}$$

$$\left[\frac{\Delta Q^k}{V}\right] = [B''][\Delta V^{k+1}] \tag{3.142}$$

式中，B' 和 B'' 为常数矩阵[48]。为了从潮流 Jacobi 矩阵中推导上述矩阵，考察 Newton – Raphson 法中的解耦潮流算法关系：

$$[\Delta P] = -[J_1][\Delta \delta] \tag{3.143}$$

$$\left[\frac{\Delta Q}{V}\right] = -[J_4][\Delta V] \tag{3.144}$$

其中在直角坐标下 Jacobi 子矩阵的元素为

$$J_1(i,i) = V_i \sum_{j \neq i} V_j(g_{ij}\sin\delta_{ij} - b_{ij}\cos\delta_{ij}) \tag{3.145}$$

$$J_1(i,j) = -V_i V_j(g_{ij}\sin\delta_{ij} - b_{ij}\cos\delta_{ij}) \tag{3.146}$$

$$J_4(i,i) = 2V_i b_{ii} - \sum_{j \neq i} V_j(g_{ij}\sin\delta_{ij} - b_{ij}\cos\delta_{ij}) \tag{3.147}$$

$$J_4(i,j) = -V_i(g_{ij}\sin\delta_{ij} - b_{ij}\cos\delta_{ij}) \tag{3.148}$$

式中，$b_{ij} = |Y_{ij}\sin\phi_{ij}|$ 是导纳矩阵的元素虚部，而 $g_{ij} = |Y_{ij}\cos\phi_{ij}|$ 是导纳矩阵的元素实部。注意到 $\phi_{ij} \approx 90°$，因此 $\cos\phi_{ij} \approx 0$，这也意味着 $g_{ij} \approx 0$。通过进一步将所有母线的电压模值近似为 1pu，可以得到

$$J_1(i,i) = -\sum_{j \neq i} b_{ij} \tag{3.149}$$

$$J_1(i,j) = b_{ij} \tag{3.150}$$

$$J_4(i,i) = 2b_{ii} - \sum_{j \neq i} b_{ij} \tag{3.151}$$

$$J_4(i, j) = b_{ij} \tag{3.152}$$

由于子矩阵 J_1 反映了有功功率的变化与功角变化之间的关系，因此主要影响无功潮流的元素可以从此矩阵中忽略掉，而不会对收敛性态产生影响。这样，并联电容（包括线路充电电容）和外部电抗以及用于描述非移相变压器在非标准变比情况下产生的并联阻抗都可以忽略。因此，导纳矩阵中的对角元素中是不包含这些并联阻抗的。此外，输电线路的集总串联电阻也被忽略掉。这样，得到的用于近似替代子矩阵 J_1 的矩阵 B' 的表达式为

$$B'_{ij} = \frac{1}{x_{ij}} \tag{3.153}$$

$$B'_{ii} = - \sum_{j \neq i} B'_{ij} \tag{3.154}$$

类似地，子矩阵 J_4 反映了无功功率的变化与电压模值变化之间的关系，因此主要影响有功潮流的元素可以从此矩阵中忽略掉。这样，忽略所有移相变压器后，得到

$$B''_{ij} = b_{ij} \tag{3.155}$$

$$B''_{ii} = 2b_i - \sum_{j \neq i} B''_{ij} \tag{3.156}$$

式中，b_i 是母线 i 的并联电纳，即与母线 i 相连的所有支路的电纳之和。

这种方法产生了一组常数矩阵，可用来近似表示 Newton – Raphson 迭代中的潮流 Jacobi 矩阵。这种方法通常被称为快速解耦潮流算法中的 XB 版本。B' 和 B'' 都是实的稀疏矩阵，且只含有网络元件即导纳矩阵中的元素。在 Newton – Raphson 法整个迭代求解中，上述矩阵只要进行 1 次 LU 分解，然后就存储起来供每次迭代使用。上述矩阵是基于一定的假设条件导出的，如果这些假设条件不成立，即电压模值偏离 1.0pu 很远，或网络具有很高的 R/X 比，或相邻母线之间的相角差较大，那么这种快速解耦潮流算法的收敛性就可能会有问题。如何对 XB 版本进行改进以提高收敛性，这方面的工作仍在继续[32,33,38]。

例 3.12 采用快速解耦潮流算法重新做例 3.9。

解 3.12 方便起见将算例系统的线路数据重新列出如下：

i	j	R_{ij}	X_{ij}	B_{ij}
1	2	0.02	0.3	0.15
1	3	0.01	0.1	0.1
2	3	0.01	0.1	0.1

可以得到如下的导纳矩阵：

$$Y_{\text{bus}} = \begin{bmatrix} 13.1505 \angle -84.7148° & 3.3260 \angle 93.8141° & 9.9504 \angle 95.7106° \\ 3.3260 \angle 95.7106° & 13.1505 \angle -84.7148° & 9.9504 \angle 95.7106° \\ 9.9504 \angle 95.7106° & 9.9504 \angle 95.7106° & 19.8012 \angle -84.2606° \end{bmatrix}$$

(3.157)

取上述矩阵的虚部得到如下的矩阵 B：

$$B = \begin{bmatrix} -13.0946 & 3.3186 & 9.9010 \\ 3.3186 & -13.0946 & 9.9010 \\ 9.9010 & 9.9010 & -19.7020 \end{bmatrix}$$

(3.158)

根据线路数据和对应的矩阵 B，可以得到如下的矩阵 B' 和矩阵 B''：

$$B' = \begin{bmatrix} -\dfrac{1}{x_{21}} - \dfrac{1}{x_{23}} & \dfrac{1}{x_{23}} \\ \dfrac{1}{x_{23}} & -\dfrac{1}{x_{31}} - \dfrac{1}{x_{32}} \end{bmatrix} = \begin{bmatrix} -13.3333 & 10 \\ 10 & -20 \end{bmatrix}$$

(3.159)

$$B'' = [2b_3 - (B_{31} + B_{32})]$$
$$= [2(0.05 + 0.05) - (9.9010 + 9.9010)] = -19.6020 \quad (3.160)$$

将上述矩阵与例 3.9 中在初始条件下计算得到的子矩阵 J_1 和 J_4 做比较：

$$J_1 = \begin{bmatrix} -13.2859 & 9.9010 \\ 9.9010 & -20.000 \end{bmatrix}$$

$$J_4 = [-19.4040]$$

根据快速解耦算法的假设条件，两者之间的相似性是可以预计到的。

迭代 1：

在初始条件为"平启动"的情况下，更新值可以通过求解下面的线性方程组得到

$$\begin{bmatrix} \Delta P_2^0 \\ \Delta P_3^0 \end{bmatrix} = \begin{bmatrix} 0.5044 \\ -1.1802 \end{bmatrix} = -\begin{bmatrix} -13.3333 & 10 \\ 10 & -20 \end{bmatrix} \begin{bmatrix} \Delta \delta_2^1 \\ \Delta \delta_3^1 \end{bmatrix}$$

$$[\Delta Q_3^0] = [-0.2020] = -19.6020 \Delta V_3^1$$

式中，$\Delta \delta_2^1 = \delta_2^{(1)} - \delta_2^{(0)}$，$\Delta \delta_3^1 = \delta_3^{(1)} - \delta_3^{(1)}$ $\Delta V_3^1 = V_3^{(1)} - V_3^{(0)}$。

解得更新值为

$$\begin{bmatrix} \delta_2^1 \\ \delta_3^1 \\ V_3^1 \end{bmatrix} = \begin{bmatrix} -0.0103 \\ -0.0642 \\ 0.9897 \end{bmatrix}$$

式中，相角的单位是 rad。这个过程可以一直进行下去，直到 "P" 迭代和 "Q" 迭代都收敛为止。

注意，在上述的 2 种解耦潮流算法中，迭代的目标是与完整的 Newton –

Raphson 潮流算法相同的。该目标是驱动偏差方程 ΔP 和 ΔQ 到某个容差之内。因此，不管达到收敛的迭代次数是多少，解的精度与完整的 Newton – Raphson 法是一样的。换句话说，只要迭代是收敛的，解耦算法得到的电压值和相角值与采用完整的 Newton – Raphson 法得到的是完全一致的。

3.6.5 PV 曲线与连续潮流计算

潮流计算是用于监视系统电压随负荷变化的一个有力工具。一种常见的用法是画出某个特定母线的电压随负荷从基准值增长到极限点（通常被称为最大负荷点）时的变化曲线。如果负荷首先从基准值增大到极限负荷点，然后又从极限负荷点逐步减小到基准值，就可以画出完整的功率 – 电压关系曲线，即 PV 曲线。这条曲线，如图 3.14 所示，有时因其形状特征而被称为"鼻子曲线"。

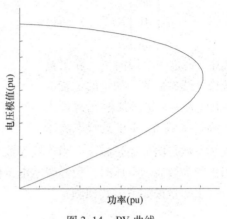

图 3.14 PV 曲线

在极限负荷点，即鼻子曲线的顶点上，系统潮流方程的 Jacobi 矩阵将变为奇异，因为鼻子曲线的斜率将变为无穷大。因此，用于求解潮流的传统 Newton – Raphson 法将会失效。这种情况下，需要采用一种被称为"连续法"的改进 Newton – Raphson 法。连续法在基本潮流方程中引入了一个附加方程和一个未知量。该附加方程是特别选择的，以保证增广的 Jacobi 矩阵在负荷极限点不再奇异。附加的未知量通常被称为连续参数。

连续法通常依赖于预测 – 校正方案以及必要时改变连续参数的规则。跟踪 PV 曲线的基本做法是选择一个新的连续参数值（功率或电压），然后预测此参数值下的潮流解。这通常可以用切线（即线性）逼近来完成。将此预测值作为初始值进行非线性迭代，然后求出增广潮流方程的解（即校正）。所以此方案是先预测后校正。这种预测 – 校正方案如图 3.15 所示。

令潮流方程组用下式来表达

$$\lambda K - f(\delta, V) = 0 \tag{3.161}$$

或者

$$F(\delta, V, \lambda) = 0 \tag{3.162}$$

式中，K 是可变负荷分布特性（即基准状态下 P 与 Q 的关系），λ 是负荷参数，从 1（基准点）变化到负荷极限点时的值。式（3.162）可以进行线性化，得

$$\frac{\partial F}{\partial \delta}\mathrm{d}\delta + \frac{\partial F}{\partial V}\mathrm{d}V + \frac{\partial F}{\partial \lambda}\mathrm{d}\lambda = 0$$

$$(3.163)$$

式（3.163）未知量比方程个数
多 1 个（多了未知量 λ），因此
需要增加 1 个方程：

$$e_k \begin{bmatrix} \mathrm{d}\delta \\ \mathrm{d}V \\ \mathrm{d}\lambda \end{bmatrix} = 1 \quad (3.164)$$

式中，e_k 是一个行向量，除了被
选作连续参数的未知量的位置为
$+1$ 或者 -1 外，其他元素都为
0。而 $+1$ 或者 -1 的选择取决于

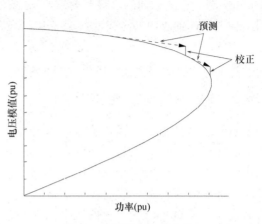

图 3.15　预测 - 校正方案

连续参数是增加还是减小。当连续参数 λ 表示功率时，正号表示负荷是增加的。
当连续参数表示电压时，负号表示电压模值减小。

未知量按如下方式预测：

$$\begin{bmatrix} \delta \\ V \\ \lambda \end{bmatrix}^{\text{预测}} = \begin{bmatrix} \delta_0 \\ V_0 \\ \lambda_0 \end{bmatrix} + \sigma \begin{bmatrix} \mathrm{d}\delta \\ \mathrm{d}V \\ \mathrm{d}\lambda \end{bmatrix} \tag{3.165}$$

式中，

$$\begin{bmatrix} \mathrm{d}\delta \\ \mathrm{d}V \\ \mathrm{d}\lambda \end{bmatrix} = \begin{bmatrix} & \vdots & \\ J_{LF} & \vdots & K \\ & \vdots & \\ \cdots & \cdots & \cdots & \cdots \\ & & [e_k] \end{bmatrix}^{-1} \begin{bmatrix} 0 \\ \vdots \\ 0 \\ 1 \end{bmatrix}$$

而 σ 是本次预测的步长。注意，连续参数对应的状态 $\mathrm{d}x_k = 1$，所以

$$x_k^{\text{预测}} = x_{k0} + \sigma$$

因此，σ 作为步长应基于连续参数所表示的量（通常是功率或电压）进行合理
的选择。

校正环节涉及求解如下方程组：

$$F(\delta,\ V,\ \lambda) = 0 \tag{3.166}$$

$$x_k - x_k^{\text{预测}} = 0 \tag{3.167}$$

式中，x_k 是选择的连续参数。一般地，连续参数被选择为呈现最大变化率的
状态。

例 3.13　应用连续潮流法画出图 3.16 所示系统的 PV 曲线，设负荷从 0 变化到最大负荷点。

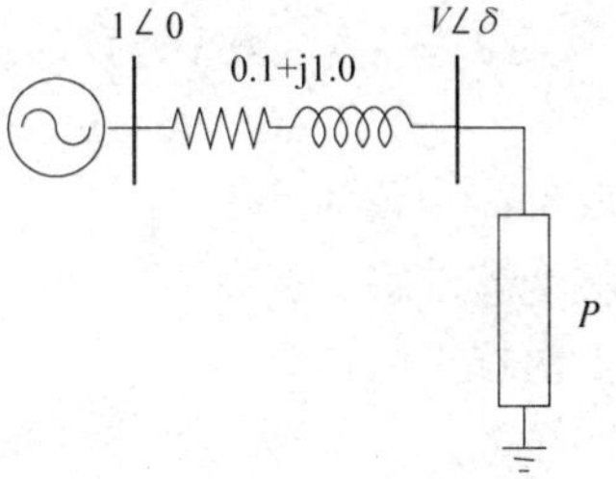

解 3.13　图 3.16 所示系统的潮流方程为

$$0 = -P - 0.995V\cos(\delta - 95.7°)$$
$$\qquad - 0.995V^2\cos(84.3°) \qquad (3.168)$$

$$0 = -0.995V\sin(\delta - 95.7°)$$
$$\qquad - 0.995V^2\sin(84.3°) \qquad (3.169)$$

图 3.16　例 3.13 的系统图

在连续潮流法求解过程中，注入有功功率和无功功率向量将用向量 λK 代替。负荷向量 λK 为

$$\lambda K = \lambda \begin{bmatrix} -1 \\ 0 \end{bmatrix}$$

式中，λ 将从 0 变化到最大负荷值。一般地，向量 K 将包含系统中所有注入有功功率和无功功率的基准值。在本例中，负荷 P 对应位置的元素是负的，表示注入的功率是负的（即是负荷）。

上述潮流方程组的 Jacobi 矩阵为

$$J_{LF} = \begin{bmatrix} 0.995V\sin(\delta - 95.7°) & -0.995\cos(\delta - 95.7°) & -1.99\cos(84.3°)V \\ -0.995V\cos(\delta - 95.7°) & -0.995\sin(\delta - 95.7°) & -1.99\sin(84.3°)V \end{bmatrix}$$

第 1 次迭代

初始时，连续参数选择 λ，因为在远离鼻子曲线顶点的地方，负荷比电压变化得更快。在 $\lambda = 0$ 点，电路处于空载状态，初始的电压模值和相角为 $1\angle 0°$。取 $\sigma = 0.1\text{pu}$，预测环节为

$$\begin{bmatrix} \delta \\ V \\ \lambda \end{bmatrix}^{预测} = \begin{bmatrix} \delta_0 \\ V_0 \\ \lambda_0 \end{bmatrix} + \sigma \begin{bmatrix} & \vdots & \\ J_{LF} & \vdots & K \\ & \vdots & \\ \cdots & \cdots & \cdots & \cdots \\ & [e_k] & \end{bmatrix}^{-1} \begin{bmatrix} 0 \\ \vdots \\ 0 \\ 1 \end{bmatrix} \qquad (3.170)$$

$$= \begin{bmatrix} 0 \\ 1 \\ 0 \end{bmatrix} + \sigma \begin{bmatrix} -0.9901 & -0.0988 & -1 \\ 0.0988 & -0.9901 & 0 \\ 0 & 0 & 1 \end{bmatrix}^{-1} \begin{bmatrix} 0 \\ 0 \\ 1 \end{bmatrix} \qquad (3.171)$$

$$= \begin{bmatrix} -0.1000 \\ 0.9900 \\ 0.1000 \end{bmatrix} \qquad (3.172)$$

式中，δ 的单位是 rad。注意，λ 的预测值是 0.1pu。

校正环节求解方程组：

$$0 = -\lambda - 0.995V\cos(\delta - 95.7°) - 0.995V^2\cos(84.3°) \qquad (3.173)$$

$$0 = -0.995V\sin(\delta - 95.7°) - 0.995V^2\sin(84.3°) \qquad (3.174)$$

式中，取负荷参数 λ 为 0.1pu。注意，这是一个常规的潮流计算问题，不需要改变程序就能够求解。

第 1 次校正后得到

$$\begin{bmatrix} \delta \\ V \\ \lambda \end{bmatrix} = \begin{bmatrix} -0.1017 \\ 0.9847 \\ 0.1000 \end{bmatrix}$$

注意，这个过程与图 3.15 所展示的是一致的。预测环节的步长 σ 是沿着该点 PV 曲线的切线的。校正环节将会沿着垂直路径，因为功率（λK）在校正过程中保持恒定。

第 2 次迭代

第 2 次迭代类似于第 1 次迭代。预测环节产生如下的猜想值：

$$\begin{bmatrix} \delta \\ V \\ \lambda \end{bmatrix} = \begin{bmatrix} -0.2060 \\ 0.9637 \\ 0.2000 \end{bmatrix}$$

式中，λ 按照步长 $\sigma = 0.1$pu 增加。

对上述猜想值进行校正得到第 2 组更新值为

$$\begin{bmatrix} \delta \\ V \\ \lambda \end{bmatrix} = \begin{bmatrix} -0.2105 \\ 0.9570 \\ 0.2000 \end{bmatrix}$$

第 3 次和第 4 次迭代

第 3 次和第 4 次迭代与前面的迭代是类似的，到此为止的结果总结如下：

λ	V	δ	σ
0.1000	0.9847	-0.1017	0.1000
0.2000	0.9570	-0.2105	0.1000
0.3000	0.9113	-0.3354	0.1000
0.4000	0.8268	-0.5050	0.1000

超过这个点后，对于 $\sigma = 0.1$ 的步长，潮流不收敛。此方法已经接近最大功率点（鼻子曲线的顶点），这可以从 λ 相对小的变化就会引起电压快速下降看出。在这点上，为了保证校正环节的收敛，连续参数将从 λ 切换到 V。因此，预测环节改变为

$$\begin{bmatrix} d\delta \\ dV \\ d\lambda \end{bmatrix} = \begin{bmatrix} d\delta_0 \\ dV_0 \\ d\lambda_0 \end{bmatrix} + \sigma \begin{bmatrix} & & -\lambda \\ [J_{LF}] & & 0 \\ 0 & -1 & 0 \end{bmatrix}^{-1} \begin{bmatrix} 0 \\ 0 \\ 1 \end{bmatrix}$$

式中，最后一行（行向量 e_k）的 -1 对应于 V 而不是 λ，负号表示预测环节将减小电压模值一个步长 σ。对应于电压模值的改变，σ 改变为 0.025 是更合适的。

当连续参数切换到电压模值后，校正环节也需要改变，新的增广方程组变为

$$0 = f_1(\delta, V, \lambda) = -\lambda - 0.995V(\cos(\delta - 95.7°) + V\cos(84.3°)) \tag{3.175}$$

$$0 = f_2(\delta, V, \lambda) = -0.995V\sin(\delta - 95.7°) - 0.995V^2\sin(84.3°) \tag{3.176}$$

$$0 = f_3(\delta, V, \lambda) = V - V^{预测} \tag{3.177}$$

这组方程因最后一个方程的原因，不能用传统的潮流计算程序求解，但最后一个方程对保证用 Newton – Raphson 法迭代非奇异是必要的。幸运的是，Newton – Raphson 法所用的迭代矩阵与预测矩阵是相同的：

$$\begin{bmatrix} [J_{\mathrm{LF}}] & \begin{matrix} -\lambda \\ 0 \\ 0 \end{matrix} & \begin{matrix} 0 \\ 0 \\ -1 \end{matrix} & \begin{matrix} 0 \\ 0 \\ 1 \end{matrix} \end{bmatrix}^{-1} \left(\begin{bmatrix} \delta \\ V \\ \lambda \end{bmatrix}^{(k+1)} - \begin{bmatrix} \delta \\ V \\ \lambda \end{bmatrix}^{(k)} \right) = - \begin{bmatrix} f_1 \\ f_2 \\ f_3 \end{bmatrix} \tag{3.178}$$

从而能使计算量最小化。

注意，现在的校正环节是在水平方向上的校正，因为电压模值已固定，而需要对 λ 和 δ 进行校正。相应的迭代值如下：

预　测				校　正		
λ	V	δ	σ	λ	V	δ
0.4196	0.8019	-0.5487	0.0250	0.4174	0.8019	-0.5474
0.4326	0.7769	-0.5887	0.0250	0.4307	0.7769	-0.5876
0.4422	0.7519	-0.6268	0.0250	0.4405	0.7519	-0.6260
0.4487	0.7269	-0.6635	0.0250	0.4472	0.7269	-0.6627
0.4525	0.7019	-0.6987	0.0250	0.4511	0.7019	-0.6981
0.4538	0.6769	-0.7328	0.0250	0.4525	0.6769	-0.7323
0.4528	0.6519	-0.7659	0.0250	0.4517	0.6519	-0.7654

注意，最后一个迭代值，负荷参数 λ 已经开始随着电压的下降而下降。这表示连续潮流计算已经开始画出鼻子曲线的下半支。但是，由于迭代还是在鼻子曲线的顶点附近，Jacobi 矩阵将仍然是病态的，因此在将连续参数从电压模值切换回 λ 之前，再继续进行几步迭代是一种好的思路。继续迭代的结果为

预　测				校　正		
λ	V	δ	σ	λ	V	δ
0.4497	0.6269	-0.7981	0.0250	0.4487	0.6269	-0.7977
0.4447	0.6019	-0.8295	0.0250	0.4438	0.6019	-0.8291
0.4380	0.5769	-0.8602	0.0250	0.4371	0.5769	-0.8598
0.4296	0.5519	-0.8902	0.0250	0.4288	0.5519	-0.8899
0.4197	0.5269	-0.9197	0.0250	0.4190	0.5269	-0.9194

将连续参数切换回 λ 后，向量 e_k 变为

$$e_k = [\,0 \quad 0 \quad -1\,]$$

式中，-1 表示连续参数 λ 将减小（即功率减小到基准值）。预测校正过程与前面的一样，所得结果如下：

	预	测			校	正	
λ	V	δ	σ		λ	V	δ
0.3190	0.2899	-1.1964	0.1000		0.3190	0.3564	-1.1088
0.2190	0.2187	-1.2554	0.1000		0.2190	0.2317	-1.2387
0.1190	0.1165	-1.3565	0.1000		0.1190	0.1220	-1.3496
0.0190	0.0166	-1.4553	0.1000		0.0190	0.0191	-1.4523

这些结果合并在一起构成了如图 3.17 所示的 PV 曲线。注意在 PV 曲线顶点附近当连续参数从 λ 切换到电压时的步长改变。如何选择合适的步长是与问题相关的，为了提高计算效率可以自适应地改变。

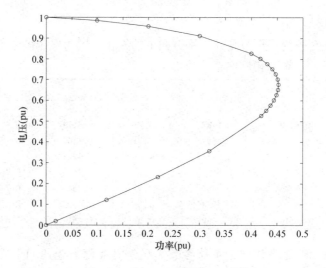

图 3.17 例 3.13 系统的 PV 曲线

3.6.6 三相潮流计算

潮流计算的另一种特殊应用是三相潮流分析。虽然大多数的电力系统分析是采用单相等效电路来分析平衡的三相系统，但仍然存在一些场景需要采用三相分析。特别地，当输电线路没有换位或者负荷很不平衡而引起输电系统不平衡时，可能需要进行完整的三相潮流计算，以确定对单根线路潮流和母线电压的影响。三相潮流算法的建立与单相潮流算法的建立类似，但必须考虑线路的耦合。相应地导纳矩阵变为 $3n \times 3n$ 的矩阵，包含的元素为 Y_{ij}^{pq}，其中下标 ij 表示母线号（$1 \leqslant (i, j) \leqslant n$），而上标 pq 表示相（$p, q \in [a, b, c]$）。

将各相单独考虑后，可得到与单相潮流方程类似但稍复杂的三相潮流方程如下：

$$0 = \Delta P_i^p = P_i^{\mathrm{inj},p} - V_i^p \sum_{q \in (a,b,c)} \sum_{j=1}^{N_{\mathrm{bus}}} V_j^q Y_{ij}^{pq} \cos(\theta_i^p - \theta_j^q - \phi_{ij}^{pq}) \quad (3.179)$$

$$0 = \Delta Q_i^p = Q_i^{\mathrm{inj},p} - V_i^p \sum_{q \in (a,b,c)} \sum_{j=1}^{N_{\mathrm{bus}}} V_j^q Y_{ij}^{pq} \sin(\theta_i^p - \theta_j^q - \phi_{ij}^{pq}) \quad (3.180)$$

$$i = 1,\cdots,N_{\mathrm{bus}} \text{ 且 } p \in (a, b, c)$$

三相潮流方程数是单相潮流算法对应方程数的 3 倍。发电机母线（PV）的处理方式是类似的，但下面几点是不同的：

1）对平衡母线，$\theta^a = 0°$，$\theta^b = -120°$，$\theta^c = 120°$。

2）对所有发电机，各相的电压模值和有功功率是相等的，因为假定发电机是平衡运行的。

三相潮流计算的"平启动"方式下设置的各相电压为

$$V_i^a = 1.0 \angle 0°$$

$$V_i^b = 1.0 \angle -120°$$

$$V_i^c = 1.0 \angle 120°$$

采用 Newton – Raphson 法求解潮流方程时系统 Jacobi 矩阵可能具有$(3(2n) \times 3(2n))$即 $36n^2$ 个元素。Jacobi 矩阵中的偏导数与单相潮流计算类似，但必须考虑不同的相，例如

$$\frac{\partial \Delta P_i^a}{\partial \theta_j^b} = V_i^a V_j^b Y_{ij}^{ab} \sin(\theta_i^a - \theta_j^b - \phi_{ij}^{ab}) \quad (3.181)$$

这与单相潮流计算是类似的。类似地有

$$\frac{\partial \Delta P_i^a}{\partial \theta_i^a} = - V_i^a \sum_{q \in (a,b,c)} \sum_{j=1}^{N_{\mathrm{bus}}} V_j^q Y_{ij}^{pq} \sin(\theta_i^p - \theta_j^q - \phi_{ij}^{pq}) + (V_i^a)^2 Y_{ii}^{pp} \cos(\phi_{ii}^{pp})$$

$$(3.182)$$

其余的偏导数计算与单相潮流计算类似，而三相潮流计算的过程与 3.6.1 节列出的过程相同。

3.7　问题

1. 证明对于如下的函数，不管初始条件如何选择，Newton – Raphson 迭代都是发散的。

（a）$f(x) = x^2 + 1$

（b）$f(x) = 7x^4 + 3x^2 + \pi$

2. 设计一个迭代算法用于计算任何正实数的 5 次方根。

3. 用 Newton – Raphson 求解如下方程，设初始值为 $[x^0 \quad y^0]^T = [1 \quad 1]^T$：

$$0 = 4y^2 + 4y + 52x - 19$$
$$0 = 169x^2 + 3y^2 + 111x - 10y - 10$$

4. 用 Newton – Raphson 求解如下方程，设初始值为 $[x^0 \quad y^0]^T = [1 \quad 1]^T$：

$$0 = x - 2y + y^2 + y^3 - 4$$
$$0 = -xy + 2y^2 - 1$$

5. 采用数值微分方法求 Jacobi 矩阵，重新做问题 3 和问题 4，数值微分的步长对每个变量都是 1%。

6. 采用割线方法重新做问题 3 和问题 4。

7. 采用同伦映射法重新做问题 3 和问题 4，设 $0 = f_{01} = x_1^2 - 2$ 和 $0 = f_{02} = x_2^2 - 4$。

8. 编写一个一般性的潮流计算程序（适用于任何系统），该程序须满足：

（a）读入负荷、电压和发电数据，可以假定#1 母线对应平衡节点。

（b）读入线路和变压器数据，构建导纳矩阵 Y_{bus}。

（c）采用 Newton – Raphson 法求解潮流方程，迭代终止的准则是 $\|f(x^k)\| \le \epsilon = 0.0005$。

（d）计算相关未知量：线路潮流和线路损耗。

该程序的 Newton – Raphson 法迭代部分应调用 LU 分解子程序和节点最优排序子程序。该程序的迭代初始值确定方式应提供"平启动"和"先前值"2 个选项，完成这个功能的最简单方法是将其读写到同一个数据文件。注意第 1 次运行时必须采用"平启动"方式。

9. 系统接线如图 3.18 所示，系统数据如下所示。对此系统进行潮流计算，并计算相关的未知量，包括线路潮流和线路损耗。

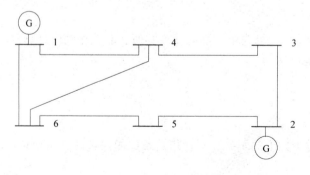

图 3.18   Ward – Hale 6 母线系统

母线	类型	$|V|$	θ	P_{gen}	Q_{gen}	P_{load}	Q_{load}
1	0	1.05	0	0	0	0.25	0.1
2	1	1.05	0	0.5	0	0.15	0.05
3	2	1.00	0	0	0	0.275	0.11
4	2	1.00	0	0	0	0	0
5	2	1.00	0	0	0	0.15	0.09
6	2	1.00	0	0	0	0.25	0.15

序号	去往母线	来自母线	R.	X	B
1	1	4	0.020	0.185	0.009
2	1	6	0.031	0.259	0.010
3	2	3	0.006	0.025	0.000
4	2	5	0.071	0.320	0.015
5	4	6	0.024	0.204	0.010
6	3	4	0.075	0.067	0.000
7	5	6	0.025	0.150	0.017

10. 修改你的潮流计算程序,使之变为解耦潮流程序,即假定 $\left[\dfrac{\partial \Delta P}{\partial V}\right] = 0$ 和 $\left[\dfrac{\partial \Delta Q}{\partial \theta}\right] = 0$。重新做问题 9,探讨解耦潮流算法与完整 Newton – Raphson 法潮流算法在收敛特性上的差别。

11. 将线路电阻增加 75%,即所有电阻乘 1.75,重新做问题 9 和问题 10,讨论你的发现。

12. 采用连续潮流算法,针对母线 6 的负荷画出图 3.18 系统在原始参数下的 "PV" 曲线,从 $P = 0$ 到最大功率输送点,保持 P/Q 比例不变,增大和减小负荷。

13. 根据如下的假设条件,推导出适合于快速解耦三相潮流算法的常值解耦 Jacobi 矩阵。

(1) 对所有的 i 和 p,$V_i^p \approx 1.0\text{pu}$

(2) $\theta_{ij}^{pp} \approx 0$

(3) $\theta_{ij}^{pm} \approx \pm 120°$,$p \neq m$

(4) $g_{ij}^{pm} << b_{ij}^{pm}$

第4章 稀疏矩阵求解技术

稀疏矩阵指的是非零元非常少的矩阵；而稀疏系统指的是其数学描述最终生成稀疏矩阵的系统。任何可以用耦合节点描述的大系统，如果该系统中的大多数节点只有很少的连接就可能生成稀疏矩阵。很多工程和科学中的系统可以用稀疏矩阵来描述。每个节点只与其他几个节点相连的大系统包括有限元分析中的网格点、电子电路中的节点以及电力网络中的母线。例如，电力网络可能包含数千个节点（母线），但每个节点的平均连通度为3，即每个节点平均与3个其他节点相连。这意味着具有1000个节点的系统，其描述矩阵中的非零元的比例为
$$\frac{(4 \text{ 个非零元/行}) \times 1000 \text{ 行}}{1000 \times 1000 \text{ 个矩阵单元}} \times 100\% = 0.4\%$$
。这样，如果只将非零元保存在内存中，那么对内存的需求仅仅为 1000×1000 满矩阵存储的 0.4%。如果按满矩阵存储的话，$n \times n$ 阶系统矩阵的存储空间将按照 n^2 增长；而如果按稀疏矩阵存储的话，同样的系统矩阵其存储空间只大致随 n 线性增长。因此，通过采用稀疏存储和求解技术，可以大大减少存储空间。另一个采用稀疏矩阵求解技术的激励因素是可以大大减少求解含大比例零元素矩阵时所需的计算量。考虑求解如下的线性问题

$$Ax = b$$

式中，A 为稀疏矩阵。将 A 进行 LU 分解时需要大量的乘法运算，而这些乘法运算中可能一个元素甚至两个元素都为零。如果事先知道零元素在矩阵中的位置，这些乘法运算是可以避免的（因为它们的乘积为零），从而可以大大减少计算量。这里的突出优势是这些运算可以全部跳过。手工进行 LU 分解时人们会注意到哪些元素为零，从而跳过这些特定的运算。但是，计算机没有"看到"零元素的能力。因此，稀疏求解技术必须按照如下方式来组织，避免所有的零元素运算，只对非零元素进行运算。

本章中，我们将讨论稀疏矩阵求解技术的存储问题和计算问题。将给出数种存储技术，同时导出使计算量最小化的几种排序技术。

4.1 存储方法

在稀疏存储方法中，只存储 $n \times n$ 阶矩阵 A 的非零元素及其索引信息，这些索引信息在逐个元素遍历矩阵时是需要的。这样，每个元素必须存储其真实值

（a_{ij}）及其在矩阵中的位置信息（行号和列号）。基本的存储单元可以形象化为如图 4.1 所示的对象。

图 4.1　a_{ij} 的基本存储单元

除了基本信息外，对象中还必须包含索引信息，诸如同一行中的下一个元素的链接信息或者同一列中下一个元素的链接信息等，如图 4.2 所示。

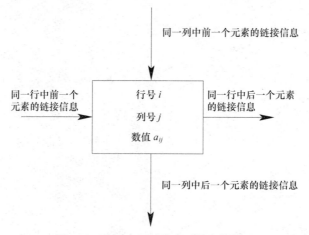

图 4.2　元素 a_{ij} 以链接表示的存储单元

不管是按行还是按列完全遍历一个矩阵，所需要的唯一额外信息是每行或每列第一个元素的位置信息。这是单独的一个链接信息集合，标示了每行或每列第一个元素的位置。

例 4.1　确定描述如下稀疏矩阵的链表。

$$A = \begin{bmatrix} -1 & 0 & -2 & 0 & 0 \\ 2 & 8 & 0 & 1 & 0 \\ 0 & 0 & 3 & 0 & -2 \\ 0 & -3 & 2 & 0 & 0 \\ 1 & 2 & 0 & 0 & -4 \end{bmatrix}$$

解 4.1　描述此矩阵的链表如图 4.3 所示。每列和每行的最后一个元素都被链接到一个零点。注意，矩阵中每个非零元都按列和按行被链接到与它相邻的非零元上。这样，通过从第一个元素开始并按照链接关系直到想要的元素，就可以从任何方向遍历整个矩阵。

如果一个指令需要一个特定的矩阵元素，那么不管采用按列搜索还是按行搜索，沿着链接方向前进就能定位该元素。如果在搜索过程中到达了零点，那么说明该想要的元素是不存在的，并返回一个零值。此外，如果矩阵元素是通过递增的指标来链接的话，当到达一个元素其指标已大于想要的元素的指标值时，那么

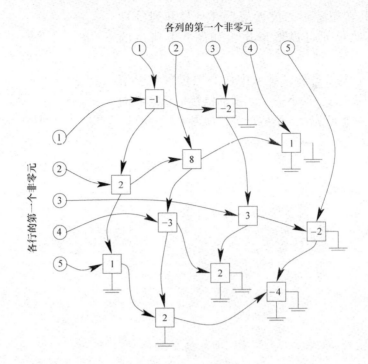

图 4.3　例 4.1 的链表

就终止前进的过程并返回一个零值。

　　稀疏矩阵的链表描述法不是唯一的，并且元素间并不必须按照指标递增的方式来链接。但是，通过采用指标递增的方式来对元素进行排序可以简化搜索过程，因为一旦链接的对象的指标值超过了想要元素的指标值，就可以在到达零点前终止搜索的过程。如果矩阵元素不是按照顺序链接的，就必须遍历整行或者整列以确定想要的元素是否为非零元。有序表的缺点是在矩阵中插入新的非零元时需要对行和列的链接都进行更新。

　　例 4.2　在例 4.1 的链表中插入矩阵元素 $A(4,5)=10$。

　　解 4.2　新元素插入后的链表如图 4.4 所示。该元素的插入需要对矩阵遍历两次并更新链接；一次按行遍历，一次按列遍历。从链表第 4 行的第一个元素（值为 -3）开始搜索，按照链接关系前进并监视列指标，可以发现列指标为 3 的元素（值为 2）是该行的最后一个元素，因为它指向零点。由于新元素的列指标为 5，它应被插入在该元素（值为 2）和该行链表的零点之间。类似地，从链表第 5 列的第一个元素（值为 -2）开始搜索，遍历该列并且在行指标为 3（值为 -2）和 5（值为 -4）的两个元素之间插入新元素，再更新该列的链接以反映插入情况。

　　如果该矩阵的链表不是按照指标值排序的，那么不需要遍历行和列就可以添

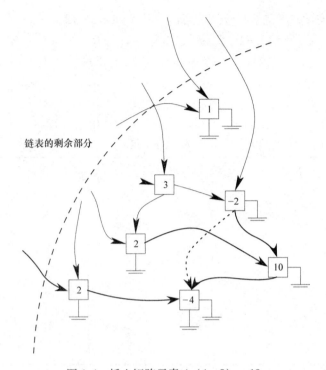

链表的剩余部分

图 4.4　插入矩阵元素 A (4, 5) = 10

加新元素。通过将新元素插入到第一个元素的前面并更新该行或该列第一个元素的指针，一个新元素可以插入到每一行或者每一列中。

　　然而，很多软件语言并不支持使用对象、指针和链表。这种情况下，有必要开发一个程序，通过使用向量来模拟链表结构。表示一个非零元对象需要三个向量：一个包含行号的向量（NROW），一个包含列号的向量（NCOL）以及一个包含非零元数值的向量（VALUE）。这些向量的长度都为 nnz，这里 nnz 为非零元的个数。还需要 2 个长度也为 nnz 的向量，用来表示行中下一个元素的链接关系（NIR）和列中下一个元素的链接关系（NIC）。如果一个元素是该行或者该列的最后一个元素，那么对应这个元素的 NIR 或者 NIC 的值为 0。最后，还需要 2 个长度为 n 的向量，包含各行第一个元素（FIR）和各列第一个元素（FIC）的链接关系。

　　矩阵的元素根据它们在 NROW、NCOL、VALUE、NIR 和 NIC 向量中的排序被赋予一个（可能是任意的）编号。这个排序方案对这五个向量的每一个都是一样的。FIR 与 FIC 向量则根据上述编号方案而定。

　　例 4.3　求例 4.1 中稀疏矩阵的 NROW、NCOL、VALUE、NIR、NIC、FIR 和 FIC 向量。

　　解 4.3　例 4.1 的矩阵重新给出如下，所采用的编号方案见每个非零元左边的括号。此编号方案是按行连续编号的，从 1 到 $nnz = 12$。

$$A = \begin{bmatrix} (1)-1 & 0 & (2)-2 & 0 & 0 \\ (3)2 & (4)8 & 0 & (5)1 & 0 \\ 0 & 0 & (6)3 & 0 & (7)-2 \\ 0 & (8)-3 & (9)2 & 0 & 0 \\ (10)1 & (11)2 & 0 & 0 & (12)-4 \end{bmatrix}$$

上述编号方案产生以下长度为 nnz 的向量：

k	VALUE	NROW	NCOL	NIR	NIC
1	-1	1	1	2	3
2	-2	1	3	0	6
3	2	2	1	4	10
4	8	2	2	5	8
5	1	2	4	0	0
6	3	3	3	7	9
7	-2	3	5	0	12
8	-3	4	2	9	11
9	2	4	3	0	0
10	1	5	1	11	0
11	2	5	2	12	0
12	-4	5	5	0	0

和以下长度为 n 的向量：

	FIR	FIC
1	1	1
2	3	4
3	6	2
4	8	5
5	10	7

考察矩阵元素 $A(2,2) = 8$，这是此编号方案中的第 4 个元素，因此它的信息被存储在向量 VALUE、NROW、NCOL、NIR 和 NIC 的第 4 个位置。这样，VALUE$(4) = 8$，NROW$(4) = 2$，NCOL$(4) = 2$。第 2 行的下一个元素是 $A(2, 4) = 1$，它在此编号方案中是第 5 个元素。因此 NIR$(4) = 5$，意味着第 5 个元素与第 4 个元素处在同一行中且紧随第 4 个元素之后（但请注意这里并没有标示出是在哪一行）。类似地，第 2 列中的下一个元素是 $A(4, 2) = -3$，它在此编号方案中是第 8 个元素。因此 NIC$(4) = 8$。

4.2 稀疏矩阵的表示方法

稀疏矩阵是稀疏系统数学建模的结果。很多时候，该系统可以用自然生成的物理网络来表示或具有物理上的直观表示。在这些情况下，采用图形工具将系统的连接特性可视化是有益的。在图形表示中，图中的每个节点与所表示系统的一个节点相对应；图中的每条边与所表示系统的一条支路相对应。就一个网络来说，由顶点和边组成的图通常可以用平面上一系列的点和连接点的线来表示，其中每条线代表了网络的一条边。当网络通过图形方式来表示时，其数学模型所对应的矩阵是结构对称的。换句话说，如果矩阵元素 a_{ij} 是非零的，那么矩阵元素 a_{ji} 也是非零的。这意味着如果节点 i 与节点 j 相连，那么节点 j 也与节点 i 相连。结构不对称的矩阵可以通过在矩阵中适当的位置增加值为零的元素使其变为结构对称矩阵。

除了图形表示外，将稀疏矩阵可视化的另一种常用方法是将该矩阵中的非零元位置用一个标识符（如×、●、*或其他符号）来表示，而将该矩阵中的零元位置全部留空。对应图 4.5a 所示的梯形有限元网络，其生成的稀疏矩阵结构如图 4.5b 所示。注意节点的排序方式不是唯一的，不同的节点编号方案会得到不同的矩阵结构。

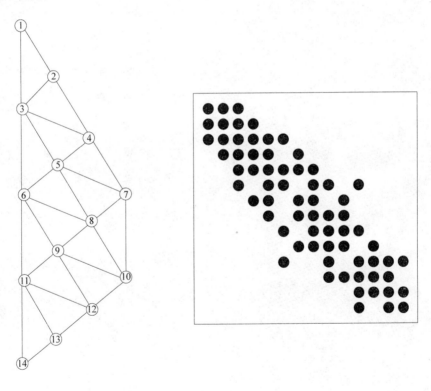

a)   b)

图 4.5

a) 一个有限元网络模型   b) 对应的矩阵

4.3 排序方案

节点排序方案对减少 LU 分解和前代/回代过程中的乘除法次数具有重要作用。一个好的排序方案在 LU 分解中产生的非零元注入会很少，非零元注入的定义是原始矩阵 A 中为零的元素在矩阵 L 或 U 中不再为零元素。如果 A 是一个满阵，那么 LU 分解过程需要的乘除法次数为 $\alpha = \dfrac{n^3 - n}{3}$，而前代/回代过程需要的乘除法次数为 $\beta = n^2$。如果采用合适的节点排序方案，求解稀疏矩阵所需的乘除法次数可以大大减少。

例4.4 确定求解如图 4.6 所示系统所需的乘除法次数以及非零元注入数目。

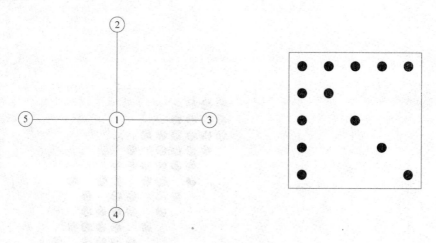

图 4.6　例 4.4 的图与矩阵

解 4.4　LU 分解的步骤如下：

$$q_{11} = a_{11}$$
$$q_{21} = a_{21}$$
$$q_{31} = a_{31}$$
$$q_{41} = a_{41}$$
$$q_{51} = a_{51}$$
$$q_{12} = a_{12}/q_{11}$$
$$q_{13} = a_{13}/q_{11}$$
$$q_{14} = a_{14}/q_{11}$$
$$q_{15} = a_{15}/q_{11}$$

$$q_{22} = a_{22} - q_{21}q_{12}$$

$$q_{32} = a_{32} - q_{31}q_{12}$$

$$q_{42} = a_{42} - q_{41}q_{12}$$

$$q_{52} = a_{52} - q_{51}q_{12}$$

$$q_{23} = (a_{23} - q_{21}q_{13})/q_{22}$$

$$q_{24} = (a_{24} - q_{21}q_{14})/q_{22}$$

$$q_{25} = (a_{25} - q_{21}q_{15})/q_{22}$$

$$q_{33} = a_{33} - q_{31}q_{13} - q_{32}q_{23}$$

$$q_{43} = a_{43} - q_{41}q_{13} - q_{42}q_{23}$$

$$q_{53} = a_{53} - q_{51}q_{13} - q_{52}q_{23}$$

$$q_{34} = (a_{34} - q_{31}q_{14} - q_{32}q_{24})/q_{33}$$

$$q_{35} = (a_{35} - q_{31}q_{15} - q_{32}q_{25})/q_{33}$$

$$q_{44} = a_{44} - q_{41}q_{14} - q_{42}q_{24} - q_{43}q_{34}$$

$$q_{54} = a_{54} - q_{51}q_{14} - q_{52}q_{24} - q_{53}q_{34}$$

$$q_{45} = (a_{45} - q_{41}q_{15} - q_{42}q_{25} - q_{43}q_{35})/q_{44}$$

$$q_{55} = a_{55} - q_{51}q_{15} - q_{52}q_{25} - q_{53}q_{35} - q_{54}q_{45}$$

LU 分解所需的乘除法次数按行和列归纳如下：

行	列	乘　法	除　法	非零元注入
1		0	0	
	1	0	4	
2		4	0	a_{32}，a_{42}，a_{52}
	2	3	3	a_{23}，a_{23}，a_{25}
3		6	0	a_{43}，a_{53}
	3	4	2	a_{34}，a_{35}
4		6	0	a_{54}
	4	3	1	a_{45}
5		4	0	

因此 LU 分解中乘除法次数 $\alpha = 40$。前代（$Ly = b$）和回代（$Ux = y$）步骤如下：

$$y_1 = b_1/q_{11}$$

$$y_2 = (b_2 - q_{21}y_1)/q_{22}$$

$$y_3 = (b_3 - q_{31}y_1 - q_{32}y_2)/q_{33}$$

$$y_4 = (b_4 - q_{41}y_1 - q_{42}y_2 - q_{43}y_3)/q_{44}$$

$$y_5 = (b_5 - q_{51}y_1 - q_{52}y_2 - q_{53}y_3 - q_{54}y_4)/q_{55}$$

$$x_5 = y_5$$

$$x_4 = y_4 - q_{45}x_5$$

$$x_3 = y_3 - q_{35}x_5 - q_{34}x_4$$

$$x_2 = y_2 - q_{25}x_5 - q_{24}x_4 - q_{23}x_3$$

$$x_1 = y_1 - q_{15}x_5 - q_{14}x_4 - q_{13}x_3 - q_{12}x_2$$

行	前 代		回 代	
	乘 法	除 法	乘 法	除 法
1	0	1	4	0
2	1	1	3	0
3	2	1	2	0
4	3	1	1	0
5	4	1	0	0

因此前代和回代步骤中的乘除法次数 $\beta = 25$。求解 $Ax = b$ 所需的乘除法总数为 $\alpha + \beta = 65$。

当原始矩阵中的零元素在 LU 分解过程中变为非零元素时就产生了非零元注入。此现象可以用图形方法形象化地模拟。将例 4.4 的图重新画为图 4.7。

在此编号方案中，与节点 1 对应的行和列最先进行三角分解。这相当于把节点 1 从该图中移除。当节点 1 被移除时，所有与它相连的节点必须被连接起来。而每增加一条边相当于矩阵 Q 中增加两个非零元注入（q_{ij} 和 q_{ji}），因为矩阵 Q 是对称的。节点 1 移除后的新图如图 4.8 所示，其中的虚线表示会产生 6 个非零元注入：q_{23}、q_{24}、q_{25}、q_{34}、q_{35} 和 q_{45}。这 6 个非零元注入也同样在该例的求解过程中列出。

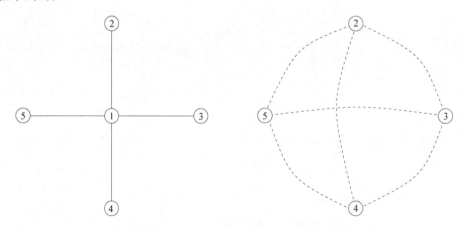

图 4.7　例 4.4 的图　　　　图 4.8　移除节点 1 后产生的非零元注入

例 4.5　确定图 4.9 所示的系统求解过程所需的乘除法次数和非零元注入数目。

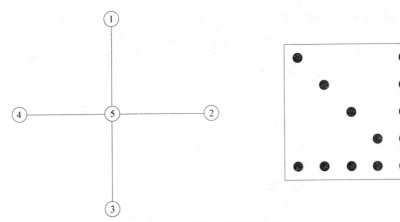

图 4.9　例 4.5 的图与矩阵

解 4.5　LU 分解的步骤如下：

$$q_{11} = a_{11}$$
$$q_{51} = a_{51}$$
$$q_{15} = a_{15}/q_{11}$$
$$q_{22} = a_{22}$$
$$q_{25} = a_{25}/q_{22}$$
$$q_{52} = a_{52}$$
$$q_{33} = a_{33}$$
$$q_{53} = a_{53}$$
$$q_{35} = a_{35}/q_{33}$$
$$q_{44} = a_{44}$$
$$q_{54} = a_{54}$$
$$q_{45} = a_{45}/q_{44}$$
$$q_{55} = a_{55} - q_{51}q_{15} - q_{52}q_{25} - q_{53}q_{35} - q_{54}q_{45}$$

LU 分解所需的乘除法次数按行和列归纳如下：

行	列	乘　法	除　法	非零元注入
1		0	0	
	1	0	1	
2		0	0	
	2	0	1	
3		0	0	
	3	0	1	
4		0	0	
	4	0	1	
5		4	0	

因此 LU 分解中乘除法次数 $\alpha = 8$。前代（$Ly = b$）和回代（$Ux = y$）步骤如下：

$$y_1 = b_1/q_{11}$$
$$y_2 = b_2/q_{22}$$
$$y_3 = b_3/q_{33}$$
$$y_4 = b_4/q_{44}$$
$$y_5 = (b_5 - q_{51}y_1 - q_{52}y_2 - q_{53}y_3 - q_{54}y_4)/q_{55}$$
$$x_5 = y_5$$
$$x_4 = y_4 - q_{45}x_5$$
$$x_3 = y_3 - q_{35}x_5$$
$$x_2 = y_2 - q_{25}x_5$$
$$x_1 = y_1 - q_{15}x_5$$

行	前　代		回　代	
	乘　法	除　法	乘　法	除　法
1	0	1	4	0
2	1	1	3	0
3	2	1	2	0
4	3	1	1	0
5	4	1	0	0

因此前代和回代过程中的乘除法次数 $\beta = 13$。求解 $Ax = b$ 所需的乘除法总数为 $\alpha + \beta = 21$。

尽管两个原始矩阵有相同数目的非零元，但简单地重新编号矩阵图的顶点就可以使乘除法次数大大减少。产生这种结果的部分原因是 LU 分解时产生的非零元注入数目减少。例 4.4 中的矩阵 Q 变成了满阵，而例 4.5 中的矩阵 Q 仍然保持了与原始矩阵 A 同样的稀疏结构。从这两个例子可以看出，尽管不同的节点排序方案不会影响线性方程求解的精度，但不同的节点排序方案会对求解的速度有很大的影响。一个好的排序方案可以让生成的矩阵 Q 具有类似于原始矩阵 A 的稀疏结构，这意味着非零元注入的数目已被最小化。这个目标构成了各种最优排序方案的基础。最优排序问题是一个 NP 完全问题[54]，然而已开发出了几种方案可以达到近似最优的结果。

例 4.6　确定图 4.10 在当前排序方案下的 α、β 和非零元注入数目。

解 4.6　第一步是确定 LU 分解中哪儿会产生非零元注入。通过观察，发现非零元注入会出现在如图 4.11 所示矩阵中用 △ 标示的位置。根据图 4.11，非零元注入的数目为 24。

可以依据包含非零元注入的矩阵，用一种简单的方法直接计算出 α 和 β，而不采用常规方法计算 LU 分解和前代/回代过程中所需的乘除法次数。

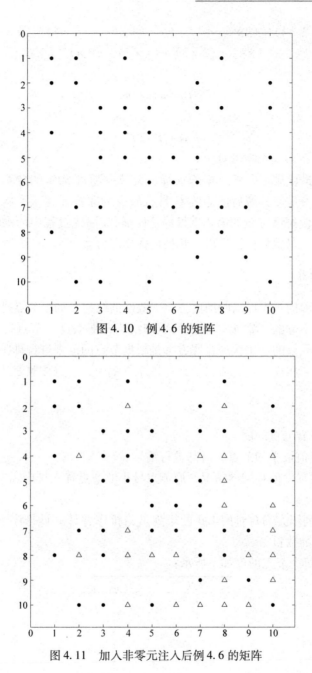

图 4.10 例 4.6 的矩阵

图 4.11 加入非零元注入后例 4.6 的矩阵

$$\alpha = \sum_{i=1}^{n} (\text{第 } i \text{ 列 } q_{ii} \text{ 下方的 } nnz + 1) \times (\text{第 } i \text{ 行 } q_{ii} \text{ 右方的 } nnz) \qquad (4.1)$$

$$\beta = \text{矩阵 } Q \text{ 的 } nnz \text{ 值} \qquad (4.2)$$

利用式 (4.1) 和式 (4.2)，对于图 4.11 所示的矩阵 Q，

$$\alpha = (3 \times 4) + (4 \times 5) + (5 \times 6) + (4 \times 5) + (4 \times 5) + (3 \times 4) + \\ + (3 \times 4) + (2 \times 3) + (1 \times 2) + (0 \times 1) = 134$$

而

$$\beta = nnz = 68$$

因此

$$\alpha + \beta = 202$$

请将此结果与 $\alpha + \beta = 430$ 做对比。

即使没有最优排序，稀疏矩阵求解也会减少超过 50% 的计算量。最优排序方案的目标之一是使分解后的矩阵 Q 具有最少的非零元注入，从而使乘除法次数 α 最小。最优排序方案的第 2 个目标是使前代/回代过程中的乘除法次数 β 最小化。根据这个双重目标已提出了几种最优排序方案。

4.3.1　方案 0

从例 4.4 和例 4.5 可以归纳出一个一般性的结论，如果节点排序方案可以生成一个指向右下方的"箭头"形式的矩阵结构，那么这个节点排序方案就是好的。达到这种效果的一个快速排序方案是根据节点的度来进行排序，这里节点的度被定义为与它相连的边的数目。在此排序方案中，节点按照度从最小到最大进行排序。

方案 0

1. 计算所有节点的度。
2. 选择度值最小的节点，对其进行编号。
3. 如果出现度值相同的情况，原节点号小的节点优先排序。
4. 返回步骤 2。

例 4.7　利用方案 0 对例 4.6 的矩阵重新排序并计算该排序下 α、β 的值以及非零元注入的数目。

解 4.7　每个节点的度如下所示：

节点	度
1	3
2	3
3	5
4	3
5	5
6	2
7	6
8	3
9	1
10	3

根据方案 0，新的排序为

$$排序 0 = \begin{bmatrix} 9 & 6 & 1 & 2 & 4 & 8 & 10 & 3 & 5 & 7 \end{bmatrix}$$

采用此排序后例 4.6 中的矩阵变成了如图 4.12 所示的矩阵（已包含非零元注入）。注意，非零元的排列是如何形成所期望的指向右下方的箭头形的。方案 0 的排序产生了 16 个非零元注入，而原始排序则产生 24 个非零元注入。通过此矩阵与式（4.1）和式（4.2），可得到 $\alpha = 110$ 和 $\beta = 60$，因此 $\alpha + \beta = 170$，这相对于原始的 $\alpha + \beta = 202$ 已有相当大的减小。

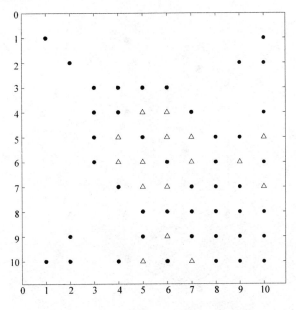

图 4.12　加入非零元注入后例 4.7 的矩阵

4.3.2　方案 I

方案 0 提供了简单而快速的排序方案，但没有直接考虑非零元注入对排序过程的影响。为了做到这一点，必须考虑排序过程中消去节点的影响。方案 I 就是在此基础上的改进方案。

方案 I

1. 计算所有节点的度。

2. 选择度值最小的节点，对其进行编号；消去此节点并重新计算各节点的度。

3. 如果出现度值相同的情况，原节点号小的节点优先排序。

4. 返回步骤 1。

方案 I 具有多种名称，包括 Markowitz 算法[31]，Tinney I 算法[50]，或者最普遍地被称为最小度算法。

例 4.8 利用方案 I 对例 4.6 的矩阵重新排序并计算该排序下 α、β 的值以及非零元注入的数目。

解 4.8 方案 I 的排序考虑了当节点被消去后非零元注入对排序的影响。采用矩阵的图形表示可以最形象地表达这个算法。图 4.10 中未排序的原始矩阵所对应的图如图 4.13 所示。

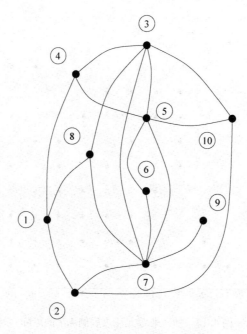

图 4.13　图 4.10 中矩阵所对应的图

各个节点的度如下所示：

节点	度
1	3
2	3
3	5
4	3
5	5
6	2
7	6
8	3
9	1
10	3

　　根据以上度的信息，具有最小度的节点优先排序。节点 9 只有一个连接，度值最小；消去节点 9 不产生任何非零元注入。更新后的图如图 4.14 所示。

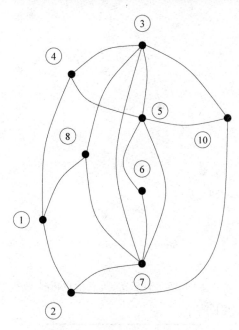

图 4.14　消去节点 9 后更新的图

更新后各个节点的度如下所示：

节点	度
1	3
2	3
3	5
4	3
5	5
6	2
7	5
8	3
10	3

　　现在节点 7 的度少了 1。再次采用方案 I 的算法，发现下一个被选中的节点是度为 2 的节点 6。节点 6 同时连接节点 5 和节点 7。因为节点 5 与节点 7 之间已经有连接，消去节点 6 不会在节点 5 和节点 6 之间产生非零元注入。消去节点 6 后如图 4.15 所示。

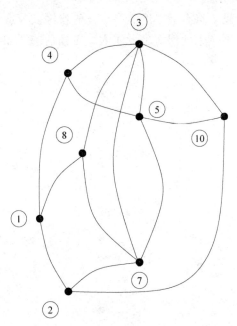

图4.15　消去节点6后的更新图

各节点的新的度如下所示：

节点	度
1	3
2	3
3	5
4	3
5	4
7	4
8	3
10	3

　　由于消去了节点6，节点5和节点7的度减小1。再次利用方案Ⅰ的算法，表明具有最小度的节点是［1 2 4 8 10］。因为这些节点的度相等，选择原节点号小的节点优先排序，即选择节点1消去。节点1与节点2、4、8相连接，而节点2、4、8之间不存在任何连接；因此消去节点1后产生3个非零元注入，即4-8、4-2和2-8。这些非零元注入如图4.16中的虚线所示。

　　消去节点1后各节点的新的度如下所示：

节点	度
2	4
3	5
4	4
5	4
7	4
8	4
10	3

增加 3 个非零元注入后节点 2、4、8 的度上升了。再次利用方案 I 的算法，表明具有最小度的节点是 10，这次没有出现度值相等的情况。节点 10 被选中并消去。消去节点 10 在节点 2 – 5 和 2 – 3 之间产生了 2 个非零元注入，这些非零元注入如图 4.17 中的虚线所示。

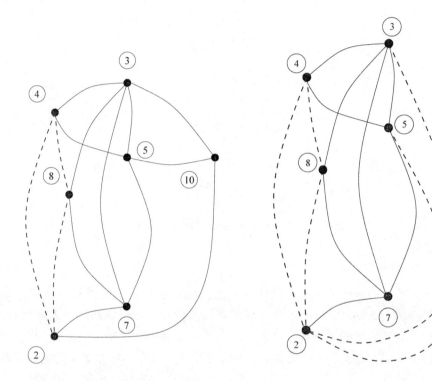

图 4.16　消去节点 1 后更新的图　　　图 4.17　消去节点 10 后更新的图

继续不断地使用方案 I 算法直到所有节点都被选中并消去，可以得到最终的排序如下：

$$排序 I = [\,9\ 6\ 1\ 10\ 4\ 2\ 3\ 5\ 7\ 8\,]$$

根据上述排序重新排列例 4.8 中的矩阵，可以得到如图 4.18 所示（带非零元注入）的矩阵。注意，矩阵中的非零元排列构成了期望的指向右下方的箭头形状。方案 I 排序产生了 12 个非零元注入，方案 0 排序产生了 16 个非零元注入，而原始排序产生的非零元注入是 24 个。针对此矩阵利用式（4.1）和式（4.2），可得到 $\alpha = 92$ 和 $\beta = 56$，因此 $\alpha + \beta = 148$，这相对于方案 0 的 $\alpha + \beta = 170$ 和原始方案的 $\alpha + \beta = 202$ 已有了相当大的减小。

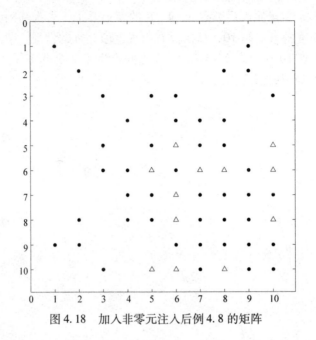

图 4.18　加入非零元注入后例 4.8 的矩阵

4.3.3　方案 II

方案 0 给出了一种节点排序的快速算法，该算法只对矩阵进行一次快速浏览，除了计算矩阵每个节点的度之外不需要其他计算，所得到的结果大致合理。方案 I 在方案 0 的基础上进行了改进，它仍然基于最小度算法，但它对 LU 分解过程进行了模拟，在 LU 分解的每一步重新计算节点的度。对方案 I 的进一步改进是开发一种算法，使 LU 分解的每一步的非零元注入数目最小化，这种算法本书称为方案 II。对于方案 II，在 LU 分解的每一步，需要考虑消去不同节点时所产生的非零元注入的数目。方案 II 也被称作 Berry 算法或者 Tinney II 算法。方案 II 的计算步骤归纳如下：

方案 II

1. 对每个节点，计算消去此节点后产生的非零元注入数目。

2. 选择产生非零元注入最少的节点。

3. 如果出现非零元注入数目相等的情况，选择度值最小的节点。

4. 如果出现度值相等的情况，选择原节点号小的节点。

5. 将选中的节点列入排序表中，然后消去该节点并相应地更新非零元注入和度的信息。

6. 返回步骤 1。

例 4.9　利用方案 II 重新排序例 4.6 中的矩阵。计算此排序下 α、β 的值以及非零元注入的数目。

解4.9　方案Ⅱ的排序算法考虑了当节点进入排序表并被消去后产生的非零元注入对整个排序过程的影响。原始矩阵各节点的度和相应的非零元注入信息如下所示：

节点	度	消去时产生的非零元注入数目	引入的边
1	3	3	$2-4, 2-8, 4-8$
2	3	3	$1-7, 1-10, 7-10$
3	5	6	$4-7, 4-8, 4-10, 5-8, 7-10, 8-10$
4	3	2	$1-3, 1-5$
5	5	6	$3-6, 4-6, 4-7, 4-10, 6-10, 7-10$
6	2	0	无
7	6	12	$2-3, 2-5, 2-6, 2-8, 2-9, 3-6,$ $3-9, 5-8, 5-9, 6-8, 6-9, 8-9$
8	3	2	$1-3, 1-7$
9	1	0	无
10	3	2	$2-3, 2-5$

从上表可以看出，消去节点6或9都不会产生额外的边，即非零元注入。因为出现了非零元注入数目相等的情况，因此具有最小度的节点被选中。这样，节点9被选中并消去。再次使用方案Ⅱ的算法，更新后的非零元注入数目和度的信息如下所示：

节点	度	消去时产生的非零元注入数目	引入的边
1	3	3	$2-4, 2-8, 4-8$
2	3	3	$1-7, 1-10, 7-10$
3	5	6	$4-7, 4-8, 4-10, 5-8, 7-10, 8-10$
4	3	2	$1-3, 1-5$
5	5	6	$3-6, 4-6, 4-7, 4-10, 6-10, 7-10$
6	2	0	无
7	6	7	$2-3, 2-5, 2-6, 2-8, 3-6, 5-8, 6-8$
8	3	2	$1-3, 1-7$
10	3	2	$2-3, 2-5$

下一个被消去的节点是节点6，因为它被消去时产生的非零元注入最少。消去节点6后，更新的非零元注入数目和度的信息如下所示：

节点	度	消去时产生的非零元注入数目	引入的边
1	3	3	$2-4, 2-8, 4-8$
2	3	3	$1-7, 1-10, 7-10$
3	5	6	$4-7, 4-8, 4-10, 5-8, 7-10, 8-10$
4	3	2	$1-3, 1-5$
5	5	3	$4-7, 4-10, 7-10$
7	6	4	$2-3, 2-5, 2-8, 5-8$
8	3	2	$1-3, 1-7$
10	3	2	$2-3, 2-5$

可见，引入非零元注入最少的两个节点为节点4和节点8，但两个节点的度值相同，因此按照自然排序节点4被选中并消去。

继续使用方案Ⅱ的算法直到所有节点都被编号并消去，可以得到如下的排序结果。

$$排序Ⅱ = [9\ 6\ 4\ 8\ 2\ 1\ 3\ 5\ 7\ 10]$$

基于方案Ⅱ算法得到的排序结果重新对例4.6中的矩阵进行排序，所产生的非零元注入如图4.19所示。该排序仅产生10个非零元注入，使得 $\alpha = 84$，$\beta = 54$，从而 $\alpha + \beta = 138$。这意味着计算量仅为原始未排序矩阵的68%。

方案Ⅰ致力于减少LU分解中的乘法和除法次数，而方案Ⅱ聚焦于减少前代/回代过程中的乘法和除法次数，而方案0则提供了简单快速的排序方法。方案Ⅰ在计算性能上的改进抵偿了其算法上的复杂度[50]，而方案Ⅱ

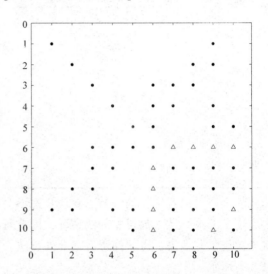

图4.19 加入非零元注入后例4.9的矩阵

在计算性能上的改进常常无法抵偿其在实现上的复杂度。采用哪个方案更好视具体问题而定，最好是由使用者自己决定。

4.3.4 其他方案

针对上述算法，已提出了一些改进算法以进一步减少计算量，下面将对这些改进算法进行总结[18]。受不可区分节点概念[17]的启发，对最小度算法的第一个改进是采用大规模消去算法，该算法一次可以消去一个子集的节点。如果两个节点 x 和 y 满足

$$\text{Adj}(y) \cup \{y\} = \text{Adj}(x) \cup \{x\} \qquad (4.3)$$

式中，Adj (y) 代表与 y 相连节点的集合。这样，节点 x 和节点 y 就被称为不可区分节点，在排序中可以连续编号。这种做法减少了排序过程中需考虑的节点数目，因为对于不可区分节点集合，只要考虑其中的一个代表性节点就可以了。另外，这种做法可以加速最小度算法中度信息更新步的计算速度，而该步是最小度算法中计算量最大的。采用大规模消去算法，度信息更新只需对代表性节点的度进行更新就可以了。

不完全度信息更新的想法避免了对非最小度节点的度信息更新。在两个节点 u 和 v 之间，如果下式成立，则称节点 u 优先于节点 v[11]

$$\text{Adj}(u) \cup \{u\} \subseteq \text{Adj}(v) \cup \{v\} \tag{4.4}$$

这样，如果在消去过程中节点 u 优先于节点 v，则在最小度排序算法中节点 u 先于节点 v 被消去。因此可以推出，节点 v 的度信息更新可以在节点 u 被消去后再进行，这就进一步简化了耗时的度信息更新步。

另一种对最小度算法的改进是在度信息更新步之前消去所有可能的最小度节点。在消去过程中的一个特定步，消去节点 y 并不会对 $\text{Adj}(y)$ 之外的节点结构产生影响。多重最小度（MMD）算法推迟了消去节点 y 后的度信息更新，而是在消去所有与节点 y 度相同的节点后再进行度信息更新。就非零元注入数目来说，这个算法被发现与最小度算法一样好[30]。此外，还发现 MMD 算法执行得更快，这是因为能够更早地确认不可区分节点和优先节点，并减少了度信息更新的次数。

在排序算法中，对于给定的指标（度或者非零元注入），经常会出现数值相同的情况，而处理方法通常回归到原始矩阵的自然排序。已经确认，自然排序会对 LU 分解过程的非零元注入数目和计算时间产生很大影响。因此，在使用排序算法前进行一次快速的预排序是非常可取的。方案 0 提供了这种预排序的算法，但迄今为止，并没有一种预排序算法适合于所有类型的问题。

4.4 在电力系统中的应用

在电力系统应用中，经常会出现大型稀疏矩阵，包括状态估计、潮流计算、暂态和动态稳定性仿真等。这些应用的计算效率与问题本身的描述方式和稀疏矩阵求解技术的使用方式密切相关。为了更好地理解稀疏性对电力系统问题的影响，我们来考察如图 4.20 所示的 IEEE 118 母线系统的潮流 Jacobi 矩阵。

该系统的 Jacobi 矩阵具有 1051 个非零元，其结构如图 4.21a 所示。注意，非零元主要集中在主对角线和两个次对角线上，其中两个次对角线上的非零元是由 $\frac{\partial \Delta Q}{\partial \Delta \delta}$ 和 $\frac{\partial \Delta P}{\partial \Delta V}$ 产生的。对该 Jacobi 矩阵进行 LU 分解，分解后的结构如图 4.21b 所示，该矩阵有 14849 个非零元。注意，两个次对角线上的非零元产生了大量处于次对角线与主对角线之间的非零元注入。

图 4.22a 给出了根据方案 0 对节点重新排序后的潮流 Jacobi 矩阵结构。通过此种重新排序，次对角线上的非零元已不再存在。对此新的潮流 Jacobi 矩阵进行 LU 分解，分解后的矩阵结构如图 4.22b 所示。该矩阵只有 1869 个非零元，与没有排序的原始 Jacobi 矩阵相比，非零元注入减少了差不多一个数量级。

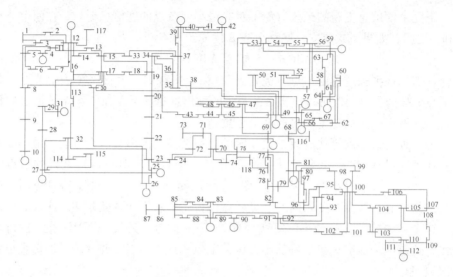

图 4.20　IEEE 118 母线系统

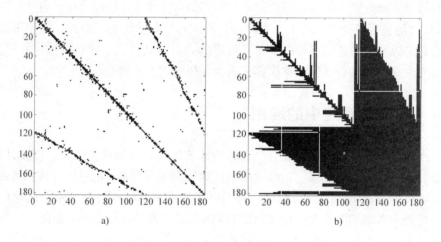

a)　　　　　　　　　　　　　b)

图 4.21　IEEE 118 母线系统

a）Jacobi 行列式　b）LU 分解的结果

　　图 4.23a 给出了根据方案 I 对节点重新排序后的潮流 Jacobi 矩阵结构。注意，非零元是如何缓慢地向主对角线靠拢的，这会减少 LU 分解过程中的非零元注入数目。该矩阵 LU 分解的结构如图 4.23b 所示，具有 1455 个非零元。

　　最后，图 4.24a 给出了根据方案 II 对节点重新排序后的潮流 Jacobi 矩阵结构，其 LU 分解后的矩阵结构如图 4.24b 所示。此排序方案只产生了 1421 个非零元，非零元注入减少了一个数量级以上。稀疏矩阵的 LU 分解时间近似为 n^2 次乘法和除法。未进行节点排序的潮流计算每次迭代大致需要 220.5×10^6 次乘法和

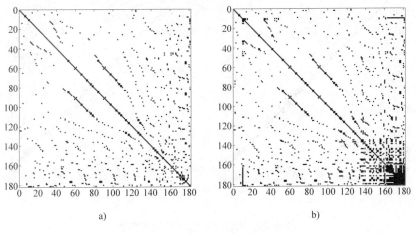

图 4.22　IEEE 118 母线系统方案 0

a）Jacobi 行列式　b）LU 分解的结果

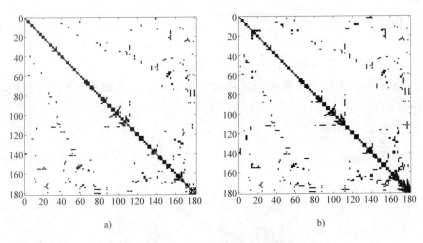

图 4.23　IEEE 118 母线系统方案 I

a）Jacobi 行列式　b）LU 分解的结果

除法，而按方案 II 对节点进行重新排序后的潮流计算每次迭代只需要 2.02×10^6 次乘法和除法。因此，节点重新排序后的系统其潮流计算比原始系统快 100 多倍！考虑将此求解时间乘以 Newton – Raphson 法潮流计算的迭代次数或时域积分中的时间步数后，不使用节点重新排序就直接进行计算显然是一种愚蠢的算法。

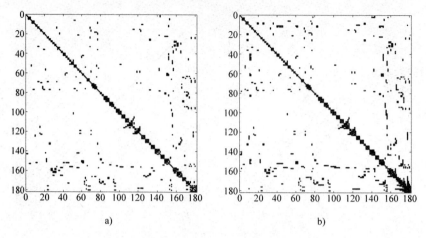

图 4.24　IEEE 118 母线系统方案 Ⅱ

a）Jacobi 行列式　b）LU 分解的结果

4.5　问题

1. 证明用以计算 α 和 β 的式（4.1）和式（4.2）。

2. 令 A 和 B 为两个阶数相同的稀疏（方）阵。如何根据 A 与 B 的图来确定 $C = A + B$ 的图。

3. 考虑如下矩阵

$$A = \begin{bmatrix} * & * & & * & & \\ * & * & * & & & * \\ & * & * & & & \\ & & & * & * & \\ * & & & * & * & * \\ & * & & & * & * \end{bmatrix}$$

（a）画出矩阵 A 的图。A 的 LU 分解需要多少次乘法和除法？

（b）用新的节点编号 $\phi = [1, 3, 4, 2, 5, 6]$ 重新排序矩阵。画出重排后矩阵的图。重排后矩阵的 LU 分解需要多少次乘法和除法？

4. 对于图 4.25 所示的矩阵：

（a）使用给定的排序，计算 $\alpha + \beta$。

（b）用方案 0 重新排序网络中的节点。计算该排序的 $\alpha + \beta$。

（c）用方案 Ⅰ 重新排序网络中的节点。计算该排序的 $\alpha + \beta$。

（d）用方案 Ⅱ 重新排序网络中的节点。计算该排序的 $\alpha + \beta$。

（e）对图 4.26 所示的矩阵重复问题 4 的步骤。

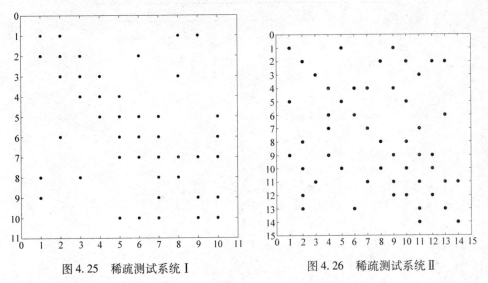

图 4.25　稀疏测试系统 I　　　　　　图 4.26　稀疏测试系统 II

5. 为稀疏矩阵的存储写一个子程序 sparmat，程序满足
- 一行一行以以下形式读取数据：

$$i \quad j \quad a_{ij}$$

其中以第一列中的 0 表示数据的结束。
- 连续创建前面定义的 FIR、FIC、NIR、NIC、NROW、NCOL 以及 Value 向量。不要明确地创建矩阵 A。

6. 为稀疏向量存储写一个子程序 sparvec，程序满足
- 一行一行以以下形式读取数据：

$$i \quad b_i$$

其中以第一列中的 0 表示数据的结束。
- 连续创建 index、next 以及 Value 向量。不要明确地创建向量 b。

7. 对于以下给出的数据，使用 sparmat 和 sparvec 来创建稀疏存储向量。

矩阵 A			向量 b	
i	j	a_{ij}	i	b_i
7	10	2.0	2	5
2	6	1.5	9	2
9	1	4.7	3	-1
5	5	-18.5		
8	7	2.8		
1	1	-15.0		

（续）

矩 阵 A			向 量 b	
i	j	a_{ij}	i	b_i
4	3	3.8		
6	7	6.1		
8	3	3.3		
5	7	4.4		
10	6	2.5		
6	5	1.1		
3	2	5.2		
7	8	2.9		
9	9	−12.1		
3	4	3.0		
7	6	5.6		
10	9	4.7		
8	8	−10.8		
1	9	4.5		
7	5	3.9		
5	6	7.2		
9	10	4.9		
5	4	0.8		
8	1	3.4		
5	10	4.5		
2	3	5.0		
6	6	−9.8		
7	9	1.8		
4	5	0.7		
7	7	−21.2		
1	2	4.4		
10	5	5.4		
3	8	3.1		
9	7	1.6		
4	4	−5.1		
6	10	2.7		
10	10	−16.9		
2	1	4.7		
3	3	−17.7		
1	8	3.5		
10	7	2.1		
2	2	−13.0		
6	2	1.2		

8. 写一个子程序 sparLU 用于修正你的 LU 分解程序，并将问题 5 的稀疏向量存储技术结合进去，并应用于问题 7 来计算 LU 分解的结果（以稀疏向量的形式）。

9. 写一个子程序 sparsub 用于修正你的前代/回代子程序 sub，并将问题 2 的稀疏向量存储技术结合进去，并应用于问题 7 来求解稀疏线性系统

$$Ax = b$$

10. 写一个子程序 scheme0，其输入为稀疏向量 FIR、FIC、NIR、NIC、NROW、NCOL 以及 Value，其输出为根据方案 0 重新排序后的同名向量，还能计算 $\alpha + \beta$。

11. 写一个子程序 scheme1，其输入为稀疏向量 FIR、FIC、NIR、NIC、NROW、NCOL 以及 Value，其输出为根据方案 I 重新排序后的同名向量，还能计算 $\alpha + \beta$。

12. 写一个子程序 scheme2，其输入为稀疏向量 FIR、FIC、NIR、NIC、NROW、NCOL 以及 Value，其输出为根据方案 II 重新排序后的同名向量，还能计算 $\alpha + \beta$。

第 5 章 数 值 积 分

动态系统通常可以用如下形式的常微分方程组（ODE）来描述

$$\dot{x}(t) = f(x,t) \quad x(t_0) = x_0 \tag{5.1}$$

式中，$x(t) \in R^n$，是一个依赖于初始条件 x_0 的时变函数。此类问题通常被称为"初值问题"。非线性微分方程组通常不能用解析方法进行求解，换句话说，我们无法直接得到式（5.1）解 $x(t)$ 的解析表达式，而只能通过数值计算的方法对式（5.1）进行求解。

对式（5.1）进行数值求解，就是在一系列时间节点 t_0，t_1，t_2…上用数值计算方法得到近似值 x_0，x_1，x_2…来逼近其真实值。其中相邻时间节点之间的时间间隔称为"时间步长"，而每应用一次数值积分算法就将式（5.1）的解向前推进一步。时间步长 $h_{n+1} = t_{n+1} - t_n$，可以在整个积分区间 $t \in [t_0, t_N]$ 中保持不变，也可以每一步都变化。

基本的数值积分算法基于之前已算得的 x_n，x_{n-1}，…以及函数 $f(x_n, t_n)$，$f(x_{n-1}, t_{n-1})$，…，以积分步长 h_{n+1} 从 t_n 时刻推进到 t_{n+1} 时刻。每个实用的数值积分算法必须在如下方面满足一定的准则。

（1）数值精度；

（2）数值稳定性；

（3）数值效率。

数值精度确保每一步积分计算产生的数值误差是有界的。积分误差的全局误差指的是在某给定时间区间内数值积分积累的总误差。在 t_n 时刻的全局误差可用下式表达

$$\text{global error} = \| x(t_n) - x_n \|$$

式中，$x(t_n)$ 为式（5.1）在 t_n 时刻的精确解，x_n 为 t_n 时刻的数值解。当然，如果不能给出 $x(t)$ 的解析式，就不可能精确确定全局误差；然而确定数值积分算法每一步积分计算的误差边界是可能的。

数值积分算法的数值稳定性指的是每一步计算产生的误差不会传播到后面的计算步中。数值效率与每一步的计算量以及时间步长的大小有关。本章将首先介绍几种不同的数值积分算法，然后对上述准则中的每一个进行更详细的讨论。

5.1　单步法

数值积分算法的基本形式是只使用当前已知的信息，由 x_n 计算出 x_{n+1}。此类算法被称为单步法，因为只使用了一步的信息。单步法的优势是节省存储空间，因为仅需保存上一步解的结果。多种著名的数值积分算法都属于单步法的范畴。

5.1.1　基于 Taylor 级数的算法

一类重要的数值积分算法是通过对式（5.1）进行 Taylor 级数展开导出的。用 $\hat{x}(t)$ 表示式（5.1）的精确解，在 $t = t_n$ 处对 $\hat{x}(t)$ 作 Taylor 级数展开，并用此展开式估算 $t = t_{n+1}$ 处的值，可以得到 $\hat{x}(t_{n+1})$ 的 Taylor 级数展开式如下：

$$\hat{x}(t_{n+1}) = \hat{x}(t_n) + \dot{\hat{x}}(t_n)(t_{n+1} - t_n) + \frac{1}{2!}\ddot{\hat{x}}(t_n)(t_{n+1} - t_n)^2 + \cdots +$$

$$\frac{1}{p!}x^{(p)}(t_n)(t_{n+1} - t_n)^p + h.o.t.$$

式中，$h.o.t.$ 表示 Taylor 级数的高次项。定义时间步长 $h = t_{n+1} - t_n$，则有

$$\hat{x}(t_{n+1}) = \hat{x}(t_n) + h\dot{\hat{x}}(t_n) + \frac{h^2}{2!}\ddot{\hat{x}}(t_n) + \cdots + \frac{h^p}{p!}x^{(p)}(t_n) + h.o.t.$$

由式（5.1），有 $\dot{x}(t) = f(x, t)$，故有

$$\hat{x}(t_{n+1}) - h.o.t. = \hat{x}(t_n) + hf(x_n(t_n), t_n) + \frac{h^2}{2!}f'(x_n(t_n), t_n) + \cdots +$$

$$\frac{h^p}{p!}f^{(p-1)}(x_n(t_n), t_n) \tag{5.2}$$

若高次项很小，那么 $\hat{x}(t_{n+1})$ 的一个很好的近似值 x_{n+1} 可由式（5.2）等号右边的式子给出。

一般地，基于 Taylor 级数的数值积分算法可用下式表示

$$x_{n+1} = x_n + hT_p(x_n) \tag{5.3}$$

式中，

$$T_p(x_n) = f(x_n(t_n), t_n) + \frac{h^2}{2!}f'(x_n(t_n), t_n) + \cdots + \frac{h^p}{p!}f^{(p-1)}(x_n(t_n), t_n)$$

这里整数 p 称为数值积分算法的阶。当 p 很大时，这种数值积分算法将十分精确，但计算效率不高，因为它需要进行大量的求导计算和估值计算。

5.1.2　向前 Euler 法

当 $p = 1$ 时，基于 Taylor 级数的数值积分算法为

$$x_{n+1} = x_n + hf(x_n, t_n) \tag{5.4}$$

这也是著名的 Euler 法即向前 Euler 法公式。

5.1.3 Runge - Kutta 法

当 $p = 2$ 时，可以推导出二阶 Taylor 级数算法

$$x_{n+1} = x_n + hT_2(x_n, t_n)$$

$$= x_n + hf(x_n, t_n) + \frac{h^2}{2} f'(x_n, t_n)$$

随着 Taylor 级数算法的阶数上升，所需计算的导数和偏导数的阶数也上升。很多情况下，导数的解析推导可以用数值计算来替代。其中最著名的一种高阶 Taylor 级数展开数值积分算法是 Runge - Kutta 法，计算时各导数用其近似值替代。四阶 Runge - Kutta 法可用下式表示

$$x_{n+1} = x_n + hK_4(x_n, t_n) \tag{5.5}$$

式中，K_4 为 T_4 的近似值：

$$K_4 = \frac{1}{6}\left[k_1 + 2k_2 + 2k_3 + k_4 \right]$$

$$k_1 = f(x_n, t_n)$$

$$k_2 = f\left(x_n + \frac{h}{2}k_1, t_n + \frac{h}{2} \right)$$

$$k_3 = f\left(x_n + \frac{h}{2}k_2, t_n + \frac{h}{2} \right)$$

$$k_4 = f(x_n + hk_3, t_n + h)$$

这里 k_i 代表函数在四个不同点处的斜率（导数）。这些斜率用 $\left[\dfrac{1}{6} \quad \dfrac{2}{6} \quad \dfrac{2}{6} \quad \dfrac{1}{6} \right]$ 加权平均后作为 T_4 的近似值。

基于 Taylor 级数的数值积分算法的优势在于，程序实现直截了当，每一步的计算仅依赖于前一步的计算结果。但是，这种算法（特别是 Runge - Kutta 法）的缺点是进行误差分析十分困难，因为在计算过程中各导数取的是近似值而非解析式。因此，这种算法在积分步长的选择上一般比较保守（一般将步长取得比较小），从而在计算效率上有损失。

5.2 多步法

另一种求解式（5.1）的方法是用一个 k 次多项式来逼近非线性函数 $x(t)$，

$$\hat{x}(t) = \alpha_0 + \alpha_1 t + \alpha_2 t^2 + \cdots + \alpha_k t^k \tag{5.6}$$

式中，系数 α_0，α_1，$\cdots$，α_k 为常数。可以证明，任何函数都能在有限区间 $[t_0, t_N]$ 上用一个足够高次的多项式进行逼近（误差小于事先给定的 ε）。引入多步法后，式（5.1）的求解就与多项式逼近联系起来了。在多步法中，x_{n+1} 依赖于前面若干节点处的 x_n，x_{n-1}，$\cdots$ 及相对应的 $f(x_n, t_n)$，$f(x_{n-1}, t_{n-1})$，$\cdots$；而单步法（比如 Runge – Kutta 法）只依赖于前一步的信息。一般地，

$$x_{n+1} = a_0 x_n + a_1 x_{n-1} + \cdots + a_p x_{n-p} + h\big[b_{-1} f(x_{n+1}, t_{n+1}) + b_0 f(x_n, t_n)$$
$$+ b_1 f(x_{n-1}, t_{n-1}) + \cdots + b_p f(x_{n-p}, t_{n-p}) \big] \tag{5.7}$$

$$= \sum_{i=0}^{p} a_i x_{n-i} + h \sum_{i=-1}^{p} b_i f(x_{n-i}, t_{n-i}) \tag{5.8}$$

为了将数值积分算法与多项式逼近联系起来，必须建立两套系数之间的关系。一个 k 次多项式由 $k+1$ 个系数（α_0，$\cdots$，α_k）唯一确定。而上述数值积分算法有 $2p+3$ 个系数，因此 p 和 k 之间必须满足如下关系：

$$2p + 3 \geqslant k + 1 \tag{5.9}$$

数值积分算法的阶数等于以 t 为变量的多项式的最高次数 k，对此多项式，数值解与精确解完全重合。这些系数可以通过选择一系列基函数 $[\phi_1(t) \quad \phi_2(t) \quad \cdots \quad \phi_k(t)]$ 来确定，基函数的表达式为

$$\phi_j(t) = t^j \quad j = 0, 1, \cdots, k$$

将这些基函数代入到多步法式（5.8）中，得到

$$\phi_j(t_{n+1}) = \sum_{i=0}^{p} a_i \phi_j(t_{n-i}) + h_{n+1}\Big[\sum_{i=-1}^{p} b_i \dot{\phi}_j(t_{n-i}) \Big]$$

式中，$j = 0, 1, \cdots, k$。

用上述方法可以推导出几个一阶数值积分算法。考虑 $p=0$ 和 $k=1$ 的情形，这种情形满足式（5.9）的限制，因此可以使用上述方法来确定多步法的系数，使得对次数为 1 的多项式，多步法公式是精确成立的。当 $k=1$ 时，基函数集合为

$$\phi_0(t) = 1 \tag{5.10}$$
$$\phi_1(t) = t \tag{5.11}$$

基函数的导数为

$$\dot{\phi}_0(t) = 0 \tag{5.12}$$
$$\dot{\phi}_1(t) = 1 \tag{5.13}$$

多步法方程为

$$x_{n+1} = a_0 x_n + b_{-1} h_{n+1} f(x_{n+1}, t_{n+1}) + b_0 h_{n+1} f(x_n, t_n) \tag{5.14}$$

将基函数代入多步法式（5.14），得到如下两个方程

$$\phi_0(t_{n+1}) = a_0 \phi_0(t_n) + b_{-1} h_{n+1} \dot{\phi}_0(t_{n+1}) + b_0 h_{n+1} \dot{\phi}_0(t_n) \tag{5.15}$$
$$\phi_1(t_{n+1}) = a_0 \phi_1(t_n) + b_{-1} h_{n+1} \dot{\phi}_1(t_{n+1}) + b_0 h_{n+1} \dot{\phi}_1(t_n) \tag{5.16}$$

将式 (5.10) 和式 (5.11) 代入式 (5.15) 和式 (5.16)，得到

$$1 = a_0(1) + b_{-1}h_{n+1}(0) + b_0h_{n+1}(0) \tag{5.17}$$

$$t_{n+1} = a_0t_n + b_{-1}h_{n+1}(1) + b_0h_{n+1}(1) \tag{5.18}$$

由式 (5.17)，可得 $a_0 = 1$。由 $t_{n+1} - t_n = h_{n+1}$ 和式 (5.18)，可得

$$b_{-1} + b_0 = 1 \tag{5.19}$$

阶数 p 和次数 k 的选择导致了具有 3 个未知数的 2 个方程，因此，其中一个未知数可以取任意值。当选择 $a_0 = 1$，$b_{-1} = 0$，$b_0 = 1$ 时，可以得到 Euler 法：

$$x_{n+1} = x_n + h_{n+1}f(x_n, t_n)$$

而当选择 $a_0 = 1$，$b_{-1} = 1$，$b_0 = 0$ 时，可以得到另一种数值积分算法：

$$x_{n+1} = x_n + h_{n+1}f(x_{n+1}, t_{n+1}) \tag{5.20}$$

这种特殊的数值积分算法通常被称为后退 Euler 法。注意，在这种算法中，系数 b_{-1} 不为零，因此 x_{n+1} 的表达式隐式地依赖于函数 $f(x_{n+1}, t_{n+1})$。对于 $b_{-1} \neq 0$ 的数值积分算法，通常被称为隐式算法，否则就称为显式算法。因为 $f(x_{n+1}, t_{n+1})$ 隐式地（且通常是非线性地）依赖于 x_{n+1}，所以隐式算法一般需要在每个时间节点上进行迭代求解。

现在考察 $p = 0$，$k = 2$ 的情形，此时 $2p + 3 = k + 1$，因此所有系数可以被唯一确定。采用与前面一样的基函数取法，且取 $\phi_2(t) = t^2$，$\dot{\phi}_2(t) = 2t$，可得如下 3 个方程：

$$1 = a_0(1) + b_{-1}h_{n+1}(0) + b_0h_{n+1}(0) \tag{5.21}$$

$$t_{n+1} = a_0t_n + b_{-1}h_{n+1}(1) + b_0h_{n+1}(1) \tag{5.22}$$

$$t_{n+1}^2 = a_0t_n^2 + h_{n+1}(b_{-1}(2t_{n+1}) + b_0(2t_n)) \tag{5.23}$$

如果 $t_n = 0$，那么有 $t_{n+1} = h_{n+1}$。由式 (5.21) ~ 式 (5.23)，可得 $a_0 = 1$，$b_{-1} = \dfrac{1}{2}$，$b_0 = \dfrac{1}{2}$，故有

$$x_{n+1} = x_n + \frac{1}{2}h_{n+1}[f(x_{n+1}, t_{n+1}) + f(x_n, t_n)] \tag{5.24}$$

这个二阶数值积分算法被称为梯形法，它也是一种隐式算法。上述公式之所以被称为梯形法，是因为式 (5.24) 的右边第二项可以被理解为一个梯形的面积。由于在计算 x_{n+1} 时使用了 t_n 和 t_{n+1} 时的信息，因此梯形法可以被看作为两步法。

例 5.1 采用不同的固定步长，基于 Euler 法、后退 Euler 法、梯形法和 Runge – Kutta 法数值求解如下微分方程。

$$\ddot{x}(t) = -x(t) \quad x(0) = 1 \tag{5.25}$$

解 5.1 这个二阶微分方程必须首先转化为常微分方程组的形式，令 $x_1 = x$，$x_2 = \dot{x}$，有

$$\dot{x}_1 = x_2 = f_1(x_1, x_2) \quad x_1(0) = 1 \tag{5.26}$$

$$\dot{x}_2 = -x_1 = f_2(x_1, x_2) \tag{5.27}$$

通过观察，可知该方程组的解析解为

$$x_1(t) = \cos t \tag{5.28}$$

$$x_2(t) = -\sin t \tag{5.29}$$

通常难以找到常微分方程的精确解，但在本例中，该精确解将被用来与数值解作比较。

（1）向前 Euler 法

使用向前 Euler 法解上述常微分方程组，可得

$$x_{1,n+1} = x_{1,n} + hf_1(x_{1,n}, x_{2,n}) \tag{5.30}$$

$$= x_{1,n} + hx_{2,n} \tag{5.31}$$

$$x_{2,n+1} = x_{2,n} + hf_2(x_{1,n}, x_{2,n}) \tag{5.32}$$

$$= x_{2,n} - hx_{1,n} \tag{5.33}$$

用矩阵形式表示

$$\begin{bmatrix} x_{1,n+1} \\ x_{2,n+1} \end{bmatrix} = \begin{bmatrix} 1 & h \\ -h & 1 \end{bmatrix} \begin{bmatrix} x_{1,n} \\ x_{2,n} \end{bmatrix} \tag{5.34}$$

（2）后退 Euler 法

使用后退 Euler 法解上述常微分方程组，可得

$$x_{1,n+1} = x_{1,n} + hf_1(x_{1,n+1}, x_{2,n+1}) \tag{5.35}$$

$$= x_{1,n} + hx_{2,n+1} \tag{5.36}$$

$$x_{2,n+1} = x_{2,n} + hf_2(x_{1,n+1}, x_{2,n+1}) \tag{5.37}$$

$$= x_{2,n} - hx_{1,n+1} \tag{5.38}$$

用矩阵形式表示

$$\begin{bmatrix} x_{1,n+1} \\ x_{2,n+1} \end{bmatrix} = \begin{bmatrix} 1 & -h \\ h & 1 \end{bmatrix}^{-1} \begin{bmatrix} x_{1,n} \\ x_{2,n} \end{bmatrix} \tag{5.39}$$

在求解式（5.39）时，矩阵的逆实际上不是显式给出的，而是采用 LU 分解的方法来求解此方程的。

（3）梯形法

使用梯形法解上述常微分方程组，可得

$$x_{1,n+1} = x_{1,n} + \frac{1}{2}h[f_1(x_{1,n}, x_{2,n}) + f_1(x_{1,n+1}, x_{2,n+1})] \tag{5.40}$$

$$= x_{1,n} + \frac{1}{2}h[x_{2,n} + x_{2,n+1}] \tag{5.41}$$

$$x_{2,n+1} = x_{2,n} + \frac{1}{2}h[f_2(x_{1,n}, x_{2,n}) + f_2(x_{1,n+1}, x_{2,n+1})] \tag{5.42}$$

$$= x_{2,n} - \frac{1}{2}h[x_{1,n} + x_{1,n+1}] \tag{5.43}$$

用矩阵形式表示

$$\begin{bmatrix} x_{1,n+1} \\ x_{2,n+1} \end{bmatrix} = \begin{bmatrix} 1 & -\frac{1}{2}h \\ \frac{1}{2}h & 1 \end{bmatrix}^{-1} \begin{bmatrix} 1 & \frac{1}{2}h \\ -\frac{1}{2}h & 1 \end{bmatrix} \begin{bmatrix} x_{1,n} \\ x_{2,n} \end{bmatrix} \tag{5.44}$$

（4）Runge – Kutta 法

使用 Runge – Kutta 法解上述常微分方程组，可得

$$k_{11} = x_{2,n} \qquad k_{21} = -x_{1,n}$$

$$k_{12} = x_{2,n} + \frac{h}{2}k_{11} \quad k_{22} = -x_{1,n} - \frac{h}{2}k_{21}$$

$$k_{13} = x_{2,n} + \frac{h}{2}k_{12} \quad k_{23} = -x_{1,n} - \frac{h}{2}k_{22}$$

$$k_{14} = x_{2,n} + hk_{13} \quad k_{24} = -x_{1,n} - hk_{23}$$

及

$$x_{1,n+1} = x_{1,n} + \frac{h}{6}(k_{11} + 2k_{12} + 2k_{13} + k_{14}) \tag{5.45}$$

$$x_{2,n+1} = x_{2,n} + \frac{h}{6}(k_{21} + 2k_{22} + 2k_{23} + k_{24}) \tag{5.46}$$

采用不同的数值积分算法求解式（5.25）的结果如图 5.1 所示，图中也给出了精确解 $\cos t$。注意，梯形法和 Runge – Kutta 法所得的结果与精确解几乎不可区分。由于向前 Euler 法和后退 Euler 法是一阶算法，其精度不如高阶的梯形法和 Runge – Kutta 法。注意，向前 Euler 法所得的结果比精确解的幅值稍大，且幅值

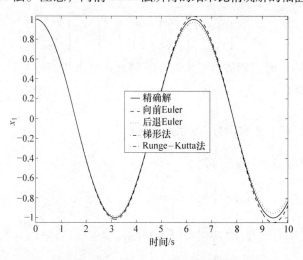

图 5.1 例 5.1 的各种数值解

随着时间的推移越来越大。相反地，后退 Euler 法所得的结果比精确解的幅值稍小，且幅值随着时间的推移越来越小。两者都是由算法的局部截断误差引起的。向前 Euler 法倾向于产生随时间增加的数值解（欠阻尼），而采用后退 Euler 法得到的数值解倾向于过阻尼。因此，在使用这些一阶数值积分算法时必须谨慎。

图 5.2 给出上述几种数值积分算法的全局误差随时间变化的曲线。注意，向前 Euler 法和后退 Euler 法其误差具有相同的幅值但符号相反，这个特性将在本章后面做进一步讨论。放大后的梯形算法和 Runge – Kutta 算法误差曲线重新画于图 5.3 中，尽管梯形法是一个二阶的多项式逼近算法，而 Runge – Kutta 法是一个四阶的 Taylor 级数展开算法，两者之间的误差仍然是可比的。5.3 节将进一步探讨各种数值积分算法误差评估表达式的推导问题。

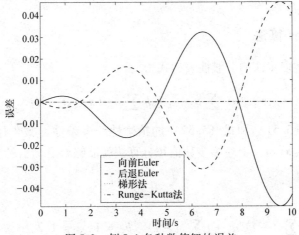

图 5.2 例 5.1 各种数值解的误差

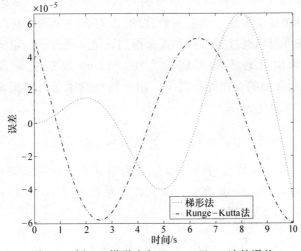

图 5.3 例 5.1 梯形法和 Runge – Kutta 法的误差

当使用诸如梯形法的隐式算法来求解非线性微分方程组时，每个时步上都必须采用迭代算法进行求解。例如，考察如下的非线性微分方程组：

$$\dot{x}(t) = f(x(t), t) \quad x_0 = x(t_0) \tag{5.47}$$

采用梯形法对上述方程进行数值积分，得到如下的离散化方程：

$$x_{n+1} = x_n + \frac{h}{2}[f(x_n, t_n) + f(x_{n+1}, t_{n+1})] \tag{5.48}$$

由于此非线性表达式中隐含了 x_{n+1}，必须用数值算法进行求解：

$$x_{n+1}^{k+1} = x_{n+1}^k - \left[I - \frac{h}{2}\frac{\partial f}{\partial x}\right]^{-1}\Bigg|_{x_{n+1}^k} \left(x_{n+1}^k - x_n - \frac{h}{2}[f(x_n) + f(x_{n+1}^k)]\right) \tag{5.49}$$

式中，k 是 Newton – Raphson 迭代指数，I 是单位矩阵，x_n 是上一步所得的收敛值。

5.2.1　Adams 算法

前面已讲过多步法的一般性表达式为

$$x_{n+1} = \sum_{i=0}^{p} a_i x_{n-i} + h \sum_{i=-1}^{p} b_i f(x_{n-i}, t_{n-i}) \tag{5.50}$$

如果满足如式（5.51）和式（5.52）的精确性约束条件，那么对于次数小于或等于 k 的多项式 $x(t)$，上述多步数值积分算法就能够给出 x_{n+1} 的精确值。

$$\sum_{i=0}^{p} a_i = 1 \tag{5.51}$$

$$\sum_{i=1}^{p} (-i)^p a_i + j \sum_{i=-1}^{p} (-i)^{j-1} b_i = 1 \quad j = 1, 2, \cdots, k \tag{5.52}$$

式（5.51）的精确性约束条件通常被称为一致性约束条件，满足式（5.51）的多步数值积分算法被认为是"具有一致性的"。对于一个期望的次数为 k 的多项式，这些约束条件可以通过很多种方式来得到满足。通过预先定义一些系数之间的关系，可以导出几种不同类别的方法。Adams 算法就是设定系数 $a_1 = a_2 = \cdots = a_p = 0$ 而导出的。在此条件下，由一致性约束条件可得系数 $a_0 = 1$。因此，Adams 算法可简化为

$$x_{n+1} = x_n + h \sum_{i=-1}^{p} b_i f(x_{n-i}, t_{n-i}) \tag{5.53}$$

式中，$p = k - 1$。Adams 算法可进一步划分为显式算法和隐式算法。显式算法，通常被称为 Adams – Bashforth 算法，首先设定系数 $b_{-1} = 0$，然后应用第 2 个精确性约束条件式（5.52）得到

$$\sum_{i=0}^{k-1} (-i)^{j-1} b_i = \frac{1}{j} \quad j = 1, \cdots, k \tag{5.54}$$

用矩阵形式表示式（5.54）可得

$$
\begin{bmatrix}
1 & 1 & 1 & \cdots & 1 \\
0 & -1 & -2 & \cdots & -(k-1) \\
0 & 1 & 4 & \cdots & (-(k-1))^2 \\
\vdots & \vdots & \vdots & \ddots & \vdots \\
0 & (-1)^{(k-1)} & (-2)^{(k-1)} & \cdots & (-(k-1))^{(k-1)}
\end{bmatrix}
\begin{bmatrix}
b_0 \\ b_1 \\ b_2 \\ \vdots \\ b_{k-1}
\end{bmatrix}
=
\begin{bmatrix}
1 \\ \dfrac{1}{2} \\ \dfrac{1}{3} \\ \vdots \\ \dfrac{1}{k}
\end{bmatrix}
$$

$$(5.55)$$

当选定要求的 k 值后（相应地就选定了阶数 p），通过式（5.55）可以求得剩下的系数 b_i。

例 5.2　推导三阶 Adams – Bashforth 数值积分公式。

解 5.2　令 $k = 3$，得到如下线性方程组：

$$
\begin{bmatrix}
1 & 1 & 1 \\
0 & -1 & -2 \\
0 & 1 & 4
\end{bmatrix}
\begin{bmatrix}
b_0 \\ b_1 \\ b_2
\end{bmatrix}
=
\begin{bmatrix}
1 \\ \dfrac{1}{2} \\ \dfrac{1}{3}
\end{bmatrix}
$$

解得

$$b_0 = \frac{23}{12}$$

$$b_1 = -\frac{16}{12}$$

$$b_2 = \frac{5}{12}$$

故三阶 Adams – Bashforth 数值积分公式为

$$x_{n+1} = x_n + \frac{1}{12}h\left[23f(x_n, t_n) - 16f(x_{n-1}, t_{n-1}) + 5f(x_{n-2}, t_{n-2})\right] \quad (5.56)$$

当使用上述算法时，x_n，x_{n-1}，x_{n-2} 必须存储在内存中。

Adams 法的隐式形式被称为 Adams – Moulton 法，其中 $b_{-1} \neq 0$，$p = (k-2)$，其一般性表达式为

$$x_{n+1} = x_n + h\sum_{i=-1}^{k-2} b_i f(x_{n-i}, t_{n-i}) \quad (5.57)$$

根据第 2 个精确性约束条件式（5.52）有

$$\sum_{i=0}^{k-2} (-i)^{j-1} b_i = \frac{1}{j} \quad j = 1, \cdots, k \quad (5.58)$$

写成矩阵形式为

$$\begin{bmatrix} 1 & 1 & 1 & 1 & \cdots & 1 \\ 1 & 0 & -1 & -2 & \cdots & -(k-1) \\ 1 & 0 & 1 & 4 & \cdots & (-(k-1))^2 \\ \vdots & \vdots & \vdots & \vdots & \ddots & \vdots \\ 1 & 0 & (-1)^{(k-2)} & (-2)^{(k-2)} & \cdots & (-(k-1))^{(k-2)} \end{bmatrix} \begin{bmatrix} b_{-1} \\ b_0 \\ b_1 \\ \vdots \\ b_{k-2} \end{bmatrix} = \begin{bmatrix} 1 \\ \dfrac{1}{2} \\ \dfrac{1}{3} \\ \vdots \\ \dfrac{1}{k} \end{bmatrix}$$

$$\tag{5.59}$$

例 5.3 推导三阶 Adams – Moulton 法。

解 5.3 令 $k=3$，得到如下方程：

$$\begin{bmatrix} 1 & 1 & 1 \\ 1 & 0 & -1 \\ 1 & 0 & 1 \end{bmatrix} \begin{bmatrix} b_{-1} \\ b_0 \\ b_1 \end{bmatrix} = \begin{bmatrix} 1 \\ \dfrac{1}{2} \\ \dfrac{1}{3} \end{bmatrix}$$

可解得

$$b_{-1} = \frac{5}{12}$$

$$b_0 = \frac{8}{12}$$

$$b_1 = -\frac{1}{12}$$

故三阶 Adams – Moulton 法可用下式表示：

$$x_{n+1} = x_n + \frac{1}{12}h\left[5f(x_{n+1}, t_{n+1}) + 8f(x_n, t_n) - f(x_{n-1}, t_{n-1})\right] \tag{5.60}$$

实现此算法时，x_n，x_{n-1} 必须存储在内存中，且当 $f(x)$ 为非线性时，式（5.60）需通过迭代求解。

  Adams – Moulton 法是隐式的，必须采用 Newton – Raphson 法或其他类似的迭代方法进行求解，式（5.49）给出了 Newton – Raphson 法迭代的格式。迭代算法需要设置合适的初始值以减少迭代次数，而显式 Adams – Bashforth 法常用来为隐式 Adams – Moulton 法提供初始值。如果采用了足够高阶的预测算法，那么 Adams – Moulton 法通常只需要一次迭代即可收敛。这个过程通常称为"预测 – 校正"法，Adams – Bashforth 法用于预测，Adams – Moulton 法用于校正。

  实施多步法的另一个问题是最开始如何启动计算过程，因为高阶算法需要多个先值。通常的解决方法是使用高阶单步法，或随着已知先值的增加，增加多步法的阶数，直到产生的先值满足所采用的多步法的要求为止。

5. 2. 2　Gear 法

多步法中的另一个著名算法是 Gear 法[14]。Gear 法特别适合于数值求解刚性系统问题。与 Adams 法中除了 a_0 外其他 a_i 系数皆为零相反，Gear 法中除了 b_{-1} 外其他 b_i 系数皆为零。显然，由于 $b_{-1} \neq 0$，所有 Gear 法都是隐式法。通过设定 $p = k - 1$，$b_0 = b_1 = \cdots = 0$，k 阶 Gear 法一般性表达式为

$$x_{n+1} = a_0 x_n + a_1 x_{n-1} + \cdots + a_{k-1} x_{n-k+1} + h b_{-1} f(x_{n+1}, t_{n+1}) \tag{5.61}$$

与推导 Adams 法的过程一样，通过应用精确约束条件，上式中的 $k+1$ 个系数可以显式表达为

$$\begin{bmatrix} 1 & 1 & 1 & \cdots & 1 & 0 \\ 0 & -1 & -2 & \cdots & -(k-1) & 1 \\ 0 & 1 & 4 & \cdots & (-(k-1))^2 & 2 \\ \vdots & \vdots & \vdots & \ddots & \vdots & \vdots \\ 0 & (-1)^k & (-2)^k & \cdots & (-(k-1))^{(k-1)} & k \end{bmatrix} \begin{bmatrix} a_0 \\ a_1 \\ a_2 \\ \vdots \\ b_{-1} \end{bmatrix} = \begin{bmatrix} 1 \\ 1 \\ 1 \\ \vdots \\ 1 \end{bmatrix} \tag{5.62}$$

式（5.62）的解唯一地确定了 k 阶 Gear 法的 $k+1$ 个系数。

例 5.4　推导三阶 Gear 法。

解 5.4　令 $k = 3$，可以得到如下方程：

$$\begin{bmatrix} 1 & 1 & 1 & 0 \\ 0 & -1 & -2 & 1 \\ 0 & 1 & 4 & 2 \\ 0 & -1 & -8 & 3 \end{bmatrix} \begin{bmatrix} a_0 \\ a_1 \\ a_2 \\ b_{-1} \end{bmatrix} = \begin{bmatrix} 1 \\ 1 \\ 1 \\ 1 \end{bmatrix}$$

解得

$$b_{-1} = \frac{6}{11}$$

$$a_0 = \frac{18}{11}$$

$$a_1 = -\frac{9}{11}$$

$$a_2 = \frac{2}{11}$$

故三阶 Gear 法可用下式表示：

$$x_{n+1} = \frac{18}{11} x_n - \frac{9}{11} x_{n-1} + \frac{2}{11} x_{n-2} + \frac{6}{11} h f(x_{n+1}, t_{n+1}) \tag{5.63}$$

实现上述算法时，x_n，x_{n-1}，x_{n-2} 必须存储在内存中，且当 $f(x)$ 为非线性函数

时，式（5.63）需迭代求解。

5.3 精度与误差分析

数值积分算法的精度受如下两个主要因素的影响：计算机舍入误差和截断误差。计算机舍入误差是由于执行计算的计算机精度有限而产生的，该误差很难减小，除非使用计算精度更高的计算机。科学计算时一般使用双精度字长。精确解和数值解之间的差别主要是由截断误差决定的，截断误差来自于 Taylor 级数展开或多项式逼近时产生的误差。

在数值积分算法中，最有效的是那些计算量最小而能产生最精确结果的算法。一般而言，越高阶的算法能产生越精确的结果，但需要的计算量也更大。因此，希望采用最大的时间步长以减少计算的频率。对时间步长大小有影响的因素有多个，其中一个因素是每一步计算中算法自身引入的误差。这个误差就是局部截断误差（LTE），它来自于 Taylor 级数展开或多项式逼近产生的误差，取决于所使用的数值积分算法。术语"局部"强调了该误差来自于每一步计算本身，而不是前面各步计算的残余全局误差。由数值积分算法单步产生的误差可表示为

$$\varepsilon_T \triangleq x(t_{n+1}) - x_{n+1} \tag{5.64}$$

式中，$x(t_{n+1})$ 为 t_{n+1} 时刻的精确解，而 x_{n+1} 为其数值近似解。上述定义中假定了 $x(t_n) = x_n$，以表示该误差是单步计算引入的。局部截断误差可以用图 5.4 进行说明。

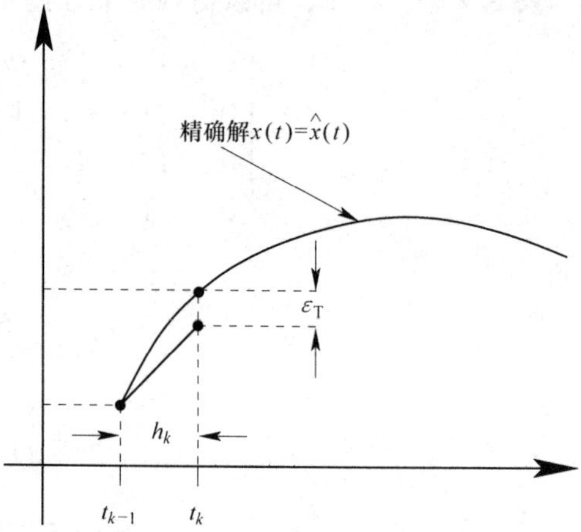

为了推导局部截断误差的表达式，将 $x(t_{n-i})$ 在 t_{n+1} 处展开：

$$x_{n-i} = x(t_{n-i}) =$$

$$\sum_{j=0}^{\infty} \frac{(t_{n-i} - t_{n+1})^j}{j!} \frac{d^{(j)}}{dt} x(t_{n+1}) \tag{5.65}$$

另有

图 5.4 局部截断误差的图形化描述

$$f(x_{n-i}, t_{n-i}) = \dot{x}(t_{n-i}) = \sum_{j=0}^{\infty} \frac{(t_{n-i} - t_{n+1})^j}{j!} \frac{d^{(j+1)}}{dt} x(t_{n+1}) \tag{5.66}$$

求解 $x(t_{n+1}) - x_{n+1}$ 可得

$$\varepsilon_T = C_0 x(t_n) + C_1 x(t_{n-1}) + C_2 x(t_{n-2}) + \cdots + C_k x(t_{n-k}) + C_{k+1} x(t_{n-k-1}) + \cdots \tag{5.67}$$

若算法的阶数为 k，则前面的 k 个系数为零，故局部截断误差可表示为

$$\varepsilon_{\mathrm{T}} = C_{k+1} h^{k+1} x^{(k+1)}(t_{n+1}) + O(h^{k+2}) \tag{5.68}$$

式中，$O(h^{k+2})$ 表示与 h^{k+2} 等阶的误差。

例 5.5 推导向前 Euler 法、后退 Euler 法和梯形法的局部截断误差表达式。

解 5.5

（1）向前 Euler 法

前面已讲述过向前 Euler 法的表达式为

$$x_{n+1} = x_n + hf(x_n, t_n)$$

由局部截断误差的定义有 $x_n = x(t_n)$，将其 Taylor 级数展开有

$$x_n = x(t_{n+1}) - h\dot{x}(t_{n+1}) + \frac{1}{2!}h^2\ddot{x}(t_{n+1}) + \cdots \tag{5.69}$$

另外，

$$f(x_n, t_n) = \dot{x}(t_n) = \dot{x}(t_{n+1}) - h\ddot{x}(t_{n+1}) + \cdots \tag{5.70}$$

故有

$$\varepsilon_{\mathrm{T}} = x(t_{n+1}) - x_{n+1} \tag{5.71}$$

$$= x(t_{n+1}) - x_n - hf(x_n, t_n) \tag{5.72}$$

$$= x(t_{n+1}) - \left[x(t_{n+1}) - h\dot{x}(t_{n+1}) + \frac{1}{2!}h^2\ddot{x}(t_{n+1}) + \cdots \right] -$$

$$h\left[\dot{x}(t_{n+1}) - h\ddot{x}(t_{n+1}) + \cdots \right] \tag{5.73}$$

$$= \frac{h^2}{2}\ddot{x}(t_{n+1}) + O(h^3) \tag{5.74}$$

（2）后退 Euler 法

后退 Euler 法的表达式如下：

$$x_{n+1} = x_n + hf(x_{n+1}, t_{n+1})$$

采用与向前 Euler 法相同的方法进行推导，但这里采用

$$f(x_{n+1}, t_{n+1}) = \dot{x}(t_{n+1}) \tag{5.75}$$

可得

$$\varepsilon_{\mathrm{T}} = x(t_{n+1}) - x_{n+1} \tag{5.76}$$

$$= x(t_{n+1}) - x_n - hf(x_{n+1}, t_{n+1}) \tag{5.77}$$

$$= x(t_{n+1}) - \left[x(t_{n+1}) - h\dot{x}(t_{n+1}) + \frac{1}{2!}h^2\ddot{x}(t_{n+1}) + \cdots \right] - h\dot{x}(t_{n+1}) \tag{5.78}$$

$$= -\frac{h^2}{2}\ddot{x}(t_{n+1}) - O(h^3) \tag{5.79}$$

注意，向前 Euler 法和后退 Euler 法的局部截断误差是相等的，但符号不同；这个特性与例 5.1 的结果（见图 5.2）是一致的，两种方法的误差相等只是符号

相反。

（3）梯形法

二阶梯形法的表达式为

$$x_{n+1} = x_n + \frac{1}{2}h[f(x_{n+1}, t_{n+1}) + f(x_n, t_n)]$$

采用与前面相同的方法进行推导，有

$$\varepsilon_T = x(t_{n+1}) - x_{n+1} \tag{5.80}$$

$$= x(t_{n+1}) - x_n - \frac{1}{2}hf(x_n, t_n) - \frac{1}{2}hf(x_{n+1}, t_{n+1}) \tag{5.81}$$

$$= x(t_{n+1}) - \left[x(t_{n+1}) - h\,\dot{x}(t_{n+1}) + \frac{h^2}{2!}\ddot{x}(t_{n+1}) - \frac{h^3}{3!}x^{(3)}(t_{n+1})\cdots \right] -$$

$$\frac{h}{2}\left[\dot{x}(t_{n+1}) - h\ddot{x}(t_{n+1}) + \frac{h^2}{2}x^{(3)}(t_{n+1}) + \cdots \right] - \frac{h}{2}\dot{x}(t_{n+1}) \tag{5.82}$$

$$= \frac{h^3}{6}x^{(3)}(t_{n+1}) - \frac{h^3}{4}x^{(3)}(t_{n+1}) + O(h^4) \tag{5.83}$$

$$= -\frac{1}{12}h^3 x^{(3)}(t_{n+1}) + O(h^4) \tag{5.84}$$

两种一阶 Euler 法的局部截断误差都是 h^2 阶的，但二阶梯形法的局部截断误差是 h^3 阶的。梯形法和后退 Euler 法都是隐式法，每一步都需要迭代求解。考察梯形法的迭代求解式（5.49）：

$$x_{n+1}^{k+1} = x_{n+1}^k - \left[I - \frac{h}{2}\frac{\partial f}{\partial x} \right]^{-1}\Bigg|_{x_{n+1}^k} \left(x_{n+1}^k - x_n - \frac{h}{2}[f(x_n) + f(x_{n+1}^k)] \right) \tag{5.85}$$

同样地，后退 Euler 法的迭代式为

$$x_{n+1}^{k+1} = x_{n+1}^k - \left[I - h\frac{\partial f}{\partial x} \right]^{-1}\Bigg|_{x_{n+1}^k} (x_{n+1}^k - x_n - hf(x_{n+1}^k)) \tag{5.86}$$

注意，这两种方法所需要的函数值估算量和计算量是相当的，但对于相同的时间步长 h，梯形法的局部截断误差要比后退 Euler 法小得多。因此，相比后退 Euler 法，梯形法是一种使用更为广泛的通用隐式数值积分算法。

对于多步法，已推导出了局部截断误差的一般性表达式[6]。对于如下的一般性多步法计算公式：

$$x_{n+1} = \sum_{i=0}^{p} a_i x_{n-i} + h\sum_{i=-1}^{p} b_i f(x_{n-i}, t_{n-i}) \tag{5.87}$$

其对于次数小于或等于 k 的多项式解是完全精确的；其局部截断误差可用下式表示：

$$\varepsilon_T = C_k x^{(k+1)}(\tau)h^{k+1} = O(h^{k+1}) \tag{5.88}$$

式中，$-ph \leqslant \tau \leqslant h$，

$$C_k \triangleq \frac{1}{(k+1)!}\left\{(p+1)^{(k+1)} - \left[\sum_{i=0}^{p-1} a_i (p-i)^{(k+1)} + (k+1)\sum_{i=-1}^{p-1} b_i (p-i)^k\right]\right\}$$

$$(5.89)$$

上述表达式提供了一个近似计算每一步局部截断误差（以 x 和 h 为变量的函数）的方法。

5.4 数值稳定性分析

从前面的讨论中可以发现，积分步长的选择直接影响算法的精度；但积分步长的选择对数值稳定性的影响还没有给出明确的结果。数值稳定性保证了算法的全局截断误差保持在边界之内；也就是说，数值稳定性保证了每一步计算产生的误差不会随着时间的增长而累积起来，即每一步的误差随着时间的增长是衰减的。这样，对于数值稳定的算法，在积分步长选择时只需要考虑局部截断误差就可以了。为了分析步长对算法数值稳定性的影响，考察如下简单的标量微分方程：

$$\dot{x} = f(x) = \lambda x(t) \quad x_0 = x(t_0) \tag{5.90}$$

通过观察，可以得到上述方程的解为

$$x(t) = x_0 e^{(\lambda t)} \tag{5.91}$$

若 $\lambda < 0$，当 $t \to \infty$，$x(t) \to 0$；相反，若 $\lambda > 0$，当 $t \to \infty$，$x(t) \to \infty$。数值稳定性保证了计算过程的全局行为与实际系统的真实行为相匹配。考察将向前 Euler 法应用于式（5.90）所示的标量系统：

$$x_{n+1} = x_n + h\lambda x_n$$
$$= (1 + h\lambda)x_n$$

故有

$$x_1 = (1 + h\lambda)x_0$$
$$x_2 = (1 + h\lambda)x_1 = (1 + h\lambda)^2 x_0$$
$$\vdots$$
$$x_n = (1 + h\lambda)^n x_0$$

若 $\lambda < 0$，应有 $t \to \infty$ 时，$x(t) \to 0$；对照上述求解过程，应满足如下条件：

$$|1 + h\lambda| < 1 \tag{5.92}$$

因此，对于 $\lambda < 0$ 的系统，要使求解过程数值稳定，$h\lambda$ 的值必须落在以（-1，0）为圆心的单位圆内，如图 5.5 所示。故 λ 的绝对值越大，积分步长 h 就越小。

同样地，考察将后退 Euler 法应用于同一个标量系统：

$$x_{n+1} = x_n + h\lambda x_{n+1}$$

$$= \frac{x_n}{(1 - h\lambda)}$$

故有

$$x_1 = \frac{x_0}{(1 - h\lambda)}$$

$$x_2 = \frac{x_1}{(1 - h\lambda)} = \frac{x_0}{(1 - h\lambda)^2}$$

$$\vdots$$

$$x_n = \frac{x_0}{(1 - h\lambda)^n}$$

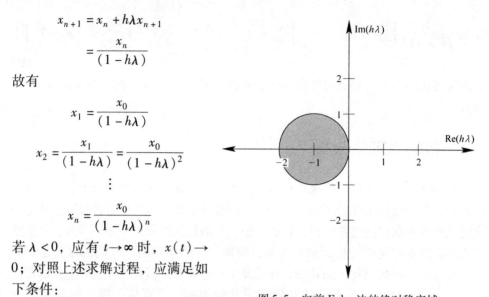

图 5.5　向前 Euler 法的绝对稳定域

若 $\lambda < 0$，应有 $t \to \infty$ 时，$x(t) \to 0$；对照上述求解过程，应满足如下条件：

$$|1 - h\lambda| > 1 \qquad (5.93)$$

因此，对于 $\lambda < 0$ 的系统，要使求解过程数值稳定，$h\lambda$ 的值必须落在以 $(1, 0)$ 为圆心的单位圆之外的区域中，如图 5.6 所示。这意味着对于所有的 $\lambda < 0$，后退 Euler 法都是数值稳定的。因此，如果实际系统是稳定的（即满足 $\lambda < 0$），那么积分步长可以取任意大，而不会影响算法的数值稳定性。这样，积分步长的选择就只依赖于局部截断误差。注意，如果 $h\lambda$ 的值很大，x_n 将快速趋向零。这个特性本身显示了后退 Euler 法具有过阻尼的倾向，这在图 5.1 中已能够看到。

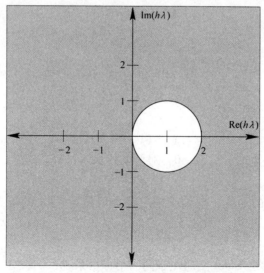

图 5.6　后退 Euler 法的绝对稳定域

将上述分析方法应用于一般形式的多步法，得到

$$x_{n+1} = \sum_{i=0}^{p} a_i x_{n-i} + h\lambda \sum_{i=-1}^{p} b_i x_{n-i} \tag{5.94}$$

重新排列多步法的各项，得到

$$x_{n+1} = \frac{(a_0 + h\lambda b_0)}{(1 - h\lambda b_{-1})} x_n + \frac{(a_1 + h\lambda b_1)}{(1 - h\lambda b_{-1})} x_{n-1} + \cdots + \frac{(a_p + h\lambda b_p)}{(1 - h\lambda b_{-1})} x_{n-p} \tag{5.95}$$

$$= \gamma_0 x_n + \gamma_1 x_{n-1} + \cdots + \gamma_p x_{n-p} \tag{5.96}$$

上述关系确定的特征方程为

$$P(z, h\lambda) = z^{p+1} + \gamma_0 z^p + \cdots + \gamma_p = 0 \tag{5.97}$$

式中，z^1，z^2，$\cdots$，z^{p+1} 为式（5.97）的（复）根，故有

$$x_{n+1} = \sum_{i=1}^{p+1} C_i z_i^{n+1} \tag{5.98}$$

若 $\lambda < 0$，要使得 $n \to \infty$，$x_{n+1} \to 0$，必须对所有的 $j = 1, 2, \cdots, p+1$ 有 $|z_j| < 1$。因此，只有当给定的 $h\lambda$ 能使特征方程 $P(z, h\lambda) = 0$ 的根均满足 $|z_i| < 1$（$i = 1, \cdots, k$）时，多步法才是绝对稳定的。绝对稳定性意味着全局误差将随着 n 的增大而减小。在 $h\lambda$ 复平面上，能使特征方程 $P(z, h\lambda) = 0$ 的根均满足 $|z_i| < 1$（$i = 1, \cdots, k$）的区域被定义为绝对稳定域。令

$$P(z, h\lambda) = P_a(z) - h\lambda P_b(z) = 0$$

式中，

$$P_a(z) \triangleq z^{p+1} - a_0 z^p - a_1 z^{p-1} - \cdots - a_p$$

$$P_b(z) \triangleq b_{-1} z^{p+1} + b_0 z^p + b_1 z^{p-1} + \cdots + b_p$$

这样

$$h\lambda = \frac{P_a(z)}{P_b(z)} \tag{5.99}$$

由于 z 为复数，它也可以被表示为以下形式

$$z = e^{(j\theta)}$$

该区域的边界可以通过在复平面上画出 $h\lambda$ 的轨迹得到（令 θ 在 $[0, 2\pi]$ 范围内改变），其中

$$h\lambda(\theta) = \frac{e^{j(p+1)\theta} - a_0 e^{jp\theta} - a_1 e^{j(p-1)\theta} - \cdots - a_{p-1} e^{j\theta} - a_p}{b_{-1} e^{j(p+1)\theta} + b_0 e^{jp\theta} + b_1 e^{j(p-1)\theta} + \cdots + b_{p-1} e^{j\theta} + b_p} \tag{5.100}$$

例 5.6 画出三阶 Gear 法和三阶 Adams 法（包括隐式法和显式法）的绝对稳定域。

解 5.6

（1）Gear 法

令 $p = k - 1$ 和 b_0，b_1，$\cdots = 0$，在 $h\lambda$ 复平面上根据式（5.100）画出 $h\lambda$ 的

轨迹（令 θ 在 $[0, 2\pi]$ 范围内改变），可以得到 Gear 法的绝对稳定域

$$h\lambda(\theta) = \frac{e^{jk\theta} - a_0 e^{j(k-1)\theta} - \cdots - a_{k-1}}{b_{-1}e^{jk\theta}} \tag{5.101}$$

代入三阶 Gear 法的各系数的值，得到

$$h\lambda(\theta) = \frac{e^{j3\theta} - \frac{18}{11}e^{j(k-1)\theta} + \frac{9}{11}e^{j\theta} - \frac{2}{11}}{\frac{6}{11}e^{j3\theta}} \tag{5.102}$$

令 θ 在 $[0, 2\pi]$ 范围内改变，可以画出三阶 Gear 法的绝对稳定域，如图 5.7 中阴影区域所示。

（2）Adams – Moulton 法（隐式法）

令 $p = k-1$ 和 a_1, a_2, $\cdots =$ 0，在 $h\lambda$ 复平面上根据式 (5.100) 画出 $h\lambda$ 的轨迹（令 θ 在 $[0, 2\pi]$ 范围内改变），可以得到 Adams – Moulton 法的绝对稳定域：

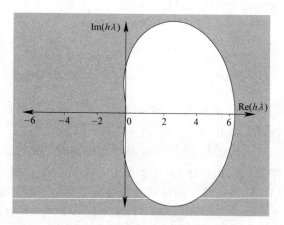

图 5.7 三阶 Gear 法的绝对稳定域

$$h\lambda(\theta) = \frac{e^{jk\theta} - a_0 e^{j(k-1)\theta}}{b_{-1}e^{jk\theta} + b_0 e^{j(k-1)\theta} + b_1 e^{j(k-2)\theta} + \cdots + b_{k-2}e^{j\theta}} \tag{5.103}$$

代入三阶 Adams – Moulton 法各系数的值，得到

$$h\lambda(\theta) = \frac{e^{j3\theta} - e^{j2\theta}}{\frac{5}{12}e^{j3\theta} + \frac{8}{12}e^{j2\theta} - \frac{1}{12}e^{j\theta}} \tag{5.104}$$

三阶 Adams – Moulton 法的绝对稳定域如图 5.8 的阴影部分所示。

（3）Adams – Bashforth 法（显式法）

令 $p = k-1$，$b_{-1} = 0$ 和 a_1, a_2, $\cdots = 0$，在 $h\lambda$ 复平面上根据式 (5.100) 画出 $h\lambda$ 的轨迹（令 θ 在 $[0, 2\pi]$ 范围内改变），可以得到 Adams – Bashforth 法的绝对稳定域：

$$h\lambda(\theta) = \frac{e^{jk\theta} - a_0 e^{j(k-1)\theta}}{b_0 e^{j(k-1)\theta} + b_1 e^{j(k-2)\theta} + \cdots + b_{k-1}} \tag{5.105}$$

代入三阶 Adams – Bashforth 法各系数的值，得到

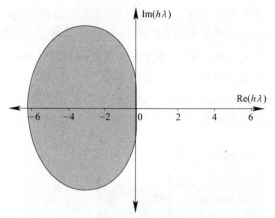

图 5.8 三阶 Adams – Moulton 法的绝对稳定域

$$h\lambda(\theta) = \frac{e^{j3\theta} - e^{j2\theta}}{\frac{23}{12}e^{j2\theta} - \frac{16}{12}e^{j\theta} + \frac{5}{12}} \tag{5.106}$$

三阶 Adams – Bashforth 法的绝对稳定域如图 5.9 的阴影部分所示。

这个例子说明了隐式法和显式法的一个主要区别。在阶数相同的情况下，两种隐式法（Gear 法和 Adams – Moulton 法）的绝对稳定域都比显式法（Adams – Bashforth 法）大得多。Gear 法的绝对稳定域几乎包含了 $h\lambda$ 复平面的左半平面；因此，对于任意一个稳定的动态系统，其积分步长可以取得任意大而不需要考虑步长对数值稳定性的影响。

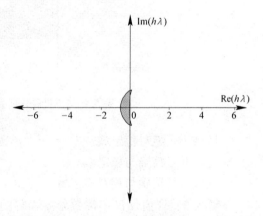

图 5.9 三阶 Adams – Bashforth 法的绝对稳定域

Adams – Moulton 法的绝对稳定域也比 Adams – Bashforth 法大得多。一般地，显式法的稳定域比同阶的隐式法的绝对稳定域小得多。因此，隐式法常被应用于商业化的微分方程求解算法包中，而且积分步长完全根据局部截断误差准则来选择。随着算法阶数的增加，绝对稳定域将缩小，但精度将提高。因此数值积分算法需要折中考虑精度、稳定性和数值计算效率三者的关系。

5.5 刚性系统

Gear 法最初是用来求解刚性常微分方程组的。所谓刚性系统指的是同时具有"非常快"与"非常慢"时间动态的宽时间范围动态系统。线性刚性系统的特征值大小常常会跨越好几个数量级。对于非线性系统，若与待研究工作点相对应的 Jacobi 矩阵具有大范围分散的特征值，那么该非线性系统就是刚性系统。为了高效并精确地求解刚性微分方程，期望所采用的多步算法是"刚性稳定"的。合适的数值积分算法应能允许步长在一个较宽的范围内变化而仍然保持数值稳定。一个刚性稳定算法具有如图 5.10 所示的三个稳定域：

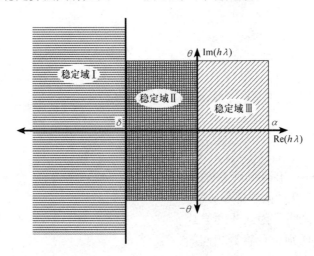

图 5.10　刚性稳定所要求的稳定域

1. 区域Ⅰ是绝对稳定域
2. 区域Ⅱ是精确与稳定域
3. 区域Ⅲ是精确与相对稳定域

大模值负特征值仅仅在常微分方程解的初始阶段会对解有显著的影响，然而，在整个求解过程中，必须考虑它的作用。大模值负特征值（$\lambda < 0$）将会在 $1/|\lambda|$ 时间内按 $1/e$ 的速率迅速衰减。如果 $h\lambda = \gamma + j\beta$，那么每一步中幅值的变化均为 e^{γ}。如果 $\gamma \leqslant \delta \leqslant 0$，这里 δ 为区域Ⅰ与区域Ⅱ的分隔线所对应的实部值，那么在每一步中该分量都会至少减少 e^{δ}。在有限步之后，快变分量的影响可以忽略不计，且它们的数值精度也不再重要。因此要求数值积分算法在区域Ⅰ中保证绝对稳定。

在原点附近，数值精度变得更加重要，同时也需要保证算法相对或绝对稳定。所谓的相对稳定域，指的是这样一个域，满足式（5.97）的特征多项式的外部特征值小于主特征值的所有 $h\lambda$ 的值。所谓主特征值指的是能够最准确地确定系统响应的特征值。如果算法在区域Ⅲ中是相对稳定的，那么在这一区域中系统的响应将由主特征值主导。如果 $\gamma > \alpha > 0$，系统响应中有一个分量每一步将至少

会增加 e^α。必须选择足够小的步长来限制这一增量，从而能够追踪数值的变化。

如果 $\|\beta\| > \theta$，每一步中至少存在 $\theta/2\pi$ 个完整的振荡周期。除了响应迅速衰减的区域 I 与没有用到 $\gamma > \alpha$ 条件的区域，其余区域中必须捕捉到振荡响应。实际上，为了精确地捕捉到振荡的幅值与频率，惯用的做法是每个振荡周期具有 8 个或更多时间节点；因此，在区域 II 中，θ 的边界选取为 $\pi/4$。

检查 Adams – Bashforth 类算法表明，它们不满足刚性稳定的准则，因此并不适合用于求解刚性系统。只有一阶和二阶 Adams – Moulton 算法（分别为后退 Euler 法和梯形法）满足刚性稳定的准则。另一方面，Gear 法是专门开发出来用于求解刚性系统的[14]。直到六阶的 Gear 法都满足刚性条件且具有如下的 δ 值[6]：

阶	δ
1	0
2	0
3	0.1
4	0.7
5	2.4
6	6.1

例 5.7 采用三阶 Adams – Bashforth、Adams – Moulton 与 Gear 法求解如下系统，并进行比较。

$$\dot{x}_1 = 48x_1 + 98x_2 \quad x_1(0) = 1 \tag{5.107}$$

$$\dot{x}_2 = -49x_1 - 99x_2 \quad x_2(0) = 0 \tag{5.108}$$

解 5.7 例 5.7 的精确解为

$$x_1(t) = 2e^{-t} - e^{-50t} \tag{5.109}$$

$$x_2(t) = -e^{-t} + e^{-50t} \tag{5.110}$$

该精确解如图 5.11 所示。两个状态量都包含了快变分量与慢变分量，其中快变分量主导了初始响应，而慢变分量主导了长期的动态响应。由于 Gear 法、Adams – Bashforth 法与 Adams – Moulton 法是多步法，因此采用绝对稳定的梯形法来进行初始化，前两步或前三步采用梯形法和较小的步长。

步长为 0.0111s 的 Adams – Bashforth 法结果如图 5.12 所示。注意，即使步长小到 0.0111s，该算法的固有误差也最终导致系统的响应呈现出数值不稳定性。可以通过减小步长来增加系统的数值稳定性，但在积分区间 ($t \in [0, 2]$) 内就需要更多的计算步数，从而使计算效率低下。

采用步长为 0.15s 的 Adams – Moulton 法求解此刚性系统，结果如图 5.13 所示。尽管与 Adams – Bashforth 法相比，Adams – Moulton 法可以使用大得多的积分步长，但 Adams – Moulton 法并不具有数值的绝对稳定性。当积分步长 $h = 0.15s$

时，Adams – Moulton 法已呈现出数值不稳定性。注意，采用 Adams – Moulton 法所得出的结果是在精确解附近随时间增幅振荡的。

采用步长为 0.15s 的 Gear 法求解此刚性系统，结果如图 5.14 所示，注意，所采用的步长与图 5.13 所示的 Adams – Moulton 法相同。Gear 法是数值稳定的，其全局误差随着时间的增长而减小。

比较三种积分算法的结果，说明采用专门开发的积分算法来处理刚性系统是必要的。尽管三阶 Adams – Bashforth 法与 Adams – Moulton 法具有绝对稳定的区域，但这些区域不足以确保对刚性系统进行精确的求解。

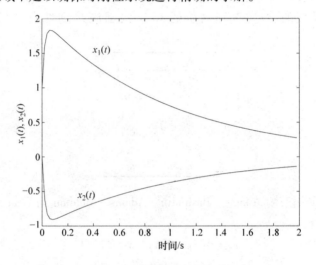

图 5.11　刚性系统的响应

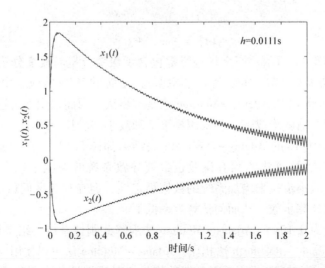

图 5.12　步长为 0.0111s 时 Adams – Bashforth 法求解刚性系统的结果

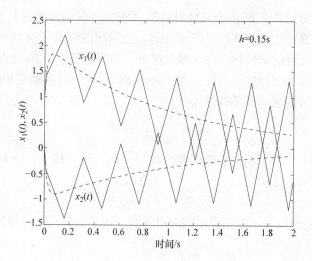

图 5.13 步长为 0.15s 时 Adams – Moulton 法求解刚性系统的结果

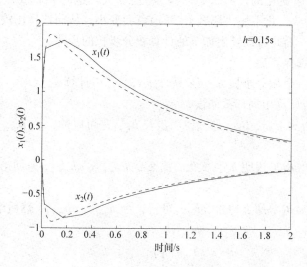

图 5.14 步长为 0.15s 时 Gear 法求解刚性系统的结果

5.6 步长选择

为了提高计算效率，在满足预设精度的条件下，希望选择尽可能大的积分步长。如果所选的数值积分算法是数值稳定的，那么通过时刻关注该算法的局部截断误差就能保证精度水平。当函数 $x(t)$ 快速变化时，步长就应该选得足够小，以能捕捉到函数的主导性动态特征。相反地，当函数 $x(t)$ 在一个有限时间段内变化不大（接近线性）时，步长就可以选得较大，且仍然能保持精度水平。对数值积分算法真正构成挑战的是，$x(t)$ 的动态响应既包含了快速变化的时间段，也包含了慢速变化的时间段。在这种情况下，期望在整个仿真时间段内积分步长可以伸缩，实现上述目标的途径是基于局部截断误差边界来确定积分步长。

考察梯形法的绝对局部截断误差：

$$\varepsilon_{\mathrm{T}} = \frac{1}{12}h^3 x^{(3)}(\tau) \tag{5.111}$$

该局部截断误差依赖于积分步长 h 和函数 $x(t)$ 的三阶导数 $x^{(3)}(\tau)$。如果选择局部截断误差在如下范围内：

$$B_{\mathrm{L}} \leqslant \varepsilon \leqslant B_{\mathrm{U}} \tag{5.112}$$

式中，B_{L} 和 B_{U} 分别表示预先设定的上边界和下边界。那么积分步长的范围就是

$$h \leqslant \sqrt[3]{\frac{12B_{\mathrm{U}}}{x^{(3)}(\tau)}} \tag{5.113}$$

如果 $x(t)$ 是快速变化的，那么 $x^{(3)}(\tau)$ 将会变大，这时 h 就要选小以满足 $\varepsilon \leqslant B_{\mathrm{U}}$；而如果 $x(t)$ 变化不快，那么 $x^{(3)}(\tau)$ 就会变小，从而选择比较大的步长 h 也能满足 $\varepsilon \leqslant B_{\mathrm{U}}$。因此可以导出如下的计算积分步长的步骤。

积分步长选择算法：

先尝试用一个积分步长 h_{n+1} 来从 x_n，x_{n-1}，$\cdots$ 计算 x_{n+1}。

1. 用 x_{n+1} 计算出局部截断误差 ε_{T}。

2. 假如 $B_{\mathrm{L}} \leqslant \varepsilon_{\mathrm{T}} \leqslant B_{\mathrm{U}}$，那么说明步长 h_{n+1} 是可以的，令 $h_{\mathrm{next}} = h_{n+1}$，然后继续。

3. 假如 $\varepsilon > B_{\mathrm{U}}$，说明 h_{n+1} 太大，那么令 $h_{n+1} = \alpha h_{n+1}$，返回第 1 步，重复以上操作。

4. 假如 $\varepsilon \leqslant B_{\mathrm{U}}$，那么通过，$h_{n+1}$ 可行，令 $h_{\mathrm{next}} = \alpha h_{n+1}$，然后继续。

其中

$$\alpha = \left[\frac{B_{\mathrm{avg}}}{\varepsilon}\right]^{\frac{1}{k+1}} \tag{5.114}$$

式中，$B_{\mathrm{L}} \leqslant B_{\mathrm{avg}} \leqslant B_{\mathrm{U}}$，$k$ 是算法的阶数。

一些微分方程求解的商业软件包对积分步长的选择与上述方法稍有不同。在这些软件包中，如果局部截断误差小于下边界 B_{L}，则尝试的积分步长也失败，并重新尝试一个更大的积分步长。同样地，这里也存在一个折中问题，一方面采用较大的时间步长重新计算 x_{n+1} 需要花费计算量，但计算步长大了；而另一方面直接采用已经得到的结果，没有新增计算量，但计算步长小。

实现上述确定计算步长算法的难度在于需要计算 $x(t)$ 的高阶导数。因为 $x(t)$ 的解析式是不知道的，其高阶导数必须通过数值计算来求得。一种常用的方

法是用差分方法来近似求导计算。$x(\tau)$ 的第 $(k+1)$ 阶导数可以近似为

$$x^{(k+1)}(\tau) \approx (k+1)! \ \nabla_{k+1} x_{n+1} \tag{5.115}$$

式中，$\nabla_{k+1} x_{n+1}$ 的计算是递归的：

$$\nabla_1 x_{n+1} = \frac{x_{n+1} - x_n}{t_{n+1} - t_n} \tag{5.116}$$

$$\nabla_1 x_n = \frac{x_n - x_{n-1}}{t_n - t_{n-1}} \tag{5.117}$$

$$\vdots \tag{5.118}$$

$$\nabla_2 x_{n+1} = \frac{\nabla_1 x_{n+1} - \nabla_1 x_n}{t_{n+1} - t_{n-1}} \tag{5.119}$$

$$\nabla_2 x_n = \frac{\nabla_1 x_n - \nabla_1 x_{n-1}}{t_n - t_{n-2}} \tag{5.120}$$

$$\vdots \tag{5.121}$$

$$\nabla_{k+1} x_{n+1} = \frac{\nabla_k x_{n+1} - \nabla_k x_n}{t_{n+1} - t_{n-k}} \tag{5.122}$$

例 5.8 推导梯形法的积分步长选择公式，假定局部截断误差的上边界为 10^{-3}。

解 5.8 梯形法的局部截断误差表达式为

$$h \leqslant \sqrt[3]{\frac{12 B_U}{x^{(3)}(\tau)}} \tag{5.123}$$

第一步我们先求出三阶导数的表达式：

$$x^{(3)}(\tau) \approx 3! \ \nabla_3 x_{n+1} \tag{5.124}$$

$$\nabla_3 x_{n+1} = \frac{\nabla_2 x_{n+1} - \nabla_2 x_n}{t_{n+1} - t_{n-2}} \tag{5.125}$$

$$= \frac{\nabla_2 x_{n+1} - \nabla_2 x_n}{h_{n+1} + h_n + h_{n-1}} \tag{5.126}$$

$$= \frac{1}{h_{n+1} + h_n + h_{n-1}} \left\{ \frac{1}{h_{n+1} + h_n} \left[\frac{x_{n+1} - x_n}{h_{n+1}} - \frac{x_n - x_{n-1}}{h_n} \right] - \frac{1}{h_n + h_{n-1}} \left[\frac{x_n - x_{n-1}}{h_n} - \frac{x_{n-1} - x_{n-2}}{h_{n-1}} \right] \right\} \tag{5.127}$$

将 B_U 和三阶导数的近似式代入式（5.123）中，得到 h 的取值范围为

$$h_{n+1} \leqslant \frac{1}{10} \sqrt[3]{\frac{2}{\nabla_3 x_{n+1}}} \tag{5.128}$$

式中，$\nabla_3 x_{n+1}$ 在式（5.127）中给出。

5.7 微分代数方程

许多类型的系统可以一般性地描述成如下形式：

$$F(t, y(t), y'(t)) = 0 \tag{5.129}$$

式中，F 和 $y \in R^m$。在某些情况下，式（5.129）可以重新写为如下形式：

$$F(t, x(t), x'(t), y(t)) = 0 \tag{5.130}$$

$$g(t, x(t), y(t)) = 0 \tag{5.131}$$

这种形式的方程一般地被称为微分代数方程组（DAE）[5]。此种形式的 DAE 也可认为是一组微分方程，即受代数流形［式（5.131）］约束的微分方程组［式（5.130）］。通常，代数方程组式（5.131）是可逆的，即 $y(t)$ 可以用 $y(t) = g^{-1}(t, x(t))$ 来表达，从而式（5.130）可重新写成常微分方程的形式：

$$F(t, x(t), x'(t), g^{-1}(t, x(t))) = f(t, x(t), x'(t)) = 0 \tag{5.132}$$

尽管常微分方程组（ODE）在概念上是比较容易求解的，但存在多个难以抗拒的原因，要求保留系统方程为原来的 DAE 形式。因为很多 DAE 模型是从物理问题导出的，在这些模型中，每个变量都有其各自的特性和物理意义；将 DAE 转化成 ODE 会导致方程解的物理信息丢失。此外，求解 ODE 形式的方程可能计算量更大，因为在转化成 ODE 时会失去系统固有的稀疏性。而直接求解原始的 DAE 将得到更多系统行为的信息。

DAE 的一种特殊形式是半显式 DAE，其形式如下：

$$\dot{x} = f(x, y, t) \quad x \in R^n \tag{5.133}$$

$$0 = g(x, y, t) \quad y \in R^m \tag{5.134}$$

式中，y 和 g 有同样的维度。能写成半显式形式的 DAE 通常被称为是指标 1 的微分代数方程组[5]。求解半显式 DAE 的最早的成果发表于参考文献［15］，并在参考文献［16］中得到了改进，其做法是将 $\dot{x}(t)$ 用 k 阶后退差分方程（BDF）来近似替代：

$$\dot{x}(t) \approx \frac{\rho_n x_n}{h_n} = \frac{1}{h_n} \sum_{i=0}^{k} \alpha_i x_{n-i} \tag{5.135}$$

然后求解如下新的方程组以得到近似的 x_n、y_n：

$$\rho_n x_n = h_n f(x_n, y_n, t_n) \tag{5.136}$$

$$0 = g(x_n, y_n, t_n) \tag{5.137}$$

将不同的数值积分算法应用于求解微分代数方程，已进行过很多研究。参考文献［44］提出了变步长但固定公式代码的求解方法。特别地，采用经典的四阶 Runge - Kutta 法来求解 x，而用三阶 BDF 法来求解 y。

然而一般情况下，很多 DAE 可以用任何多步数值积分算法进行求解[21]，但要求这些多步数值积分算法在求解 ODE 时是收敛的。将多步数值积分算法应用于求解 DAE 是直截了当的。通用的多步法公式如式（5.8）所示，将其应用于式（5.133）和式（5.134）得到

$$x_{n+1} = \sum_{i=0}^{p} a_i x_{n-i} + h \sum_{i=-1}^{p} b_i f(x_{n-i}, y_{n-i}, t_{n-i}) \qquad (5.138)$$

$$0 = g(x_{n+1}, y_{n+1}, t_{n+1}) \qquad (5.139)$$

多步法应用于求解半显式的指标 1DAE 时是稳定和收敛的，其精度与求解同阶非刚性 ODE 相当[5]。

对于式（5.138）和式（5.139）的求解，有两种基本方法。一种是迭代法，首先求解式（5.139）得到 y_{n+1}，然后将其代入到式（5.138）求出 x_{n+1}。这个过程在 t_{n+1} 处不断重复，直到 x_{n+1} 和 y_{n+1} 的值收敛，然后再在下一个时间点处进行求解。

另一种方法是同时求解法，即采用诸如 Newton – Raphson 法等非线性求解器，同时对上述两个方程组进行求解以得到 x_{n+1} 和 y_{n+1}。在这种情况下，上述方程组被改写为

$$0 = F(x_{n+1}, y_{n+1}, t_{n+1})$$

$$= x_{n+1} - \sum_{i=0}^{p} a_i x_{n-i} - h \sum_{i=-1}^{p} b_i f(x_{n-1}, y_{n-i}, t_{n-i}) \qquad (5.140)$$

$$0 = g(x_{n+1}, y_{n+1}, t_{n+1}) \qquad (5.141)$$

Newton – Raphson 法的 Jacobi 矩阵变为

$$J_{xy} = \begin{bmatrix} I_n - hb_1 \dfrac{\partial f}{\partial x} & -hb_1 \dfrac{\partial f}{\partial y} \\[2mm] \dfrac{\partial g}{\partial x} & \dfrac{\partial g}{\partial y} \end{bmatrix} \qquad (5.142)$$

通过求解这个完整的 $n+m$ 阶方程，就能同时得到 x_{n+1} 和 y_{n+1}。

与 ODE 对于任何初始值都有唯一解不同，DAE 不一定有唯一解。DAE 的可解性指的是，对于充分不同的输入和相容的初始条件存在一个唯一的解。就 DAE 来说，对于非状态变量（代数变量）只存在一组初始条件。与系统输入相容的初始条件被称为容许初始条件，容许初始条件满足如下方程：

$$y_0 = g^{-1}(x_0, t_0) \qquad (5.143)$$

5.8   在电力系统中的应用

电力系统一般认为是大规模的，为了描述故障期间和故障后互联电力系统的行为，通常涉及成百上千个方程。随着电力系统运行的日益复杂，对电压状态和

系统稳定性进行分析就变得十分必要了。一个为 200 万到 300 万城市和农村人口供电的中等规模的电力公司，所运行的电网一般包含成百的母线和数千条输电线路，这还不包括配电系统在内[12]。在某些假设条件下，例如忽略输电线路的暂态过程，互联电力系统通常可以用微分代数方程来描述，且微分方程个数超过 1000，代数约束方程个数超过 10000。求解此类大规模系统的一种传统方法是，将全系统模型用降阶的状态空间模型来代替。

5.8.1 暂态稳定性分析

同步电机的"经典模型"经常被用来研究电力系统在如下时间段的暂态稳定性，该时间段内，系统的动态主要取决于存储在旋转质量块中的动能。该时间段的长度通常在 1~2s。经典模型是在多个简化假设下导出的[1]：

1. 机械功率输入 P_m，是恒定的。
2. 阻尼可忽略。
3. 同步电机的暂态电抗后恒定电势模型是有效的。
4. 同步电机的转子角与暂态电抗后恒定电势的相位角重合。
5. 负荷用恒定阻抗表示。

运动方程为

$$\dot{\omega}_i = \frac{1}{M_i}\Big(P_{mi} - E_i^2 G_{ii} - E_i \sum_{j \neq i}^n E_j(B_{ij}\sin\delta_{ij} + G_{ij}\cos\delta_{ij})\Big) \qquad (5.144)$$

$$\dot{\delta}_i = \omega_i - \omega_s \quad i = 1,\cdots,n \qquad (5.145)$$

式中，n 是电机台数，ω_s 是同步角频率，$\delta_{ij} = \delta_i - \delta_j$，$M_i = \dfrac{2H_i}{\omega_s}$，而 H_i 是惯性参数（s）。B_{ij} 和 G_{ij} 是归算到电机内部节点的导纳矩阵 Y 的元素。负荷用恒定阻抗模拟并已归算到导纳矩阵中。经典模型适合于在输电系统故障后的第一摆和第二摆（发电机功角）期间对系统频率响应进行分析。开展暂态稳定性分析的过程如下。

暂态稳定性分析

1. 进行潮流计算以获取系统的电压和相角以及有功功率和无功功率。

2. 对系统中的每一台发电机 i（1，$\cdots$，n），计算内部电势和初始转子角 $E\angle\delta_0$：

$$I_{gen}^* = \frac{(P_{gen} + jQ_{gen})}{V_T \angle \theta_T} \qquad (5.146)$$

$$E\angle\delta_0 = jx_d' I_{gen} + V_T \angle \theta_T \qquad (5.147)$$

式中，$P_{gen} + jQ_{gen}$ 是通过潮流计算获得的有功和无功功率，$V_T \angle \theta_T$ 是发电机的端口电压。

3. 对系统中的每个负荷 $1, \cdots, m$，将有功功率和无功功率转换成导纳：

$$Y_L = G_L + jB_L = \frac{I_L}{V_L \angle \theta_L} \qquad (5.148)$$

$$= \frac{S_L^*}{V_L^2} \qquad (5.149)$$

$$= \frac{P_L - jQ_L}{V_L^2} \qquad (5.150)$$

并将并联导纳 Y_L 加到导纳矩阵相应的对角线上。

4. 对系统中的每台发电机，如图 5.15 所示的那样，增加一条内部母线来增广系统的导纳矩阵，内部母线与发电机端口之间用暂态电抗 x_d' 来连接。

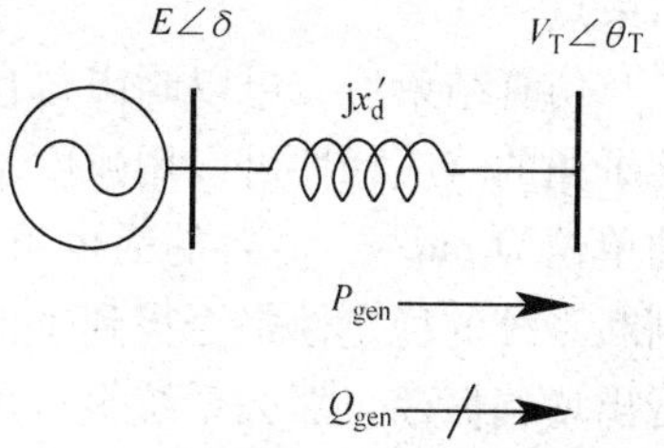

然后令

$$Y_{nn} = \begin{bmatrix} jx_{d_1}' & 0 & 0 & \cdots & 0 \\ 0 & jx_{d_2}' & 0 & \cdots & 0 \\ 0 & 0 & jx_{d_3}' & \cdots & 0 \\ \vdots & \vdots & \vdots & \ddots & \vdots \\ 0 & 0 & 0 & \cdots & jx_{d_n}' \end{bmatrix}$$

图 5.15 暂态电抗后恒定电势模型

以及

$$Y_{nm} = [[-Y_{nn}][0_{n \times m}]]$$
$$Y_{mn} = Y_{nm}^T$$

式中，$[0_{n \times m}]$ 是一个 $n \times m$ 阶的零矩阵。

之后再令

$$Y_{mm} = \left[Y_{\text{original}} + \begin{bmatrix} Y_{nn} & 0_{n \times (m-n)} \\ 0_{(m-n) \times n} & 0_{(m-n) \times (m-n)} \end{bmatrix} \right]$$

这个矩阵的结构是建立在如下假设条件上的：发电机母线按照 $1, \cdots, n$ 编号，而余下的负荷母线按照 $n+1, \cdots, m$ 编号。

5. 只保留发电机内部母线的"降阶导纳矩阵" Y_{red} 由下式给出：

$$Y_{\text{red}} = [Y_{nn} - Y_{nm} Y_{mm}^{-1} Y_{mn}] \qquad (5.151)$$

$$= G_{\text{red}} + jB_{\text{red}} \qquad (5.152)$$

该导纳矩阵是一个 $n \times n$ 阶矩阵，其中 n 是发电机台数，而原始的导纳矩阵是 $m \times m$ 阶的。

6. 重复步骤 4 和 5，以计算故障期间的降阶导纳矩阵以及故障后的降阶导纳矩阵（如果故障前后该矩阵是不同的）。

7. 在 $0 < t \leqslant t_{\mathrm{apply}}$ 时间段，采用所选择的数值积分方法基于故障前的降阶导纳矩阵求解暂态稳定性方程式（5.144）和式（5.145），这里 t_{apply} 是故障发生的时刻，在很多应用中 t_{apply} 是取 0。

8. 在 $t_{\mathrm{apply}} < t \leqslant t_{\mathrm{clear}}$ 时间段，采用所选择的数值积分方法基于故障中的降阶导纳矩阵求解暂态稳定性方程式（5.144）和式（5.145），这里 t_{clear} 是故障被清除的时刻。

9. 在 $t_{\mathrm{clear}} < t \leqslant t_{\mathrm{max}}$ 时间段，采用所选择的数值积分方法基于故障后的降阶导纳矩阵求解暂态稳定性方程式（5.144）和式（5.145），这里 t_{max} 是仿真时段的结束点。

仿真结束后，可以画出每台发电机的状态量 (δ_i, ω_i) 随时间变化的曲线。转子角的响应特性可以用弧度给出，需要的话也可以换算成电角度。转子角频率的单位为 rad/s，需要的话也可能换算成 Hz（周/s）。对这些波形进行分析就能判断系统的稳定性是否得到了保持。如果系统响应相互之间是逐渐分离的或者呈现出增幅振荡，那么系统很有可能是不稳定的。

例 5.9 对如图 5.16 所示的三机九母线系统，0.1s 时在母线 8 上发生金属性三相短路故障，该故障通过跳开线路 8－9 来清除。如果故障发生后经过 0.12s 清除，判断该系统能否保持稳定。

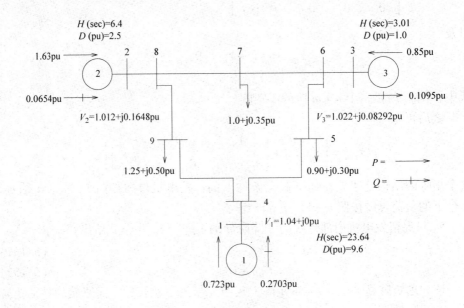

图 5.16 例 5.9 的三机九母线系统

解 5.9 根据前述的暂态稳定性分析步骤，第一步是对该系统进行潮流计算。线路和母线数据如图 5.16 所示。潮流计算结果如下：

i	V	θ	P_{gen}	Q_{gen}
1	1.0400	0	0.7164	0.2685
2	1.0253	9.2715	1.6300	0.0669
3	1.0254	4.6587	0.8500	− 0.1080
4	1.0259	− 2.2165		
5	1.0128	− 3.6873		
6	1.0327	1.9625		
7	1.0162	0.7242		
8	1.0261	3.7147		
9	0.9958	− 3.9885		

其中母线电压相角的单位是（°），其他数据的单位都是 pu。该系统的导纳矩阵如图 5.17 所示。

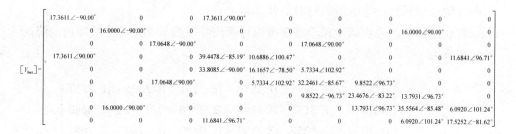

图 5.17 例 5.9 的导纳矩阵

该系统的发电机数据为

i	x'_{d}	H
1	0.0608	23.64
2	0.1198	6.40
3	0.1813	3.01

根据潮流计算得到的发电机有功功率、无功功率、电压模值和电压相角，可以计算出每台发电机的内电势和转子角：

$$I_1^* = \frac{(0.7164 + j0.2685)}{1.0400\angle 0°} = 0.6888 + j0.2582$$

$$E_1 \angle \delta_1 = (j0.0608)(0.6888 - j0.2582) + 1.0400\angle 0° = 1.0565\angle 2.2718°$$

$$I_2^* = \frac{(1.6300 + j0.0669)}{1.0253\angle 9.2715°} = 1.5795 - j0.1918$$

$$E_2 \angle \delta_2 = (j0.1198)(1.5795 + j0.1918) + 1.0253\angle 9.2715° = 1.0505\angle 19.7162°$$

$$I_3^* = \frac{(0.8500 - j0.1080)}{1.0254\angle 4.6587°} = 0.8177 - j0.1723$$

$$E_3 \angle \delta_3 = (j0.1813)(0.8177 + j0.1723) + 1.0254\angle 4.6587° = 1.0174\angle 13.1535°$$

下一步是将负荷转换成等效导纳：

$$G_5 + jB_5 = \frac{(0.90 - j0.30)}{1.0128^2} = 0.8773 - j0.2924$$

$$G_7 + jB_7 = \frac{(1.00 - j0.35)}{1.0162^2} = 0.9684 - j0.3389$$

$$G_9 + jB_9 = \frac{(1.25 - j0.50)}{0.9958^2} = 1.2605 - j0.5042$$

这些导纳被加到原始导纳矩阵的对角线元素上。

现在按照前述的步骤 4 和步骤 5 可以计算出降阶的导纳矩阵。故障前的降阶导纳矩阵为

$$Y_{\text{red}}^{\text{pre-fault}} = \begin{bmatrix} 0.8453 - j2.9881 & 0.2870 + j1.5131 & 0.2095 + j1.2257 \\ 0.2870 + j1.5131 & 0.4199 - j2.7238 & 0.2132 + j1.0880 \\ 0.2095 + j1.2257 & 0.2132 + j1.0880 & 0.2769 - j2.3681 \end{bmatrix}$$

故障中的降阶导纳矩阵可以采用类似的方法得到，但需要改变 Y_{mm} 以反映母线 8 上的故障。三相金属性短路用母线到地短路来模拟，在导纳矩阵中，删除与母线 8 对应的行与列；因母线 8 与相邻的母线之间的输电线路现在是直接接地了，因此，它们仍然会在原始导纳矩阵的对角线上出现。Y_{nm} 中对应母线 8 的列和 Y_{mn} 中对应母线 8 的行必须被删除；而矩阵 Y_{nn} 保持不变。故障期间的降阶导纳矩阵为

$$Y_{\text{red}}^{\text{fault-on}} = \begin{bmatrix} 0.6567 - j3.8159 & 0 & 0.0701 + j0.6306 \\ 0 & 0 - j5.4855 & 0 \\ 0.0701 + j0.6306 & 0 & 0.1740 - j2.7959 \end{bmatrix}$$

故障后的降阶导纳矩阵也是采用类似方法计算，但需要将线路 8-9 在矩

Y_{mm} 中删除。在 Y_{mm} 删除线路 8 – 9 的操作如下：

$$Y_{mm}(8, 8) = Y_{mm}(8, 8) + Y_{mm}(8, 9)$$

$$Y_{mm}(8, 9) = Y_{mm}(9, 9) + Y_{mm}(8, 9)$$

$$Y_{mm}(8, 9) = 0$$

$$Y_{mm}(9, 8) = 0$$

注意，先要对对角线元素进行更新，然后再对非对角线元素置零。这样可以得到故障后的降阶导纳矩阵为

$$Y_{\text{red}}^{\text{post-fault}} = \begin{bmatrix} 1.1811 - j2.2285 & 0.1375 + j0.7265 & 0.1909 + j1.0795 \\ 0.1375 + j0.7265 & 0.3885 - j1.9525 & 0.1987 + j1.2294 \\ 0.1909 + j1.0795 & 0.1987 + j1.2294 & 0.2727 - j2.3423 \end{bmatrix}$$

到此为止，已准备好了不同时间段的降阶导纳矩阵，在合适的仿真时间代入到暂态稳定方程中就可以了。

对暂态稳定方程组采用梯形法进行离散化，可以得到如下的方程组：

$$\delta_1(n+1) = \delta_1(n) + \frac{h}{2}\left[\omega_1(n+1) - \omega_s + \omega_1(n) - \omega_s\right] \tag{5.153}$$

$$\omega_1(n+1) = \omega_1(n) + \frac{h}{2}\left[f_1(n+1) + f_1(n)\right] \tag{5.154}$$

$$\delta_2(n+1) = \delta_2(n) + \frac{h}{2}\left[\omega_2(n+1) - \omega_s + \omega_2(n) - \omega_s\right] \tag{5.155}$$

$$\omega_2(n+1) = \omega_2(n) + \frac{h}{2}\left[f_2(n+1) + f_2(n)\right] \tag{5.156}$$

$$\delta_3(n+1) = \delta_3(n) + \frac{h}{2}\left[\omega_3(n+1) - \omega_s + \omega_3(n) - \omega_s\right] \tag{5.157}$$

$$\omega_3(n+1) = \omega_3(n) + \frac{h}{2}\left[f_3(n+1) + f_3(n)\right] \tag{5.158}$$

式中，

$$f_i(n+1) = \frac{1}{M_i}\left(P_{mi} - E_i^2 G_{ii} - E_i \sum_{j \neq i}^{n} E_j\left(B_{ij}\sin\delta_{ij}(n+1) + G_{ij}\cos\delta_{ij}(n+1)\right)\right) \tag{5.159}$$

由于暂态稳定方程是非线性的，而梯形法是隐式法，上述方程必须采用 Newton – Raphson 法在每一个时间点进行迭代求解。迭代方程为

$$\left[I - \frac{h}{2} \left[J(n+1)^k \right] \right] \begin{bmatrix} \delta_1(n+1)^{k+1} - \delta_1(n+1)^k \\ \omega_1(n+1)^{k+1} - \omega_1(n+1)^k \\ \delta_2(n+1)^{k+1} - \delta_2(n+1)^k \\ \omega_2(n+1)^{k+1} - \omega_2(n+1)^k \\ \delta_3(n+1)^{k+1} - \delta_3(n+1)^k \\ \omega_3(n+1)^{k+1} - \omega_3(n+1)^k \end{bmatrix} =$$

$$- \left[\begin{bmatrix} \delta_1^k(n+1) \\ \omega_1^k(n+1) \\ \delta_2^k(n+1) \\ \omega_2^k(n+1) \\ \delta_3^k(n+1) \\ \omega_3^k(n+1) \end{bmatrix} - \begin{bmatrix} \delta_1(n) \\ \omega_1(n) \\ \delta_2(n) \\ \omega_2(n) \\ \delta_3(n) \\ \omega_3(n) \end{bmatrix} - \frac{h}{2} \begin{bmatrix} \omega_1^k(n+1) + \omega_1(n) - 2\omega_s \\ f_1^k(n+1) + f_1(n) \\ \omega_2^k(n+1) + \omega_2(n) - 2\omega_s \\ f_2^k(n+1) + f_2(n) \\ \omega_1^k(n+1) + \omega_1(n) - 2\omega_s \\ f_3^k(n+1) + f_3(n) \end{bmatrix} \right] \quad (5.160)$$

式中，

$$[J] = \begin{bmatrix} 0 & 1 & 0 & 0 & 0 & 0 \\ \dfrac{\partial f_1}{\partial \delta_1} & 0 & \dfrac{\partial f_1}{\partial \delta_2} & 0 & \dfrac{\partial f_1}{\partial \delta_3} & 0 \\ 0 & 0 & 0 & 1 & 0 & 0 \\ \dfrac{\partial f_2}{\partial \delta_1} & 0 & \dfrac{\partial f_2}{\partial \delta_2} & 0 & \dfrac{\partial f_2}{\partial \delta_3} & 0 \\ 0 & 0 & 0 & 0 & 0 & 1 \\ \dfrac{\partial f_3}{\partial \delta_1} & 0 & \dfrac{\partial f_3}{\partial \delta_2} & 0 & \dfrac{\partial f_3}{\partial \delta_3} & 0 \end{bmatrix} \quad (5.161)$$

注意，在求解离散化方程时必须使用 LU 分解。在每一个时间点必须采用迭代计算直到 Newton – Raphson 法收敛。故障中和故障后的降阶导纳矩阵应在仿真进行到合适的时间点时代入。转子角和角频率的仿真结果分别如图 5.18 和图 5.19 所示。从这些图中的曲线可以看出，系统能够保持稳定，因为在仿真时间段内各曲线没有分离。

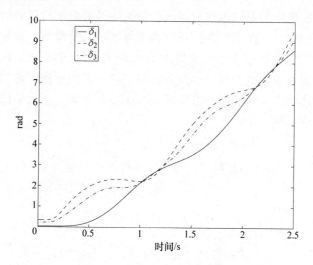

图 5.18 例 5.9 中的转子角响应

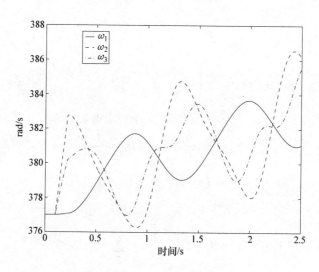

图 5.19 例 5.9 中的角频率响应

5.8.2 中期稳定性分析

降阶过程经常会破坏全阶系统的自然物理结构和稀疏性。利用结构和稀疏性来达到高效数值计算的方法在降阶系统上表现很差。即使降阶,系统本身的规模仍然很大。在电力系统受到扰动后的前几秒之后,由于自动电压调节器、原动机和调速系统、变压器的带负载分接头调节器的作用以及某些系统负荷的动态特

性，采用经典模型描述电力系统已不再有效了。对于中期稳定性分析，需要更加
详细的模型以在更广的范围内获取系统的行为特性。由于负荷的行为会对系统稳
定性产生显著影响，因此期望在仿真过程中保留各负荷母线。这种类型的模型通
常被称为"结构保留"模型，因为电力系统的物理结构被保留下来了。包含负
荷母线后，就需要求解电力网络的潮流方程。这一限制导致了将描述潮流分布的
代数方程与描述状态变化的微分方程联合起来一起求解。下面给出一个结构保留
的代数微分方程实例。

$$T_{d0_i}\dot{E}'_{q_i} = -E'_{q_i} - (x_{d_i} - x'_{d_i})I_{d_i} + E_{fd_i} \tag{5.162}$$

$$T_{q0_i}\dot{E}'_{d_i} = -E'_{d_i} + (x_{q_i} - x'_{q_i})I_{q_i} \tag{5.163}$$

$$\dot{\delta}_i = \omega_i - \omega_s \tag{5.164}$$

$$\frac{2H_i}{\omega_s}\dot{\omega}_i = T_{m_i} - E'_{d_i}I_{d_i} - E'_{q_i}I_{q_i} - (x'_{q_i} - x'_{d_i})I_{d_i}I_{q_i} \tag{5.165}$$

$$T_{E_i}\dot{E}_{fd_i} = -(K_{E_i} + S_{E_i}(E_{fd_i}))E_{fd_i} + V_{R_i} \tag{5.166}$$

$$T_{F_i}\dot{R}_{F_i} = -R_{F_i} + \frac{K_{F_i}}{T_{F_i}}E_{fd_i} \tag{5.167}$$

$$T_{A_i}\dot{V}_{R_i} = -V_{R_i} + K_{A_i}R_{F_i} - \frac{K_{A_i}K_{F_i}}{T_{F_i}}E_{fd_i} + K_{A_i}(V_{ref_i} - V_{T_i}) \tag{5.168}$$

$$T_{RH_i}\dot{T}_{M_i} = -T_{M_i} + \left(1 - \frac{K_{HP_i}T_{RH_i}}{T_{CH_i}}\right)P_{CH_i} + \frac{K_{HP_i}T_{RH_i}}{T_{CH_i}}P_{SV_i} \tag{5.169}$$

$$T_{CH_i}\dot{P}_{CH_i} = -P_{CH_i} + P_{SV_i} \tag{5.170}$$

$$T_{SV_i}\dot{P}_{SV_i} = -P_{SV_i} + P_{C_i} - \frac{1}{R}\frac{\omega_i}{\omega_s} \tag{5.171}$$

$$0 = V_i e^{j\theta_i} + (r_s + jx'_{d_i})(I_{d_i} + jI_{q_i})e^{j(\delta_i - \frac{\pi}{2})}$$
$$- [E'_{d_i} + (x'_{q_i} - x'_{d_i})I_{q_i} + jE'_{q_i}]e^{j(\delta_i - \frac{\pi}{2})} \tag{5.172}$$

$$0 = V_i e^{j\theta_i}(I_{d_i} - jI_{q_i})e^{-j(\delta_i - \frac{\pi}{2})} - \sum_{k=1}^{N}V_iV_kY_{ik}e^{j(\theta_i - \theta_k - \phi_{ik})} \tag{5.173}$$

$$0 = P_i + jQ_i - \sum_{k=1}^{N}V_iV_kY_{ik}e^{j(\theta_i - \theta_k - \phi_{ik})} \tag{5.174}$$

这些方程描述了一个双轴发电机模型、一个简单的自动调压器和励磁机模
型、一个简单的原动机和调速器模型以及恒定功率负荷模型。列出这组动态方程
的目的只是为了给个示例，并不打算包含所有可能的描述。这些方程的详细导出
过程可见参考文献 [42]。

这些方程可以采用更一般的形式来描述：

$$\dot{x} = f(x, y) \tag{5.175}$$

$$0 = g(x, y) \tag{5.176}$$

式中，状态向量 x 包含了发电机的动态状态变量；向量 y 一般情况下是维数比 x 大很多的向量，包含所有的网络变量，包括母线电压模值和相角，以及发电机的固有非动态状态量，如电流等。有两种典型的方法来求解上述微分代数方程。第一种方法是由 Gear 提出的同时求解法；第二种方法是分别求解微分方程和代数方程，然后在两者之间迭代。

考察基于梯形法将第一种解法应用于上述代数微分方程：

$$x(n+1) = x(n) + \frac{h}{2}[f(x(n+1), y(n+1)) + f(x(n), y(n))] \tag{5.177}$$

$$0 = g(x(n+1), y(n+1)) \tag{5.178}$$

上述非线性方程组的未知量是组合状态向量 $[x(n+1)y(n+1)]^T$，该方程组只能采用 Newton – Raphson 等迭代法来求解：

$$
\begin{bmatrix} I - \dfrac{h}{2} \dfrac{\partial f}{\partial x} & -\dfrac{h}{2}\dfrac{\partial f}{\partial y} \\[2mm] \dfrac{\partial g}{\partial x} & \dfrac{\partial g}{\partial y} \end{bmatrix}
\begin{bmatrix} x(n+1)^{k+1} - x(n+1)^{k} \\[2mm] y(n+1)^{k+1} - y(n+1)^{k} \end{bmatrix}
$$

$$
= \begin{bmatrix} x(n+1)^{k} - x(n) - \dfrac{h}{2}[f(x(n+1)^{k}, y(n+1)^{k}) + f(x(n), y(n))] \\[2mm] g(x(n+1)^{k}, y(n+1)^{k}) \end{bmatrix}
$$

$$\tag{5.179}$$

上述解法的优势是，因为采用了全系统的方程，系统矩阵是相当稀疏的，可以高效地运用稀疏矩阵求解技术。另外，由于整个方程是被同时求解的，迭代更容易收敛，因为所涉及的迭代只有 Newton – Raphson 法一种。然而需要注意的是，在常微分方程组中，左手边的矩阵（也就是需要进行 LU 分解的矩阵）是能够通过减小步长 h 来变成对角占优的（所以是良态的）；但在微分代数方程组中，左手边的矩阵在某些运行点上可能是病态的，因为 $\frac{\partial g}{\partial y}$ 可能是病态的，这会导致方程求解非常困难。病态情况可能会在仿真电压崩溃时出现，此时状态出现了分岔。分岔与电压崩溃这一主题很复杂，超出了本书的范围；然而，已出版了多种优秀的文献[25,42,55]，对这些现象进行详细的研究。

第二种求解微分代数方程组的方法是独立并迭代地求解每个子系统。首先在 $y(n+1)$ 保持为常数的条件下求解微分方程组得到 $x(n+1)$；然后将 $x(n+1)$ 作为输入来求解代数方程组得到新的 $y(n+1)$；然后再将新的 $y(n+1)$ 值代回到微分方程中，重新计算 $x(n+1)$。重复这个交替迭代过程直到 $x(n+1)$ 和 $y(n+1)$ 收敛。然后再计算下一个时间点。此方法的优势是编程的简便，因为每一个子系统都是独立求解的，因而没有用到 Jacobi 矩阵的元素 $\frac{\partial f}{\partial y}$ 和 $\frac{\partial g}{\partial x}$。在某些情况下，有可能会加快计算进程，尽管每一步达到收敛需要更多次迭代。

5.9　问题

1. 在 $\hat{x} = 0$ 附近确定一个 Taylor 级数展开式（即 McClaurin 级数展开）以求解如下方程：

$$\dot{x} = x^2 \quad x(0) = 1$$

采用这个近似式来计算当 $\hat{x} = 0.2$ 和 $\hat{x} = 1.2$ 时的 x 的值。将计算值与精确解进行比较并解释结果。

2. 采用如下算法求解初值问题

$$\dot{x}_1 = -2x_2 + 2t^2 \quad x_1(0) = -4$$

$$\dot{x}_2 = \frac{1}{2}x_1 + 2t \quad x_2(0) = 0$$

其中 $0 \le t \le 5$，积分步长为 0.25s。

（a）后退 Euler 法

（b）向前 Euler 法

（c）梯形法

（d）四阶 Runge – Kutta 法

将计算结果与如下的精确解做比较

$$x_1(t) = -4\cos t$$

$$x_2(t) = -2\sin t + t^2$$

3. 考察如下的简单生态系统，其包含了拥有无限食物供应的兔子和以兔子作为食物的狐狸。由 Volterra 提出的经典的"捕食者 – 食饵"数学模型可以描述这个生态系统。该模型由一对非线性的一阶微分方程构成：

$$\dot{r} = \alpha r + \beta rf \quad r(0) = r_0$$

$$\dot{f} = \gamma f + \delta rf \quad f(0) = f_0$$

式中，$r = r(t)$ 是兔子的数量，$f = f(t)$ 是狐狸的数量。当 $\beta = 0$ 时，两个种群没有相互作用，因而兔子数量变多，而狐狸由于饥饿而死光。研究当 $\alpha = -1$，$\beta = 0.01$，$\gamma = 0.25$，$\delta = -0.01$ 时此系统的行为。使用梯形积分法，并令 $h = 0.1$，$T = 50$，设定初始条件 $r_0 = 30 \pm 10$，$f_0 = 80 \pm 10$。对于每种情况绘制：（1）r 和 f 随 t 变化的曲线；（2）r 与 f 的关系图。

4. 考察如下的线性多步法公式：

$$x_{n+1} = a_0 x_n + a_1 x_{n-1} + a_2 x_{n-2} + a_3 x_{n-3} + h b_{-1} f(x_{n+1}, t_{n+1})$$

(a) 上述公式的步数是多少?

(b) 能确定上述公式所有系数的最大阶数是多少?

(c) 假定步长 h 是相同的, 并且阶数取 (b) 中的最大阶数, 求上述公式中的所有系数。

(d) 上述公式是隐式的还是显式的?

(e) 假定步长 h 是相同的, 求上述公式的局部截断误差表达式。

(f) 上述公式是绝对稳定的吗?

(g) 上述公式是刚性稳定的吗?

5. 考察如下初值问题:

$$\dot{x} = 100\left(\sin(t) - x\right),\ x(0) = 0$$

上式的精确解为

$$x(t) = \frac{\sin(t) - 0.01\cos(t) + 0.01\mathrm{e}^{-100t}}{1.0001}$$

令 $h = 0.02\mathrm{s}$, 使用如下数值积分算法求解上述初值问题。对 $t \in [0, 3.0]\mathrm{s}$ 画出数值解与精确解的曲线, 对 $t \in [0, 3.0]\mathrm{s}$ 画出每一种算法的全局误差, 并对计算结果进行讨论。

(a) 后退 Euler 法

(b) 向前 Euler 法

(c) 梯形法

(d) 四阶 Runge – Kutta 法

(e) 令步长 $h = 0.03\mathrm{s}$, 重复 (a) ~ (d)

6. 如下的方程组被称为 Lorenz 方程组:

$$\dot{x} = \sigma(y - x)$$
$$\dot{y} = \rho x - y - xz$$
$$\dot{z} = xy - \beta z$$

令 $\sigma = 10$, $\rho = 28$, $\beta = 2.67$。取固定步长 $h = 0.005\mathrm{s}$, 采用梯形法画出上述方程在时间段 $0 \leqslant t \leqslant 10$ 上的响应曲线, 取 Newton – Raphson 法的收敛误差为 10^{-5}。同时绘制 $x - y$ 的二维关系图与 $x - y - z$ 的三维关系图。

(a) 取 $[x(0)\ y(0)\ z(0)]^{\mathrm{T}} = [20\ 20\ 20]^{\mathrm{T}}$。

(b) 取 $[x(0)\ y(0)\ z(0)]^{\mathrm{T}} = [21\ 20\ 20]^{\mathrm{T}}$, 解释 (a) 与 (b) 的区别。

7. 考察如下的 "刚性" 方程组:

$$\dot{x}_1 = -2x_1 + x_2 + 100 \quad x_1(0) = 0$$
$$\dot{x}_2 = 10^4 x_1 - 10^4 x_2 + 50 \quad x_2(0) = 0$$

(a) 确定向前 Euler 法保持数值稳定的最大步长 $h_{\max}$。

(b) 基于向前 Euler 法, 采用步长 $h = 1/2 h_{\max}$, 计算当 $t > 0$ 时的 $x_1(t)$ 与 $x_2(t)$。

（c）取步长 $h = 2h_{max}$，重复（b）。

（d）采用后退 Euler 法求解上述刚性方程，并用如下几种步长进行计算。

i. $h = 10h_{max}$

ii. $h = 100h_{max}$

iii. $h = 1000h_{max}$

iv. $h = 10000h_{max}$

（e）使用多步算法（Gear 法）重新计算（d）。

8. 考察如下形式的多步法：

$$x_{n+2} - x_{n-2} + \alpha(x_{n+1} - x_{n-1}) = h[\beta(f_{n+1} + f_{n-1}) + \gamma f_n]$$

（a）证明可以选择唯一参数 α、β 与 γ 使得算法阶数 $p = 6$。

（b）讨论此多步法的数值稳定性。在哪个区域此方法是绝对稳定的？在哪个区域此方法是刚性稳定的？

9. 一个电力系统可以由如下常微分方程来描述：

$$\dot{\delta}_i = \omega_i - \omega_s$$

$$M_i \dot{\omega}_i = P_i - E_i \sum_{k=1}^{n} E_k Y_{ik} \sin(\delta_i - \delta_k - \phi_{ik})$$

使用步长 $h = 0.01s$ 的梯形法，确定当切除时间为 4 个周波时该系统是否稳定。

令

$$E_1 = 1.0566 \angle 2.2717°$$
$$E_2 = 1.0502 \angle 19.7315°$$
$$E_3 = 1.0170 \angle 13.1752°$$
$$P_1 = 0.716$$
$$P_2 = 1.630$$
$$P_3 = 0.850$$

和以下导纳矩阵：

故障前：

$0.846 - j2.988$	$0.287 + j1.513$	$0.210 + j1.226$
$0.287 + j1.513$	$0.420 - j2.724$	$0.213 + j1.088$
$0.210 + j1.226$	$0.213 + j1.088$	$0.277 - j2.368$

故障中：

$0.657 - j3.816$	$0.000 + j0.000$	$0.070 + j0.631$
$0.000 + j0.000$	$0.000 - j5.486$	$0.000 + j0.000$
$0.070 + j0.631$	$0.000 + j0.000$	$0.174 - j2.796$

故障后：

$$1.181 - j2.229 \quad 0.138 + j0.726 \quad 0.191 + j1.079$$

$$0.138 + j0.726 \quad 0.389 - j1.953 \quad 0.199 + j1.229$$

$$0.191 + j1.079 \quad 0.199 + j1.229 \quad 0.273 - j2.342$$

10. 一个双摆系统如图 5.20 所示。质量块 m_1 与 m_2 由长度为 r_1 和 r_2 的无质量细杆连接。由角度 θ_1 和 θ_2 描述的两个质量块运动方程如下：

$$- (m_1 + m_2) g r_1 \sin\theta_1 = (m_1 + m_2) r_1^2 \ddot{\theta}_1 + m_2 r_1 r_2 \ddot{\theta}_2 \cos(\theta_1 - \theta_2)$$

$$+ m_2 r_1 r_2 \dot{\theta}_2^2 \sin(\theta_1 - \theta_2)$$

$$- m_2 g r_2 \sin\theta_2 = m_2 r_2^2 \ddot{\theta}_2 + m_2 r_1 r_2 \ddot{\theta}_1 \cos(\theta_1 - \theta_2)$$

$$- m_2 r_1 r_2 \dot{\theta}_1^2 \sin(\theta_1 - \theta_2)$$

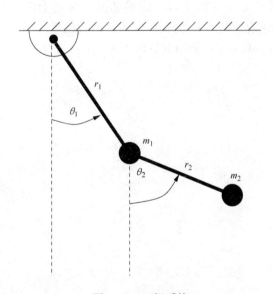

图 5.20 双摆系统

（a）令 $x_1 = \theta_1$，$x_2 = \dot{\theta}_1$，$x_3 = \theta_2$，$x_4 = \dot{\theta}_2$，证明 $[0; 0; 0; 0]$ 是该系统的平衡点。

（b）证明二阶 Adams – Bashforth 法由下式给出：

$$x_{n+1} = x_n + h \left\{ \frac{3}{2} f(x_n, t_n) - \frac{1}{2} f(x_{n-1}, t_{n-1}) \right\}$$

且

$$\epsilon_T = \frac{5}{12} \hat{x}^{(3)}(\tau) h^3$$

（c）证明三阶 Adams – Bashforth 法由下式给出：

$$x_{n+1} = x_n + h\left\{\frac{23}{12}f(x_n, t_n) - \frac{16}{12}f(x_{n-1}, t_{n-1}) + \frac{5}{12}f(x_{n-2}, t_{n-2})\right\}$$

且

$$\epsilon_T = \frac{3}{8}\hat{x}^{(4)}(\tau)h^4$$

（d）令 $r_1 = 1$，$r_2 = 0.5$，$g = 10$。使用 $h = 0.005$ 的二阶 Adams – Bashforth 法，对 $T \in [0,10]$ 绘制初始位置为 $\theta_1 = 25°$ 和 $\theta_2 = 10°$ 的系统行为。分如下 3 种情况进行计算：

i. $m_1 = 10$，$m_2 = 10$。

ii. $m_1 = 10$，$m_2 = 5$。

iii. $m_1 = 10$，$m_2 = 1$。

（e）采用变步长算法重复（d），设局部截断误差上边界为 0.001 且 $B_{avg} = 0.1B_U$。对应每种情况绘制 $h - t$ 的关系曲线并讨论结果。

（f）使用三阶 Adams – Bashforth 算法重复（d）与（e）。

第6章 优化方法

任何优化方法的基本目标都是，寻找系统的状态变量或参数的值，使系统的某个费用函数最小化。费用函数的类型取决于系统并随应用的不同而有很大的变化，并不一定严格按照金钱来定义。工程优化的例子很多，下面列出一些最小化问题：

(1) 一组测量数据与计算数据之间的误差

(2) 有功功率损耗

(3) 构成系统的一组部件的重量

(4) 微粒输出（排放）

(5) 系统能量

(6) 实际运行点与期望运行点之间的距离

任何优化问题的基本形式都可以表示为最小化一个有明确定义的费用函数，该费用函数受到物理约束或系统运行条件的约束：

$$最小化 f(x, u) \quad x \in R^n$$
$$u \in R^m \tag{6.1}$$

约束条件：

$$g(x, u) = 0 \quad 等式约束 \tag{6.2}$$
$$h(x, u) = 0 \quad 不等式约束 \tag{6.3}$$

式中，x 是系统的状态向量，u 是系统的参数向量。优化的基本方法是找到一个系统参数向量，将它代入到系统模型时，产生的系统状态向量 x 会使得费用函数 $f(x, u)$ 最小化。

6.1 最小二乘状态估计

在很多物理系统中，系统的运行状态不能通过已知方程在已知条件下的解析解直接确定。更普遍的情况是，系统的运行状态是由遍布系统各处的系统状态量的量测量确定的。在很多系统中，量测量的数目多于唯一确定运行点所要求的量测量数目。这种冗余性通常是有意设计的，以抵消测量误差或由仪器故障造成的数据缺失所造成的影响。相反地，并非所有状态量都可以通过量测获得。高温、移动部件或者不适合居住的环境会使得测量某些系统状态量变得困难、危险和昂贵。在这种情况下，缺失的状态量必须通过系统其他的测量信息估计出来。这个过程通常被称为"状态估计"，即从量测量估计未知的状态量。状态估计在测量数据存在不确定性、冗余或相互冲突的条件下给出了系统状态的"最优估计"。好的状态估计会平滑掉测量数据中的随机小误差，检测并识别出大的测量误差，并弥补缺失的测量数据。这个过程试图使系统的真实运行状态（未知）与测量状态之间的误差最小化。

量测量的集合可以用一个向量 z 来表示，z 的组成包含系统状态的量测量（如电压和电流）或系统状态函数的量测量（如潮流）。这样

$$z^{\text{true}} = Ax \tag{6.4}$$

式中，x 是系统状态的集合，而 A 通常不是方阵。误差向量是量测量 z 和真值之间的差：

$$e = z - z^{\text{true}} = z - Ax \tag{6.5}$$

一般地，为了消除量测量与真值之间误差的符号的影响，通常要求误差的平方取最小值。这样，状态估计器的目标就是寻找误差平方的最小值，即所谓的最小二乘优化法。

$$\text{最小化 } \|e\|^2 = e^{\text{T}} \cdot e = \sum_{i=1}^{m} \left[z_i - \sum_{j=1}^{m} a_{ij}x_j \right]^2 \tag{6.6}$$

误差平方用函数 $U(x)$ 来表示，有

$$U(x) = e^{\text{T}} \cdot e = (z - Ax)^{\text{T}}(z - Ax) \tag{6.7}$$

$$= (z^{\text{T}} - x^{\text{T}}A^{\text{T}})(z - Ax) \tag{6.8}$$

$$= z^{\text{T}}z - z^{\text{T}}Ax - x^{\text{T}}A^{\text{T}}z + x^{\text{T}}A^{\text{T}}Ax \tag{6.9}$$

注意，乘积 $z^{\text{T}}Ax$ 是一个标量，因此可以改写为

$$z^{\text{T}}Ax = (z^{\text{T}}Ax)^{\text{T}} = x^{\text{T}}A^{\text{T}}z$$

这样，误差平方函数可以表示为

$$U(x) = z^{\text{T}}z - 2x^{\text{T}}A^{\text{T}}z + x^{\text{T}}A^{\text{T}}Ax \tag{6.10}$$

误差平方函数的最小值可以通过无约束最优化求得，根据最优化的条件，令该函数关于状态变量 x 的导数等于零，得到

$$\frac{\partial U(x)}{\partial x} = 0 = -2A^{\text{T}}z + 2A^{\text{T}}Ax \tag{6.11}$$

这样有

$$A^{\text{T}}Ax = A^{\text{T}}z \tag{6.12}$$

若令 $b = A^{\text{T}}z$ 和 $\hat{A} = A^{\text{T}}A$，就有

$$\hat{A}x = b \tag{6.13}$$

该方程可以用 LU 分解法求解。所求得的状态向量 x 就是当前系统的运行状态（量测量 z 在此运行状态下测得）的最优估计（误差平方意义上）。测量误差可以表达为

$$e = z^{\text{meas}} - Ax \qquad (6.14)$$

例 6.1 如图 6.1 所示电路的一组量测量如下：

电流表 1	z_1	4.27A
电流表 2	z_2	-1.71A
电压表 1	z_3	3.47V
电压表 2	z_4	2.50V

其中，$R_1 = R_3 = R_5 = 1.5\Omega$，$R_2 = R_4 = 1.0\Omega$，求电压源 V_1 和 V_2 的大小。

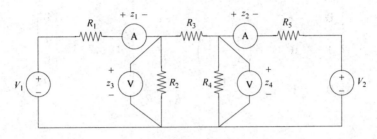

图 6.1   例 6.1 的电路图

解 6.1   根据 Kirchoff 电压定律和电流定律，此系统的电压方程和电流方程可以分别写为

$$-V_1 + R_1 z_1 + z_3 = 0$$
$$-V_2 - R_5 z_2 + z_4 = 0$$
$$z_3/R_2 - z_1 + (z_3 - z_4)/R_3 = 0$$
$$z_4/R_4 + z_2 + (z_4 - z_3)/R_3 = 0$$

上述方程可以写成矩阵形式：

$$
\begin{bmatrix}
R_1 & 0 & 1 & 0 \\
0 & -R_5 & 0 & 1 \\
1 & 0 & -\left(\dfrac{1}{R_2}+\dfrac{1}{R_3}\right) & \dfrac{1}{R_3} \\
0 & 1 & -\dfrac{1}{R_3} & \dfrac{1}{R_3}+\dfrac{1}{R_4}
\end{bmatrix}
\begin{bmatrix}
z_1 \\ z_2 \\ z_3 \\ z_4
\end{bmatrix}
=
\begin{bmatrix}
1 & 0 \\
0 & 1 \\
0 & 0 \\
0 & 0
\end{bmatrix}
\begin{bmatrix}
V_1 \\ V_2
\end{bmatrix}
\qquad (6.15)
$$

为了得到量测量 z 和状态量 x 之间的关系，上述方程必须改写成 $z = Ax$ 的形式。注意到如果独立考虑 A 的每一列，上述方程可以很容易用 LU 分解法求解。这样有

$$\begin{bmatrix} R_1 & 0 & 1 & 0 \\ 0 & -R_5 & 0 & 1 \\ 1 & 0 & -\left(\dfrac{1}{R_2}+\dfrac{1}{R_3}\right) & \dfrac{1}{R_3} \\ 0 & 1 & -\dfrac{1}{R_3} & \dfrac{1}{R_3}+\dfrac{1}{R_4} \end{bmatrix} [A(:,1)] = \begin{bmatrix} 1 \\ 0 \\ 0 \\ 0 \end{bmatrix} \tag{6.16}$$

类似地有

$$\begin{bmatrix} R_1 & 0 & 1 & 0 \\ 0 & -R_5 & 0 & 1 \\ 1 & 0 & -\left(\dfrac{1}{R_2}+\dfrac{1}{R_3}\right) & \dfrac{1}{R_3} \\ 0 & 1 & -\dfrac{1}{R_3} & \dfrac{1}{R_3}+\dfrac{1}{R_4} \end{bmatrix} [A(:,2)] = \begin{bmatrix} 0 \\ 1 \\ 0 \\ 0 \end{bmatrix} \tag{6.17}$$

从而得到

$$\begin{bmatrix} z_1 \\ z_2 \\ z_3 \\ z_4 \end{bmatrix} = \begin{bmatrix} 0.4593 & -0.0593 \\ 0.0593 & -0.4593 \\ 0.3111 & 0.0889 \\ 0.0889 & 0.3111 \end{bmatrix} \begin{bmatrix} V_1 \\ V_2 \end{bmatrix} \tag{6.18}$$

这样

$$b = A^{T}z = \begin{bmatrix} 0.4593 & 0.0593 & 0.3111 & 0.0889 \\ -0.0593 & -0.4593 & 0.0889 & 0.3111 \end{bmatrix} \begin{bmatrix} 4.27 \\ 1.71 \\ 3.47 \\ 2.50 \end{bmatrix}$$

$$= \begin{bmatrix} 3.1615 \\ 1.6185 \end{bmatrix}$$

而

$$\hat{A} = A^{T}A = \begin{bmatrix} 0.3191 & 0.0009 \\ 0.0009 & 0.3191 \end{bmatrix}$$

得到

$$\begin{bmatrix} 0.3191 & 0.0009 \\ 0.0009 & 0.3191 \end{bmatrix} \begin{bmatrix} V_1 \\ V_2 \end{bmatrix} = \begin{bmatrix} 3.1615 \\ 1.6185 \end{bmatrix} \tag{6.19}$$

解此方程得到

$$V_1 = 9.8929$$
$$V_2 = 5.0446$$

此系统量测值与估计值之间的误差为

$$e = z - Ax$$

$$= \begin{bmatrix} 4.27 \\ -1.71 \\ 3.47 \\ 2.50 \end{bmatrix} - \begin{bmatrix} 0.4593 & -0.0593 \\ 0.0593 & -0.4593 \\ 0.3111 & 0.0889 \\ 0.0889 & 0.3111 \end{bmatrix} \begin{bmatrix} 9.8929 \\ 5.0446 \end{bmatrix}$$

$$= \begin{bmatrix} 0.0255 \\ 0.0205 \\ -0.0562 \\ -0.0512 \end{bmatrix} \tag{6.20}$$

6.1.1　加权最小二乘状态估计

如果所有测量数据在最小二乘估计中同等看待，那么精度较差的测量数据对状态估计结果的影响与精度较好的测量数据是一样的。这样，由于低精度测量数据的影响，最终的估计结果可能包含很大的误差。通过引入加权矩阵以使精度高的测量数据比精度低的测量数据具有更大的权重，可以促使估计结果与精度高的测量数据更加吻合。这就导致了所谓的加权最小二乘估计。

$$最小化 \ \| e \|^2 = e^{\mathrm{T}} \cdot e = \sum_{i=1}^{m} w_i \left[z_i - \sum_{j=1}^{m} a_{ij} x_j \right]^2 \tag{6.21}$$

式中，w_i 是加权系数，反映量测量 z_i 的置信水平。

例 6.2　假定已知电流表在近期进行过校准而电压表没有，从而认为电流量测量的置信水平高于电压量测量。使用如下的加权矩阵，求解节点电压 V_1 和 V_2。

$$W = \begin{bmatrix} 100 & 0 & 0 & 0 \\ 0 & 100 & 0 & 0 \\ 0 & 0 & 50 & 0 \\ 0 & 0 & 0 & 50 \end{bmatrix}$$

解 6.2　引入加权矩阵后，新的最小化问题为

$$A^{\mathrm{T}} W A x = A^{\mathrm{T}} W z \tag{6.22}$$

矩阵 $A^{\mathrm{T}} W A$ 也被称为增益矩阵。使用与前面相同的步骤，加权后的节点电压估计值为

$$\begin{bmatrix} V_1 \\ V_2 \end{bmatrix} = \begin{bmatrix} 9.9153 \\ 5.0263 \end{bmatrix} \tag{6.23}$$

而误差向量为

$$e = \begin{bmatrix} 0.0141 \\ 0.0108 \\ -0.0616 \\ 0.0549 \end{bmatrix} \tag{6.24}$$

注意，对电流量测量增加的置信水平减小了对电流的估计误差，但电压的估计误差几乎不变。

例 6.2 说明了置信权重对估计精度的影响。所有测量仪表都会给测量值带来一定的误差，问题是如何量化这些误差并在估计过程中考虑它们的作用。一般地，可以假设误差服从均值为零的正态（高斯）分布，并且量测量之间相互独立。这意味着测量误差大于真值的概率与小于真值的概率相等。均值为零的正态分布有几个性质：记 σ 为标准差，则所有量测量中有 68% 会落在期望值 0 （已假设了均值为零的正态分布）的 $\pm\sigma$ 区间内；更进一步，所有量测量中有 95% 会落在期望值 0 的 $\pm 2\sigma$ 区间内以及 99% 会落在期望值 0 的 $\pm 3\sigma$ 区间内。量测量分布的方差等于 σ^2，这意味着若量测量的方差相对较小，那么大多数的量测量将接近于均值。上述性质的一种解释是，测量越精确导致的方差越小。

这种精度与方差之间的关系直接引出了构造加权矩阵的一种方法。考察误差平方矩阵，可以表示为

$$e \cdot e^{\mathrm{T}} = \begin{bmatrix} e_1 \\ e_2 \\ e_3 \\ \vdots \\ e_m \end{bmatrix} \begin{bmatrix} e_1 & e_2 & e_3 & \cdots & e_m \end{bmatrix} \tag{6.25}$$

$$= \begin{bmatrix} e_1^2 & e_2 e_2 & e_1 e_3 & \cdots & e_1 e_m \\ e_2 e_1 & e_2^2 & e_2 e_3 & \cdots & e_2 e_m \\ \vdots & \vdots & \vdots & \vdots & \vdots \\ e_m e_1 & e_m e_2 & e_m e_3 & \cdots & e_m^2 \end{bmatrix} \tag{6.26}$$

式中，每个 e_i 表示第 i 个量测量的误差。每个误差乘积的期望值即均值用 $E[\ \cdot\ ]$ 表示。第 i 个对角线元素的期望值就是第 i 个量测量误差分布的方差 σ_i^2。各非对角元素的期望值，即协方差，等于零，因为假定了各量测量之间是相互独立的。因此，误差平方矩阵的期望值（也称为协方差矩阵）是

$$E[e \cdot e^{\mathrm{T}}] = \begin{bmatrix} E[e_1^2] & E[e_1 e_2] & \cdots & E[e_1 e_m] \\ E[e_2 e_1] & E[e_2^2] & \cdots & E[e_2 e_m] \\ \vdots & \vdots & \vdots & \vdots \\ E[e_m e_1] & E[e_m e_2] & \cdots & E[e_m^2] \end{bmatrix} \tag{6.27}$$

$$= \begin{bmatrix} \sigma_1^2 & 0 & \cdots & 0 \\ 0 & \sigma_2^2 & \cdots & 0 \\ \vdots & \vdots & \vdots & \vdots \\ 0 & 0 & \cdots & \sigma_m^2 \end{bmatrix} \tag{6.28}$$

$$= R \tag{6.29}$$

对于从特定仪表采集的数据，方差越小（即这组数据一致性较好），该组数据的置信水平越高。具有较高置信水平的一组数据应比具有较大方差（即置信水平低）的一组数据有更高的权重。因此，一个合理的能反映每个数据置信水平的加权矩阵可以构造成协方差矩阵的逆矩阵 $W = R^{-1}$。这样，来自于具有较高一致性（方差小）仪表的量测量就比来自于具有较低一致性（方差大）仪表的量测量有更大的权重。因此，一种可能的加权矩阵可表示为

$$W = R^{-1} = \begin{bmatrix} \dfrac{1}{\sigma_1^2} & 0 & \cdots & 0 \\ 0 & \dfrac{1}{\sigma_2^2} & \cdots & 0 \\ \vdots & \vdots & \vdots & \vdots \\ 0 & 0 & \cdots & \dfrac{1}{\sigma_m^2} \end{bmatrix} \tag{6.30}$$

6.1.2 坏数据的检测

在一组量测量中经常会包含一个或多个来自于故障仪表或精度很差仪表的量测量。遥测数据会存在由测量和通信引起的误差。这些"坏"数据通常会落在量测量的标准偏差之外，并会影响状态估计过程的可靠性。在严重情况下，坏数据会导致完全不准确的结果。由于"涂污效应"，坏数据会导致估计精度的恶化，因为坏数据会将估计值拖离真值。因此，期望开发一种对数据"好坏"进行度量的方法，从而使状态估计只基于好的数据进行。如果所用的数据导致一个好的状态估计，那么测量值与计算值之间的误差在某种意义上会很小。如果这个误差很大，那么所用数据中必然包含至少一个坏数据。值得采用的一个误差是估计的测量误差 $\hat{e}$，这个误差是真实测量值 z 与估计测量值 $\hat{z}$ 之间的差。回顾一下

式（6.14）中的误差向量 $e = z - Ax$，因此，估计的测量误差可以表达为

$$\hat{e} = z - \hat{z} \tag{6.31}$$

$$= z - A\hat{x} \tag{6.32}$$

$$= z - A(A^{\mathrm{T}}WA)^{-1}A^{\mathrm{T}}Wz \tag{6.33}$$

$$= (I - A(A^{\mathrm{T}}WA)^{-1}A^{\mathrm{T}}W)z \tag{6.34}$$

$$= (I - A(A^{\mathrm{T}}WA)^{-1}A^{\mathrm{T}}W)(e + Ax) \tag{6.35}$$

$$= (I - A(A^{\mathrm{T}}WA)^{-1}A^{\mathrm{T}}W)e + A(I - (A^{\mathrm{T}}WA)^{-1}A^{\mathrm{T}}WA)x \tag{6.36}$$

$$= (I - A(A^{\mathrm{T}}WA)^{-1}A^{\mathrm{T}}W)e \tag{6.37}$$

这样，$\hat{e}$ 的方差可以表达为

$$\hat{e}\hat{e}^{\mathrm{T}} = (z - \hat{z})(z - \hat{z})^{\mathrm{T}} \tag{6.38}$$

$$= [I - A(A^{\mathrm{T}}WA)^{-1}A^{\mathrm{T}}W]ee^{\mathrm{T}}[I - WA(A^{\mathrm{T}}WA)^{-1}A^{\mathrm{T}}] \tag{6.39}$$

$\hat{e}\hat{e}^{\mathrm{T}}$ 的期望值即均值可以表达为

$$E[\hat{e}\hat{e}^{\mathrm{T}}] = [I - A(A^{\mathrm{T}}WA)^{-1}A^{\mathrm{T}}W]E[ee^{\mathrm{T}}][I - WA(A^{\mathrm{T}}WA)^{-1}A^{\mathrm{T}}] \tag{6.40}$$

回顾一下 $E[e \cdot e^{\mathrm{T}}]$ 正是协方差矩阵 $R = W^{-1}$，且是一个对角矩阵。因此

$$E[\hat{e}\hat{e}^{\mathrm{T}}] = [I - A(A^{\mathrm{T}}WA)^{-1}A^{\mathrm{T}}W][I - A(A^{\mathrm{T}}WA)^{-1}A^{\mathrm{T}}W]R \tag{6.41}$$

矩阵

$$[I - A(A^{\mathrm{T}}WA)^{-1}A^{\mathrm{T}}W]$$

具有一个非同寻常的性质，它是一个幂等矩阵。一个幂等矩阵 M 具有如下性质：$M^2 = M$。因此不管 M 自乘多少次，结果仍然是 M。这样，

$$E[\hat{e}\hat{e}^{\mathrm{T}}] = [I - A(A^{\mathrm{T}}WA)^{-1}A^{\mathrm{T}}W][I - A(A^{\mathrm{T}}WA)^{-1}A^{\mathrm{T}}W]R \tag{6.42}$$

$$= [I - A(A^{\mathrm{T}}WA)^{-1}A^{\mathrm{T}}W]R \tag{6.43}$$

$$R - A(A^{\mathrm{T}}WA)^{-1}A^{\mathrm{T}} \tag{6.44}$$

$$= R' \tag{6.45}$$

为了判断估计值与测量值之间是否有显著的差别，一个有用的统计测度是 χ^2（chi 方）不等式检验。这个测度基于 χ^2 概率分布，其形状随自由度 k 的不同而不同，而自由度 k 等于量测量的数目与状态量的数目之差。通过比较误差的加权和与特定自由度和显著性水平下的 χ^2 值，可以判定误差是否超过了由随机误差决定的边界。显著性水平表示量测量出现错误的概率值。显著性水平为 0.05 表示出现坏数据的可能性为 5%，或者反过来说是好数据的置信水平为 95%。例如，当 $k = 2$ 和显著性水平 $\alpha = 0.05$ 时，如果误差的加权和不超过 χ^2 值 5.99，那么就有 95% 的信心确认此组测量数据是好数据；否则，此组数据中至少含有一个坏数据，不能被采纳。虽然 χ^2 检验用于确定坏数据是否存在是有效的，但它不能对坏数据进行定位。对坏数据进行定位依然是一个需要研究的主题。

χ^2 值			
	α		
k	0.10	0.05	0.01	0.001
1	2.71	3.84	6.64	10.83
2	4.61	5.99	9.21	13.82
3	6.25	7.82	11.35	16.27
4	7.78	9.49	13.23	18.47
5	9.24	11.07	15.09	20.52
6	10.65	12.59	16.81	22.46
7	12.02	14.07	18.48	24.32
8	13.36	15.51	20.09	26.13
9	14.68	16.92	21.67	27.88
10	15.99	18.31	23.21	29.59
11	17.28	19.68	24.73	31.26
12	18.55	21.03	26.22	32.91
13	19.81	22.36	27.69	34.53
14	21.06	23.69	29.14	36.12
15	22.31	25.00	30.68	37.70
16	23.54	26.30	32.00	39.25
17	24.77	27.59	33.41	40.79
18	25.99	28.87	34.81	42.31
19	27.20	30.14	36.19	43.82
20	28.41	31.41	37.67	45.32
21	29.62	32.67	38.93	46.80
22	30.81	33.92	40.29	48.27
23	32.00	35.17	41.64	49.73
24	33.20	36.42	42.98	51.18
25	34.38	37.65	44.31	52.62
26	35.56	38.89	45.64	54.05
27	36.74	40.11	46.96	55.48
28	37.92	41.34	48.28	56.89
29	39.09	42.56	49.59	58.30
30	40.26	43.77	50.89	59.70

用于检测是否存在坏数据的过程如下：

坏数据检测步骤

1. 使用 z 估计 x

2. 计算误差

$$e = z - Ax$$

3. 计算误差的平方加权和

$$f = \sum_{i=1}^{m} \frac{1}{\sigma_i}^2 e_i^2$$

4. 对 $k = m - n$ 和设定的概率 α，若 $f < \chi_{k,\alpha}^2$，则表示数据良好；否则，至少存在一个坏数据。

例 6.3 使用 χ^2 不等式检验，设定 $\alpha = 0.01$，检查例 6.1 的测量数据中是否存在坏数据。

解 6.3 例 6.1 中的状态量个数是 2，量测量个数是 4，因此 $k = 4 - 2 = 2$。误差平方的加权和为

$$f = \sum_{i=1}^{m=4} \frac{1}{\sigma_i} c_i^2$$

$$= 100(0.0141)^2 + 100(0.0108)^2 + 50(-0.0616)^2 + 50(0.0549)$$

$$= 0.3720$$

从 χ^2 值表可以查到，对应本例子的 χ^2 值为 9.21。最小二乘平方误差小于 χ^2 值，因此，有 99% 的置信水平认为量测量是好的。

6.1.3 非线性最小二乘状态估计

与线性最小二乘估计相似，非线性最小二乘估计的目标是使一组已知的量测量与一组加权非线性函数之间的误差平方最小化：

$$最小化 f = \| e \|^2 = e^T \cdot e = \sum_{i=1}^{m} \frac{1}{\sigma^2} [z_i - h_i(x)]^2 \qquad (6.46)$$

式中，$x \in R^n$ 是需要估计的未知状态向量，$z \in R^m$ 是量测量向量，σ_i^2 是第 i 个量测量的方差，$h(x)$ 是描述 x 与 z 之间关系的函数向量。而量测量向量 z 可以是一组具有地理分布特性的量测量，如电压和潮流等。

在状态估计中，非线性方程中的未知量是系统的状态变量。通过设置误差函数的导数为零，可以求得使误差最小的状态量的值。

$$F(x) = H_x^T R^{-1} [z - h(x)] = 0 \qquad (6.47)$$

式中，

$$H_x = \begin{bmatrix} \dfrac{\partial h_1}{\partial x_1} & \dfrac{\partial h_1}{\partial x_2} & \cdots & \dfrac{\partial h_1}{\partial x_n} \\[2mm] \dfrac{\partial h_2}{\partial x_1} & \dfrac{\partial h_2}{\partial x_2} & \cdots & \dfrac{\partial h_2}{\partial x_n} \\[2mm] \vdots & \vdots & \vdots & \vdots \\[2mm] \dfrac{\partial h_m}{\partial x_1} & \dfrac{\partial h_m}{\partial x_2} & \cdots & \dfrac{\partial h_m}{\partial x_n} \end{bmatrix} \tag{6.48}$$

R 是量测量的方差矩阵。注意，式（6.47）是一组非线性方程，必须通过 Newton – Raphson 法或其他迭代算法求解。这种情况下，$F(x)$ 的 Jacobi 矩阵为

$$J_F(x) = H_x^{\mathrm{T}}(x) R^{-1} \frac{\partial}{\partial x} [z - h(x)] \tag{6.49}$$

$$= - H_x^{\mathrm{T}}(x) R^{-1} H_x(x) \tag{6.50}$$

而 Newton – Raphson 迭代方程为

$$[H_x^{\mathrm{T}}(x^k) R^{-1} H_x(x^k)][x^{k-1} - x^k] = H_x^{\mathrm{T}}(x^k) R^{-1}[z - h(x^k)] \tag{6.51}$$

此方程可以通过 LU 分解法求解。收敛时，x^{k+1} 就是使式（6.46）误差函数 f 最小化的一组状态变量的值。坏数据的检测过程与线性状态估计时相同。

6.2　线性规划

线性规划是最成功的优化型式之一。当问题可以被表示为线性目标（即费用）函数在线性等式或线性不等式约束下的最大化（或最小化）问题时，就可以使用线性规划求解。一般化的线性规划问题能被表示为

$$\text{最小化}\quad f(x) = c^{\mathrm{T}} x \tag{6.52}$$

$$\text{约束条件}\quad Ax \leqslant b \tag{6.53}$$

$$x \geqslant 0 \tag{6.54}$$

注意，只要通过如下几种变换中的一种，几乎所有的线性优化问题都可以被表示为上述形式：

1. 最大化 $c^{\mathrm{T}} x$ 与最小化 $- c^{\mathrm{T}} x$ 等价。

2. 形如 $a^{\mathrm{T}} x \geqslant \beta$ 的约束与 $- a^{\mathrm{T}} x \leqslant -\beta$ 等价。

3. 形如 $a^{\mathrm{T}} x = \beta$ 的约束与 $a^{\mathrm{T}} x \leqslant \beta$ 和 $- a^{\mathrm{T}} x \leqslant -\beta$ 等价。

4. 如果一个问题不要求 x_i 是非负的，那么 x_i 可以被两个变量之差 $x_i = u_i - v_i$ 替换，其中 u_i 和 v_i 是非负的。

任何用 (A, b, c) 表达的线性规划问题，都存在一个等价问题，即对偶问题 $(-A^{\mathrm{T}}, -c, -b)$，如果一个线性规划问题以及它的对偶问题都存在可行解（即满足 $Ax \leqslant b$，$x \geqslant 0$，或者满足对偶问题 $-A^{\mathrm{T}} y \leqslant -c$，$y \geqslant 0$），那么，两个问题

都有解，且一个问题的解是另一个问题解的负数。

6. 2. 1　单纯形法

求解线性规划问题的最常用方法之一是著名的单纯形法。单纯形法是一种迭代方法，它将向量 x 从一个可行基本向量移至另一个，移动方向总是朝着 $f(x)$ 减小的方向。经过一定步数的迭代后，它能给出精确解，迭代步数通常大大小于组合数 $\left(\begin{array}{c}n\\-m\end{array}\right)$，一般至多需要 $2m \sim 3m$ 次迭代（这里 m 是等式约束的个数）[7]。然而，单纯形法在最坏情况下的复杂度是指数式增长的，这可以通过精心构造的案例展示出来。

在运用单纯形法的过程中，通常将问题表示成表格的形式，此表格在后续步中按照给定的规则修改。单纯形法的每一步都从一个表格开始。表格的第一行包含有与目标函数 $f(x)$ 有关的系数。$f(x)$ 的当前值显示在表格的右上方。表格中接下来的 m 行表示等式约束，最后一行包含当前的向量 x。表格中与等式约束相关的行可以通过基本行变换进行改变，而不会对解产生影响。

表格必须满足的规则有：

1. 向量 x 必须满足等式约束 $Ax = b$。

2. 向量 x 必须满足不等式 $x \geqslant 0$。

3. x 中有 n 个元素是零元（指定为非基变量），剩余的 m 个元素通常为非零元，并指定为基变量。

4. 在定义约束的矩阵中，一个基变量只能出现在一行中。

5. 目标函数 $f(x)$ 只能由非基变量表达。

6. 为得到初始解，需在一个或多个约束中加入人工变量。

单纯形算法可以总结如下：

单纯形算法

1. 若 $f(x)$ 的所有系数（即表格的第一行）均大于或等于零，那么当前的向量 x 即为所求的解。

2. 在非基变量中挑选其系数在 $f(x)$ 中负的最大的，将此变量设置为新的基变量 x_j。

3. 对于每一行 i，用新的基变量的系数（a_{ij}）去除该行的 b_i。新的基变量的取值是这些比例中的最小值（例如，第 k 行的比例最小，则取第 k 行的比例为 x_j 的值，$x_j = b_k/a_{kj}$）。

4. 使用主元 a_{kj} 通过 Gauss 消元法将第 j 列消去。返回步骤 1。

式（6.53）中的所有不等式放在一起就形成一个相交的超平面。可行域在这个 n 维多面体的内部，而 $f(x)$ 的最小值一定在这个多面体的顶点上。单纯形法通过沿着此多面体最陡峭的边界移动，有规律地搜索这些顶点，直到获得 x^*，如图 6.2 所示。

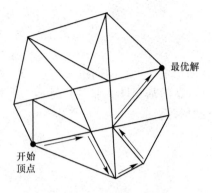

图 6.2 单纯形法搜索的例子

例 6.4 最小化

$$f(x): -6x_1 - 14x_2$$

约束条件为

$$2x_1 + x_2 \leqslant 12$$
$$2x_1 + 3x_2 \leqslant 15$$
$$x_1 + 7x_2 \leqslant 21$$
$$x_1 \geqslant 0, \ x_2 \geqslant 0$$

解 6.4 引入松弛变量 x_3、x_4 和 x_5，使问题变为

最小化

$$f(x): -6x_1 - 14x_2 + 0x_3 + 0x_4 + 0x_5$$

约束条件为

$$2x_1 + \ x_2 + x_3 \qquad\qquad = 12$$
$$2x_1 + 3x_2 \qquad + x_4 \qquad = 15$$
$$x_1 + 7x_2 \qquad\qquad + x_5 = 21$$
$$x_1 \geqslant 0, \ x_2 \geqslant 0, \ x_3 \geqslant 0, \ x_4 \geqslant 0, \ x_5 \geqslant 0$$

构造求解的表格：

-6	-14	0	0	0	0
2	1	1	0	0	12
2	3	0	1	0	15
1	7	0	0	1	21
0	0	12	15	21	

起始向量是 $x = \begin{bmatrix} 0 & 0 & 12 & 15 & 21 \end{bmatrix}^{\mathrm{T}}$。$f(x)$ 的当前值显示在表格的右上角。下一步，将检查函数 $f(x)$ 以确定哪个变量会导致 $f(x)$ 的值有最大的下降。由于 -14 比 -6 绝对值大，x_2 的单位增量引起的 $f(x)$ 值的下降比 x_1 的单位增量大。因此，保持 x_1 为 0 不变，而让 x_2 尽可能地增大（即横跨多面体的一条边到下一个顶点）。为了确定 x_2 的新值，考虑如下的约束条件：

$$0 \leqslant x_3 = 12 - x_2$$
$$0 \leqslant x_4 = 15 - 3x_2$$
$$0 \leqslant x_5 = 21 - 7x_2$$

根据此约束条件，可以得到 x_2 的可能值为 $x_2 \leqslant 12$，$x_2 \leqslant 5$，$x_2 \leqslant 3$。最严厉的约束是 $x_2 \leqslant 3$，因此，x_2 可以增大到 3，这样有

$$x_3 = 12 - x_2 = 9$$
$$x_4 = 15 - 3x_2 = 6$$
$$x_5 = 21 - 7x_2 = 0$$

从而产生一个新的向量 $x = \begin{bmatrix} 0 & 3 & 9 & 6 & 0 \end{bmatrix}^T$ 和 $f(x) = -42$。

新的基变量(非零)是 x_2、x_3 和 x_4,因此 $f(x)$ 必须用 x_1 和 x_5 来表达。通过变量替换,

$$x_2 = \frac{(21 - x_5)}{7}$$

有

$$f(x) = -6x_1 - 14x_2 = -6x_1 - 14\frac{(21 - x_5)}{7} = -6x_1 + 2x_5 - 42$$

为了满足一个基变量只能出现在一行中的规则,采用 Gauss 消去法从每一行(有一行除外)中消去 x_2,采用的主元按前面所述的算法第 3 步确定。

Gauss 消去后的新的表格为

-6	0	0	0	2	-42
$\frac{13}{7}$	0	1	0	$\frac{1}{7}$	9
$\frac{11}{7}$	0	0	1	$-\frac{3}{7}$	6
1	7	0	0	1	21
0	3	9	6	0	

计算步骤重新开始。x_5 增大时 $f(x)$ 将会增大,因此,x_1 被选作基变量。因此,保持 x_5 为 0 不变,而让 x_1 尽可能地增大。新的约束条件为

$$0 \leqslant x_3 = 9 - \frac{13}{7}x_1$$

$$0 \leqslant x_4 = 6 - \frac{11}{7}x_1$$

$$0 \leqslant 7x_2 = 21 - x_1$$

即 $x_1 \leqslant \frac{63}{13}$,$x_1 \leqslant \frac{42}{11}$,$x_1 \leqslant 21$。严厉的约束是 $x_1 \leqslant \frac{42}{11}$,因此,设置 x_1 为 $\frac{42}{11}$,然后计算 x_2、x_3 和 x_4 的新值。得到新的向量 $x = \begin{bmatrix} \frac{42}{11} & \frac{27}{11} & \frac{21}{11} & 0 & 0 \end{bmatrix}^T$,而 $f(x)$ 要用 x_4 和 x_5 来表达:

$$x_1 = \frac{7}{11}(6 - x_4)$$

$$f(x) = -6x_1 + 2x_5 - 42$$

$$= \frac{42}{11}x_4 + 2x_5 - \frac{714}{11}$$

由于 $f(x)$ 的所有系数都是正的，意味着 x_4 和 x_5 的任何增大都会使 $f(x)$ 增大，因此单纯形法结束。这表示当前的向量 x 就是问题的解，且 $f(x)$ 的最终值是 $f\left(\dfrac{42}{11},\dfrac{27}{11}\right)=-\dfrac{630}{11}$。

6.2.2 内点法

求解线性规划问题的另一种方法是内点法（也称为 Karmarkar 法），其复杂度不管是在平均情况下还是在最坏情况下都是多项式级的。单纯形法存在潜在的最坏情况，其复杂度是指数级的，这种最坏情况发生在到达最优解前经过了可行域的每一个顶点。因此，内点法在过去的几十年中得到了相当的重视。内点法构造一系列严格可行点（即位于多面体的内部而不在其边界上），最终收敛到问题的解。

内点法构造一系列可行点 x^0，x^1，$\cdots$，它们必须满足 $Ax^i=b$。因为 x^0 满足 $Ax^0=b$，且下一个点必定满足 $Ax^1=b$，因此两个点之差必然满足 $A\Delta x=0$。换句话说，每一步都必须在 A 的零空间中，即 A 的零空间就是可行域。将 $-c$ 投影到零空间，就给出了最快变化的方向。然而，如果迭代点 x^k 很靠近边界（例如图 6.3 中的 $\hat{x}^k$），那么改进的量就很小。相反地，如果目前的迭代点

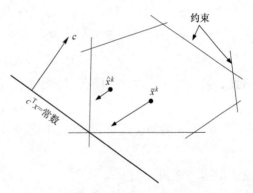

图 6.3　可行域内两个不同点的比较

很靠近中心（例如图 6.3 中的 $\bar{x}^k$），改进的量就很大。内点法的一个关键特性是采用变换的方法使当前的可行点移动到可行域的中心。然后计算新的方向并将内点变换回原始空间。

这个变化的方向被称为投影梯度方向，即 p^k，而可行点更新为

$$x^{k+1}=x^k+\alpha p^k \tag{6.55}$$

式中，$\alpha>0$ 是步长。因为可行点必须在 A 的零空间内，每个 p^k 必须与 A 的行正交。投影矩阵 P 的表达式为

$$P=I-A^{\mathrm{T}}(AA^{\mathrm{T}})^{-1}A \tag{6.56}$$

投影矩阵 P 将任意向量 v 变换为 $Pv=p$，而 p 将位于 A 的零空间中，因为 AP 是零矩阵。

因为将 $-c$ 投影到零空间给出了最快变化的方向，而为了保证在可行域内，新的迭代必须满足 $p^k = -Pc$。为使迭代点留在可行域的内部，在每步选择步长 α 时应保证非负约束得到满足。为保证更新后的迭代点留在可行域的内部，选择步长 α 小于到达边界的全长，通常取 $0.5 \le \alpha \le 0.98$。

最后要说明的是将迭代点移动到可行域中心的变换。这是通过比例缩放来完成的，其目标是使迭代点在变换后的可行域中离约束边界等距离。因此进行缩放后，$x^k = e$，其中 $e = \begin{bmatrix} 1 & 1 & \cdots & 1 \end{bmatrix}^T$。令 $D = \mathrm{diag}(x^k)$ 为对角矩阵，D 的对角元素为目前迭代点 x^k 的元素。这可以通过令 $x = D\hat{x}$，$\hat{x}^k = e$ 来实现。需求解的新问题变为

$$\text{最小化} \quad \hat{c}^T \hat{x} = z \tag{6.57}$$

$$\text{约束条件} \quad \hat{A}\hat{x} \le b \tag{6.58}$$

$$\hat{x} \ge 0 \tag{6.59}$$

式中，$\hat{c} = Dc$，$\hat{A} = AD$。缩放后，投影矩阵变为

$$\hat{P} = I - \hat{A}^T(\hat{A}\hat{A}^T)^{-1}\hat{A} \tag{6.60}$$

因此，第 k 次迭代时，迭代点 x^k 被缩放为 $\hat{x}^k = e$，而更新方程变为

$$\hat{x}^{k+1} = e - \alpha \hat{P}\hat{c} \tag{6.61}$$

随后，将更新后的迭代点重新变换回原始空间

$$x^{k+1} = D\hat{x}^{k+1} \tag{6.62}$$

这一过程不断重复直至 $\| x^{k+1} - x^k \| < \varepsilon$。这一过程经常被称为原始仿射内点法[8]。此方法的步骤可以总结如下：

原始仿射内点法

1. 令 $k = 0$。

2. 令 $D = \mathrm{diag}(x^k)$。

3. 计算 $\hat{A} = AD$，$\hat{c} = Dc$。

4. 根据式 (6.60) 计算 $\hat{P}$。

5. 令 $p^k = \hat{P}\hat{c}$。

6. 令 $\theta = -\min_j p_j^k$。参数 θ 用于确定不超出可行域的最大步长。

7. 计算 $\hat{x}^{k+1} = e + \dfrac{\alpha}{\theta} p^k$。

8. 计算 $x^{k+1} = D\hat{x}^{k+1}$。

9. 若 $\| x^{k+1} - x^k \| < \varepsilon$，则结束计算。否则令 $k = k+1$，返回第 2 步。

例 6.5 用原始仿射内点法重新求解例 6.4。

解 6.5 为方便起见将问题重新描述如下（包含了松弛变量）：

最小化

$$f(x): -6x_1 - 14x_2 + 0x_3 + 0x_4 + 0x_5 = z$$

约束条件为

$$
\begin{aligned}
2x_1 + x_2 + x_3 &= 12 \\
2x_1 + 3x_2 + x_4 &= 15 \\
x_1 + 7x_2 + x_5 &= 21
\end{aligned}
$$

$$x_1 \geq 0, \ x_2 \geq 0, \ x_3 \geq 0, \ x_4 \geq 0, \ x_5 \geq 0$$

一个可行的初始点为

$$x^0 = \begin{bmatrix} 1 & 1 & 9 & 10 & 13 \end{bmatrix}$$

而 $z^0 = c^{\mathrm{T}} x^0 = -20$。

第 1 个比例缩放矩阵为

$$
D = \begin{bmatrix}
1 & & & & \\
& 1 & & & \\
& & 9 & & \\
& & & 10 & \\
& & & & 13
\end{bmatrix}
$$

改变比例后的矩阵 $\hat{A}$ 和目标函数向量 $\hat{C}$ 计算如下:

$$
\hat{A} = AD = \begin{bmatrix}
2 & 1 & 1 & 0 & 0 \\
2 & 3 & 0 & 1 & 0 \\
1 & 7 & 0 & 0 & 1
\end{bmatrix}
\begin{bmatrix}
1 & & & & \\
& 1 & & & \\
& & 9 & & \\
& & & 10 & \\
& & & & 13
\end{bmatrix}
= \begin{bmatrix}
2 & 1 & 9 & 0 & 0 \\
2 & 3 & 0 & 10 & 0 \\
1 & 7 & 0 & 0 & 13
\end{bmatrix}
$$

$$
\hat{c} = Dc = \begin{bmatrix}
1 & & & & \\
& 1 & & & \\
& & 9 & & \\
& & & 10 & \\
& & & & 13
\end{bmatrix}
\begin{bmatrix}
-6 \\
-14 \\
0 \\
0 \\
0
\end{bmatrix}
= \begin{bmatrix}
-6 \\
-14 \\
0 \\
0 \\
0
\end{bmatrix}
$$

投影矩阵 $\hat{P}$ 为

$$\hat{P} = I - \hat{A}^{\mathrm{T}} (\hat{A}\hat{A}^{\mathrm{T}})^{-1} \hat{A}$$

$$
= \begin{bmatrix}
1 & & & & \\
& 1 & & & \\
& & 1 & & \\
& & & 1 & \\
& & & & 1
\end{bmatrix}
- \begin{bmatrix}
2 & 2 & 1 \\
1 & 3 & 7 \\
9 & 0 & 0 \\
0 & 10 & 0 \\
0 & 0 & 13
\end{bmatrix}
\left(
\begin{bmatrix}
2 & 1 & 9 & 0 & 0 \\
2 & 3 & 0 & 10 & 0 \\
1 & 7 & 0 & 0 & 13
\end{bmatrix}
\begin{bmatrix}
2 & 2 & 1 \\
1 & 3 & 7 \\
9 & 0 & 0 \\
0 & 10 & 0 \\
0 & 0 & 13
\end{bmatrix}
\right)^{-1}
$$

$$
\begin{bmatrix} 2 & 1 & 9 & 0 & 0 \\ 2 & 3 & 0 & 10 & 0 \\ 1 & 7 & 0 & 0 & 13 \end{bmatrix}
$$

$$
= \begin{bmatrix} 0.9226 & -0.0836 & -0.1957 & -0.1595 & -0.0260 \\ -0.0836 & 0.7258 & -0.0621 & -0.2010 & -0.3844 \\ -0.1957 & -0.0621 & 0.0504 & 0.0578 & 0.0485 \\ -0.1595 & -0.2010 & 0.0578 & 0.0922 & 0.1205 \\ -0.0260 & -0.3844 & 0.0485 & 0.1205 & 0.2090 \end{bmatrix}
$$

投影梯度为

$$
p^0 = -\hat{P}\hat{c} = - \begin{bmatrix} 0.9226 & -0.0836 & -0.1957 & 0.1595 & -0.0260 \\ -0.0836 & 0.7258 & -0.0621 & -0.2010 & -0.3844 \\ -0.1957 & -0.0621 & 0.0504 & 0.0578 & 0.0485 \\ -0.1595 & -0.2010 & 0.0578 & 0.0922 & 0.1205 \\ -0.0260 & -0.3844 & 0.0485 & 0.1205 & 0.2090 \end{bmatrix} \begin{bmatrix} -6 \\ -14 \\ 0 \\ 0 \\ 0 \end{bmatrix}
$$

$$
= \begin{bmatrix} 4.3657 \\ 9.6600 \\ -2.0435 \\ -3.7711 \\ -5.5373 \end{bmatrix}
$$

计算 $\theta = -\min_j p_j^0 = 5.5373$。改变比例后的当前迭代点为 $\hat{x}^0 = D^{-1} x^0 = e$，用 $\alpha = 0.9$ 在改变比例后的空间中移动到 $\hat{x}^1$：

$$
\hat{x}^1 = \begin{bmatrix} 1 \\ 1 \\ 1 \\ 1 \\ 1 \end{bmatrix} + \alpha p^0 = \begin{bmatrix} 1.7096 \\ 2.5701 \\ 0.6679 \\ 0.3871 \\ 0.1000 \end{bmatrix}
$$

将此点变换回原始空间：

$$
x^1 = D\hat{x}^1 = \begin{bmatrix} 1.7096 \\ 2.5701 \\ 6.0108 \\ 3.8707 \\ 1.3000 \end{bmatrix}
$$

得到更新后的费用函数为 $c^T x^1 = -46.2383$。

再进行一次迭代得到（略去相关说明）

$$\hat{A} = \begin{bmatrix} 3.4191 & 2.5701 & 6.0108 & 0 & 0 \\ 3.4191 & 7.7102 & 0 & 3.8707 & 0 \\ 1.7096 & 17.9904 & 0 & 0 & 1.3000 \end{bmatrix}$$

$$\hat{c} = \begin{bmatrix} -10.2574 \\ -35.9809 \\ 0 \\ 0 \\ 0 \end{bmatrix}$$

$$\hat{P} = \begin{bmatrix} 0.5688 & -0.0584 & -0.2986 & -0.3861 & 0.0606 \\ -0.0584 & 0.0111 & 0.0285 & 0.0295 & -0.0766 \\ -0.2986 & 0.0285 & 0.1577 & 0.2070 & -0.0017 \\ -0.3861 & 0.0295 & 0.2070 & 0.2822 & 0.0991 \\ 0.0606 & -0.0766 & -0.0017 & 0.0991 & 0.9803 \end{bmatrix}$$

$$p^1 = \begin{bmatrix} 3.7321 \\ -0.2004 \\ -2.0373 \\ -2.8975 \\ -2.1345 \end{bmatrix}$$

$$\hat{x}^1 = \begin{bmatrix} 2.1592 \\ 0.9378 \\ 0.3672 \\ 0.1000 \\ 0.3370 \end{bmatrix}$$

$$x^1 = \begin{bmatrix} 3.6914 \\ 2.4101 \\ 2.2072 \\ 0.3871 \\ 0.4381 \end{bmatrix}$$

更新后的费用函数是 $c^T x^1 = -55.8892$。

这个过程不断继续直到 $\| x^{k+1} - x^k \| < \varepsilon$，此时问题的解为

$$x^\star = \begin{bmatrix} 3.8182 \\ 2.4545 \\ 1.9091 \\ 0.0000 \\ 0.0000 \end{bmatrix}$$

更新后的费用函数是 $c^{\mathrm{T}}x^{\star} = -57.2727$，两者都与单纯形法的结果一致。

6.3　非线性规划

连续非线性优化问题的典型形式为

最小化
$$f(x) \quad x \in \mathbb{R}^n \tag{6.63}$$
约束条件为

$$c_i(x) = 0, i \in \xi \tag{6.64}$$
$$h_i(x) \geqslant 0, i \in \varXi \tag{6.65}$$

式中，$\begin{bmatrix} c(x) & h(x) \end{bmatrix}$ 是非线性约束函数的 m 维向量，而 ξ 和 $\varXi$ 是不相交的指标集。函数 $f(x)$ 有时又被称为"费用"函数。本书自始至终假定 f、c 和 h 都是二阶连续可微的。满足式（6.64）和式（6.65）约束条件的任何点 x 称为可行点，而所有这些点的集合称为可行域。此类问题一般地被称为非线性规划问题（NLP）。

在优化问题中，很多场景下参考"Karush - Kuhn - Tucker"（KKT）条件是方便的。对于不等式约束问题，在点 $x^{\star}$ 处，满足一阶 KKT 条件的要求是，如果存在一个 m 维向量 $\lambda^{\star}$，被称为 Lagrange 乘子向量，使得下面的式子成立[3]。

$$c(x^{\star}) \geqslant 0(可行性条件) \tag{6.66}$$
$$g(x^{\star}) = J(x^{\star})^{\mathrm{T}}\lambda^{\star}(平稳性条件) \tag{6.67}$$
$$\lambda^{\star} \geqslant 0(乘子的非负性) \tag{6.68}$$
$$c(x^{\star}) \cdot \lambda^{\star} = 0(互补性) \tag{6.69}$$

平稳性条件式（6.67）可表示为

$$\nabla_x L(x^{\star}, \lambda^{\star}) = 0, \quad 其中 L(x, \lambda) \triangleq f(x) - \lambda^{\mathrm{T}} c(x) \tag{6.70}$$

式中，λ 一般被称为 Lagrange 乘子，而式（6.70）称为 Lagrange 方程。Karush - Kuhn - Tucker 条件是非线性规划问题有最优解的必要条件。

6.3.1　二次规划

非线性规划问题中的一个特殊子类是二次规划问题，其一般性表达式为

最小化
$$f(x) = \frac{1}{2} x^{\mathrm{T}} Q x + c^{\mathrm{T}} x \quad x \in \mathbb{R}^n \tag{6.71}$$

约束条件为
$$Ax \leqslant b \tag{6.72}$$

$$x \geqslant 0 \tag{6.73}$$

如果 Q 是半正定矩阵，那么 $f(x)$ 是凸函数。如果 Q 为零，那么此问题就变为线性规划问题。对此二次规划问题，Lagrange 函数为

$$L(x, \lambda) = c^{\mathrm{T}}x + \frac{1}{2}x^{\mathrm{T}}Qx + \lambda(Ax - b) \tag{6.74}$$

式中，λ 是 m 维的行向量。对应局部最优点的 KKT 条件为

$$c^{\mathrm{T}} + x^{\mathrm{T}}Q + \lambda A \geqslant 0 \tag{6.75}$$

$$Ax - b \leqslant 0 \tag{6.76}$$

$$x^{\mathrm{T}}(c + Qx + A^{\mathrm{T}}\lambda) = 0 \tag{6.77}$$

$$\lambda(Ax - b) = 0 \tag{6.78}$$

$$x \geqslant 0 \tag{6.79}$$

$$\lambda \geqslant 0 \tag{6.80}$$

为了将这些方程改写为更易处理的形式，在式（6.75）中引入松弛变量 $y \in \mathbb{R}^n$，在式（6.76）中引入松弛变量 $v \in \mathbb{R}^m$，得

$$c + Qx + A^{\mathrm{T}}\lambda^{\mathrm{T}} - y = 0 \tag{6.81}$$

$$Ax - b + v = 0 \tag{6.82}$$

而 KKT 方程为

$$Qx + A^{\mathrm{T}}\lambda^{\mathrm{T}} - y = -c^{\mathrm{T}} \tag{6.83}$$

$$Ax + v = b \tag{6.84}$$

$$x \geqslant 0 \tag{6.85}$$

$$y \geqslant 0 \tag{6.86}$$

$$v \geqslant 0 \tag{6.87}$$

$$\lambda \geqslant 0 \tag{6.88}$$

$$y^{\mathrm{T}}x = 0 \tag{6.89}$$

$$\lambda v = 0 \tag{6.90}$$

现在通过采用受限制的基元规则，隐式地处理互补松弛条件 [式（6.89）和式（6.90）]，就可以运用任何线性规划方法来求解这组方程。这里的目标是找到线性规划问题的解，而附加的要求是在每次迭代时满足互补松弛条件。通过对每个方程加入人工变量并使人工变量之和最小化，可以达到目标函数最小化的目的。

例 6.6　最小化

$$f(x): -10x_1 - 8x_2 + x_1^2 + 2x_2^2$$

约束条件为

$$x_1 + x_2 \leqslant 10$$

$$x_2 \leqslant 5$$

$$x_1 \geqslant 0, \; x_2 \geqslant 0$$

解 6.6　重新将问题表述为

最小化

$$f(x): \begin{bmatrix} -10 & -8 \end{bmatrix} \begin{bmatrix} x_1 \\ x_2 \end{bmatrix} + \frac{1}{2} \begin{bmatrix} x_1 & x_2 \end{bmatrix} \begin{bmatrix} 2 & 0 \\ 0 & 4 \end{bmatrix} \begin{bmatrix} x_1 \\ x_2 \end{bmatrix}$$

约束条件为

$$\begin{bmatrix} 1 & 1 \\ 0 & 1 \end{bmatrix} \begin{bmatrix} x_1 \\ x_2 \end{bmatrix} \leqslant \begin{bmatrix} 10 \\ 5 \end{bmatrix}$$

设人工变量为 $a_1 - a_4$，对应的线性规划问题为

最小化 $a_1 + a_2 + a_3 + a_4$

约束条件为

$$\begin{array}{llllll}
2x_1 & + \lambda_1 & - y_1 & & + a_1 & & = 10 \\
4x_2 + \lambda_1 & + \lambda_2 & - y_2 & & + a_2 & & = 8 \\
x_1 + x_2 & & v_1 & & + a_3 & & = 10 \\
x_2 & & v_2 & & + a_4 & & = 5
\end{array}$$

此问题可以通过单纯形法或内点法求解。得到的解为

$$x = \begin{bmatrix} 5.0000 \\ 2.0000 \end{bmatrix}$$

$$\lambda = \begin{bmatrix} 0.6882 \\ 0.7439 \end{bmatrix}$$

$$y = \begin{bmatrix} 0.6736 \\ 1.3354 \end{bmatrix}$$

$$v = \begin{bmatrix} 3.0315 \\ 3.0242 \end{bmatrix}$$

$$a = \begin{bmatrix} 0 & 0 & 0 & 0 \end{bmatrix}$$

而对应的费用函数值 $f(x) = -33$。

6.3.2　最速下降法

在工程应用中，一般性的非线性规划问题通常采用两类方法进行求解：

1. 梯度法，如最速下降法。

2. 迭代法，如逐次二次规划法。

在无约束系统中，通常求解函数 $f(x)$ 最小化问题的方法是令函数的导数为零，然后根据导数方程求解出系统的状态。然而，对于大多数应用，在无约束最小化条件下得到的系统状态将不能满足约束方程。因此，需要寻找一种替代的方法来求解带约束的最小化问题。其中的一种方法是引入附加的参数集 λ，通常被称为 Lagrange 乘子，将约束条件加入到费用函数中。这样，增广后的费用函数变为

最小化 $$f(x) - \lambda c(x) \qquad (6.91)$$

式 (6.91) 的增广函数最小化问题，可以通过令增广函数的导数为零进行求解。注意，式 (6.91) 关于 λ 的导数，所得到的就是式 (6.64) 的等式约束。

例 6.7 最小化

$$C : \frac{1}{2}(x^2 + y^2) \qquad (6.92)$$

约束条件为

$$2x - y = 5$$

解 6.7 注意，要使其最小化的函数是一个圆的方程。此函数的无约束最小值在原点 $x = 0$ 和 $y = 0$ 上取到，意味着此圆的半径为零。然而，加上约束条件后，此圆必须与给定的直线相交，因此，此圆的半径不能为零。增广的费用函数变为

$$C^* : \frac{1}{2}(x^2 + y^2) - \lambda(2x - y - 5) \qquad (6.93)$$

式中，λ 表示 Lagrange 乘子。令增广费用函数的导数为零，得到如下方程组：

$$0 = \frac{\partial C^*}{\partial x} = x - 2\lambda$$

$$0 = \frac{\partial C^*}{\partial y} = y + \lambda$$

$$0 = \frac{\partial C^*}{\partial \lambda} = 2x - y - 5$$

求解此方程组得到 $[x \quad y \quad \lambda]^{\mathrm{T}} = [2 \quad -1 \quad 1]^{\mathrm{T}}$。在增广费用函数取到最小值的点上，费用函数式 (6.92) 的值为

$$C : \frac{1}{2}((2)^2 + (-1)^2) = \frac{5}{2}$$

费用函数 f 和约束方程 c 也可能是某个外部输入 u 的函数，在最小化函数 $f(x)$ 的过程中，u 是可变的。在这种情况下，式 (6.91) 可以更一般地表示为

最小化 $f(x, u) - \lambda c(x, u)$ $\qquad (6.94)$

如果等式约束超过一个，那么 λ 就变为一个乘子向量，增广费用函数变为

$$C^* : f(x) - [\lambda]^{\mathrm{T}} c(x) \qquad (6.95)$$

式中，C^* 的导数变为

$$\left[\frac{\partial C^*}{\partial \lambda} \right] = 0 = c(x) \qquad (6.96)$$

$$\left[\frac{\partial C^*}{\partial x} \right] = 0 = \left[\frac{\partial f}{\partial x} \right] - \left[\frac{\partial c}{\partial x} \right]^{\mathrm{T}} [\lambda] \qquad (6.97)$$

$$\left[\frac{\partial C^*}{\partial u} \right] = 0 = \left[\frac{\partial f}{\partial u} \right] - \left[\frac{\partial c}{\partial u} \right]^{\mathrm{T}} [\lambda] \qquad (6.98)$$

注意，对任何满足等式约束的可行解，都满足式 (6.96)；但可行解不一定是使费用函数最小化的最优解。在这种情况下，$[\lambda]$ 可以从式 (6.97) 中得到，

且只有

$$\left[\frac{\partial C^*}{\partial u}\right] \neq 0$$

这个向量可以被用作梯度向量 $[\nabla C]$，它和费用函数 C 的等值线正交。这样

$$[\lambda] = \left[\left[\frac{\partial c}{\partial x}\right]^{\mathrm{T}}\right]^{-1}\left[\frac{\partial f}{\partial x}\right] \tag{6.99}$$

而

$$\nabla C = \left[\frac{\partial C^*}{\partial u}\right] = \left[\frac{\partial f}{\partial u}\right] - \left[\frac{\partial c}{\partial u}\right]^{\mathrm{T}}[\lambda] \tag{6.100}$$

$$= \left[\frac{\partial f}{\partial u}\right] - \left[\frac{\partial c}{\partial u}\right]^{\mathrm{T}}\left[\left[\frac{\partial c}{\partial x}\right]^{\mathrm{T}}\right]^{-1}\left[\frac{\partial f}{\partial x}\right] \tag{6.101}$$

上述方法给出了此优化算法的基础，此优化算法被称为最速下降法。

　　最速下降法的步骤

　　1. 令 $k=0$。给定一个初始向量 $u^k = u^0$。

　　2. 求解式（6.96）（可能是非线性的），得到可行解 x。

　　3. 根据式（6.101）计算 C^{k+1} 和 ∇C^{k+1}。若 $\|C^{k+1} - C^k\|$ 小于事先设定的误差，则停止。

　　4. 计算新的向量 $u^{k+1} = u^k - \gamma \nabla C$，其中 γ 是用户设定的大于零的算法步长。

　　5. $k = k+1$。返回步骤 2。

　　在最速下降法中，每一步都要确定向量 u 的移动方向，该方向就是增广费用函数 C^* 变化最快的方向。例如，考虑一个人从山顶滑雪至山脚，如图 6.4 所示。滑雪者会在某一段路径上直线前进。在此点上，他也许并不是直指山下滑行的。因此。他会不断调整，以使自己朝着最速下降的方向前进。最速下降的方向与等高线（即费用）的切线垂直。滑雪者每次调整方向间的移动距离与算法中

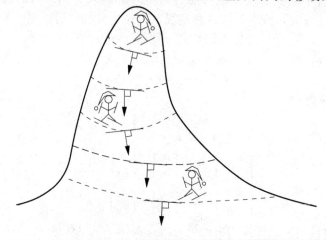

图 6.4　最速下降法的例子

的步长 γ 是类似的。当 γ 较小时，滑雪者会频繁地改变方向，这样，他的下降速度不高。而当 γ 较大时，他可能会越过山脚重新上坡。因此，最速下降法的关键在于 γ 的选择。如果 γ 选得小，算法更容易收敛到最小值，但需要更多的迭代次数。相反地，大的 γ 会导致在最小值附近振荡。

例 6.8　最小化

$$C: x_1^2 + 2x_2^2 + u^2 = f(x_1, x_2, u) \tag{6.102}$$

约束条件为

$$0 = x_1^2 - 3x_2 + u - 3 \tag{6.103}$$

$$0 = x_1 + x_2 - 4u + 2 \tag{6.104}$$

解 6.8　为了求解式（6.101）的 ∇C，需要如下的偏导数：

$$\left[\frac{\partial f}{\partial u}\right] = 2u$$

$$\left[\frac{\partial f}{\partial x}\right] = \begin{bmatrix} 2x_1 \\ 4x_2 \end{bmatrix}$$

$$\left[\frac{\partial c}{\partial u}\right]^T = \begin{bmatrix} 1 & -4 \end{bmatrix}$$

$$\left[\frac{\partial c}{\partial x}\right] = \begin{bmatrix} 2x_1 & -3 \\ 1 & 1 \end{bmatrix}$$

可以得到

$$\nabla C = \left[\frac{\partial f}{\partial u}\right] - \left[\frac{\partial c}{\partial u}\right]^T \left[\left[\frac{\partial c}{\partial x}\right]^T\right]^{-1} \left[\frac{\partial f}{\partial x}\right]$$

$$= 2u - \begin{bmatrix} 1 & -4 \end{bmatrix} \left[\begin{bmatrix} 2x_1 & -3 \\ 1 & 1 \end{bmatrix}^T\right]^{-1} \begin{bmatrix} 2x_1 \\ 4x_2 \end{bmatrix}$$

迭代 1

令 $u = 1$，$\gamma = 0.05$，选择停止迭代的准则为 $\epsilon = 0.0001$。求解 x_1 和 x_2，得到两组解及其对应的费用函数：

$$x_1 = 1.7016 \quad x_2 = 0.2984 \quad f = 4.0734$$

$$x_1 = -4.7016 \quad x_2 = 6.7016 \quad f = 23.2828$$

第 1 组解得到了费用函数的极小值，因此被选择为工作解。将 $x_1 = 1.7016$，$x_2 = 0.2984$ 代入到梯度函数中，得到 $\nabla C = 10.5705$，u 的新值变为

$$u^{(2)} = u^{(1)} - \gamma \nabla C$$

$$= 1 - (0.05)(10.5705)$$

$$= 0.4715$$

迭代 2

取 $u = 0.4715$，再次求解 x_1 和 x_2，得到两组解及其对应的费用函数：

$$x_1 = 0.6062 \quad x_2 = -0.7203 \quad f = 1.6276$$
$$x_1 = -3.6062 \quad x_2 = 3.4921 \quad f = 14.2650$$

第 1 组解再次得到了费用函数的极小值，因此被选择为工作解。费用函数的差为

$$|C^{(1)} - C^{(2)}| = |4.0734 - 1.6276| = 2.4458$$

大于迭代停止准则。将这些值代入到梯度函数中，得到 $\nabla C = 0.1077$，u 的新值变为

$$
\begin{aligned}
u^{(3)} &= u^{(2)} - \gamma \nabla C \\
&= 0.4715 - (0.05)(0.1077) \\
&= 0.4661
\end{aligned}
$$

迭代 3

取 $u = 0.4661$，再次求解 x_1 和 x_2，得到两组解及其对应的费用函数：

$$x_1 = 0.5921 \quad x_2 = -0.7278 \quad f = 1.6271$$
$$x_1 = -3.5921 \quad x_2 = 3.4565 \quad f = 14.1799$$

第 1 组解再次得到了费用函数的极小值，因此被选择为工作解。费用函数的差为

$$|C^{(2)} - C^{(3)}| = |1.6276 - 1.6271| = 0.0005$$

大于迭代停止准则。将这些值代入到梯度函数中，得到 $\nabla C = 0.0541$，u 的新值变为

$$
\begin{aligned}
u^{(4)} &= u^{(3)} - \gamma \nabla C \\
&= 0.4661 - (0.05)(0.0541) \\
&= 0.4634
\end{aligned}
$$

迭代 4

取 $u = 0.4634$，再次求解 x_1 和 x_2，得到两组解及其对应的费用函数：

$$x_1 = 0.5850 \quad x_2 = -0.7315 \quad f = 1.6270$$
$$x_1 = -3.5850 \quad x_2 = 3.4385 \quad f = 14.1370$$

第 1 组解再次得到了费用函数的极小值，因此被选择为工作解。费用函数的差为

$$|C^{(3)} - C^{(4)}| = |1.6271 - 1.6270| = 0.0001$$

满足迭代停止准则。因此，问题的解为 $x_1 = 0.5850$，$x_2 = -0.7315$，$u = 0.4634$，而费用函数的最小值为 $f = 1.6270$。

6.3.3 序贯二次规划法

梯度下降法在小型非线性系统中很有效，但在搜索空间维数上升时效率降低。非线性序贯二次规划（SQP）法计算高效，且已证明在凸搜索空间中表现出超线性收敛特性[4]。SQP 方法用于求解如下问题：

最小化

$$f(x) \quad x \in \mathbb{R}^n \tag{6.105}$$

约束条件为

$$c_i(x) = 0, \ i \in \xi \tag{6.106}$$

$$h_i(x) \geqslant 0, \ i \in \Xi \tag{6.107}$$

与前文类似，求解该优化问题的常规方法是利用 Lagrange 乘子，使如下混合系统最小化：

$$L(x, \lambda) - f(x) + \lambda^T c(x) + \pi^T h(x) \quad i = 1, \cdots, m \tag{6.108}$$

KKT 条件为

$$\nabla f(x) + C^T \lambda + H^T \pi = 0$$

$$c(x) = 0$$

$$h(x) + s = 0$$

$$\pi^T s = 0$$

$$\pi, s \geqslant 0$$

式中，λ 是等式约束的 Lagrange 乘子向量，π 是不等式约束的 Lagrange 乘子向量，s 是松弛变量向量，而

$$C = \frac{\partial c(x)}{\partial x} \tag{6.109}$$

$$H = \frac{\partial h(x)}{\partial x} \tag{6.110}$$

这组非线性方程可以通过 Newton – Raphson 法求得 x、λ、π 和 s。考虑只有 x 和 λ 的情况，利用 Newton – Raphson 法求解 $y = [x \quad \lambda]^T$，有

$$F(y) = 0 = \begin{bmatrix} \nabla f(x) + C^T \lambda \\ c(x) \end{bmatrix}$$

Newton – Raphson 法的向量 y 更新为

$$y^{k+1} = y^k - \alpha_k [\nabla F_k]^{-1} F(y^k)$$

用原变量表达为

$$\begin{bmatrix} x^{k+1} \\ \lambda^{k+1} \end{bmatrix} = \begin{bmatrix} x^k \\ \lambda^k \end{bmatrix} - \alpha_k \begin{bmatrix} \nabla^2 L & \nabla c^T \\ \nabla c^T & 0 \end{bmatrix}_k^{-1} \begin{bmatrix} \nabla L \\ c \end{bmatrix}_k \tag{6.111}$$

式中，α_k 是步长，大于零，通常取小于或等于 1 的值。

例 6.9 用 SQP 法重新做例 6.8。

解 6.9 将问题重新写出如下：

最小化

$$C: x_1^2 + 2x_2^2 + u^2 = f(x_1, x_2, u) \tag{6.112}$$

约束条件为

$$0 = x_1^2 - 3x_2 + u - 3 \tag{6.113}$$

$$0 = x_1 + x_2 - 4u + 2 \tag{6.114}$$

运用 KKT 条件，得到如下的非线性方程组：

$$0 = 2x_1 + 2\lambda_1 x_1 + \lambda_2$$
$$0 = 4x_2 - 3\lambda_1 + \lambda_2$$
$$0 = 2u + \lambda_1 - 4\lambda_2$$
$$0 = x_1^2 - 3x_2 + u - 3$$
$$0 = x_1 + x_2 - 4u + 2$$

Newton – Raphson 迭代式为

$$
\begin{bmatrix} x_1 \\ x_2 \\ u \\ \lambda_1 \\ \lambda_2 \end{bmatrix}^{k+1} = \begin{bmatrix} x_1 \\ x_2 \\ u \\ \lambda_1 \\ \lambda_2 \end{bmatrix}^{k} - \begin{bmatrix} 2+2\lambda_1^k & 0 & 0 & 2x_1^k & 1 \\ 0 & 4 & 0 & -3 & 1 \\ 0 & 0 & 2 & 1 & -4 \\ 2x_1^k & -3 & 1 & 0 & 0 \\ 1 & 1 & -4 & 0 & 0 \end{bmatrix}^{-1} \begin{bmatrix} 2x_1^k + 2\lambda_1^k x_1^k + \lambda_2^k \\ 4x_2^k - 3\lambda_1^k + \lambda_2^k \\ 2u^k + \lambda_1^k - 4\lambda_2^k \\ (x_1^k)^2 - 3x_2^k + u^k - 3 \\ x_1^k + x_2^k - 4u^k + 2 \end{bmatrix}
$$

$$(6.115)$$

从初始解 $\begin{bmatrix} x_1 & x_2 & u & \lambda_1 & \lambda_2 \end{bmatrix}^T = \begin{bmatrix} 1 & 1 & 1 & 1 & 1 \end{bmatrix}^T$ 开始，得到后续的更新解为

k	x_1	x_2	u	λ_1	λ_2	$f(x)$
0	1.0000	1.0000	1.0000	1.0000	1.0000	4.0000
1	0.5774	-0.7354	0.4605	-0.9859	-0.0162	1.6270
2	0.8462	-0.5804	0.5664	-0.7413	0.0979	1.7106
3	0.6508	-0.7098	0.4853	-0.9442	0.0066	1.6666
4	0.5838	-0.7337	0.4625	-0.9831	-0.0145	1.6314
5	0.5774	-0.7354	0.4605	-0.9859	-0.0162	1.6270

这与前面已得到的结果是一致的。

6.4　在电力系统中的应用

6.4.1　最优潮流

在诸如潮流计算的很多电力系统应用中，只能给出电力系统运行的一个时间断面上的信息。而系统规划人员和运行人员经常更关注系统参数调整对流过线路的潮流以及对系统损耗的影响。对系统参数的调整不是随意的，通常根据某个目标函数对系统参数进行最优调整。这些目标函数可以是发电费用最小，水库水位最小，或者系统损耗最小，等等。最优潮流问题就是在目标函数的框架下建立潮

流计算问题以求解系统电压和发电功率。在此应用中,潮流计算的输入参数会被系统性地进行调整,以最大化或最小化某个由潮流状态变量表示的标量函数。最常见的两个目标函数是最小化发电费用和最小化有功损耗。

最优潮流的时间尺度为分钟级到 1h,因此其基本假设是只针对当前在线的机组进行优化。确定机组是否应该投入、何时投入、投入多长时间的机组组合问题,不在这里进行考虑。使输电系统有功损耗最小化,不但可以节省发电费用,还能增加系统的备用容量。

通常发电费用曲线(发电机发出的功率与发电费用之间的关系曲线)是由一段一段线性的增量费用曲线表示的。这是为了简化凹的费用函数所得到的结果,分段线性的增量费用曲线的断点与凹曲线的阀点重合[19]。通过对增量费用曲线进行积分,可以将分段线性的增量费用曲线变为分段二次费用曲线。这种类型的目标函数使其很容易用于经济调度问题,即在优化过程中只考虑发电单元的 λ – 调度问题。在这种优化过程中,系统损耗以及电压约束和线路潮流约束都被忽略。这个经济调度方法将在下面的例子中具体说明。

例 6.10 三台发电机具有如下的费用函数,供电给 952MW 的负荷,假定系统无损耗,计算最优的发电分配方案。

$$C_1 : P_1 + 0.0625P_1^2 \quad 美元/h$$
$$C_2 : P_2 + 0.0125P_2^2 \quad 美元/h$$
$$C_3 : P_3 + 0.0250P_3^2 \quad 美元/h$$

解 6.10 确定最优发电分配方案的第一步是将此问题构造成一般性的形式。因此,本问题的数学描述为

最小化 C: $P_1 + 0.0625P_1^2 + P_2 + 0.0125P_2^2 + P_3 + 0.0250P_3^2$

约束条件: $P_1 + P_2 + P_3 - 952 = 0$

根据上述数学描述,受约束的费用函数变为

$$C^* : P_1 + 0.0625P_1^2 + P_2 + 0.0125P_2^2 + P_3 + 0.0250P_3^2 - \lambda(P_1 + P_2 + P_3 - 952) \tag{6.116}$$

令 C^* 的导数为零,得到如下线性方程组:

$$\begin{bmatrix} 0.125 & 0 & 0 & -1 \\ 0 & 0.025 & 0 & -1 \\ 0 & 0 & 0.050 & -1 \\ 1 & 1 & 1 & 0 \end{bmatrix} \begin{bmatrix} P_1 \\ P_2 \\ P_3 \\ \lambda \end{bmatrix} = \begin{bmatrix} -1 \\ -1 \\ -1 \\ 952 \end{bmatrix} \tag{6.117}$$

求解上述方程组得到

$$P_1 = 112\text{MW}$$
$$P_2 = 560\text{MW}$$

$$P_3 = 280\text{MW}$$

$$\lambda = 15 \text{ 美元/MWh}$$

受约束的费用为 7616 美元/h。

这是一个使每小时发电费用最小化的发电分配方案。λ 的值是发电费用的增量费用，即等价费用，也是公司买电或卖电的截止价格：如果公司能以低于 λ 的价格买电，那么公司的总费用将下降。同样地，如果公司能以高于 λ 的价格卖电，公司的总费用也将下降。同时请注意在最优分配方案下：

$$\lambda = 1 + 0.125P_1 = 1 + 0.025P_2 = 1 + 0.050P_3 \tag{6.118}$$

因为 λ 是系统的增量费用，该点也被称作"等增量费用点"，而该发电分配方案被说成是满足"等微增量费用准则"。任何偏离等微增量费用准则的发电分配方案都会导致发电费用 C 的上升。

例 6.11 若用户愿意支付 16 美元/MWh 买电，有多少超额电量可以生产和销售？此交易的利润是多少？

解 6.11 从例 6.10 知道，通过对增广费用函数求导，可以得到发电量与 λ 之间的关系为

$$P_1 = 8(\lambda - 1)$$

$$P_2 = 40(\lambda - 1)$$

$$P_3 = 20(\lambda - 1)$$

因此根据等式约束条件有

$$8(\lambda - 1) + 40(\lambda - 1) + 20(\lambda - 1) - 952 = 0 \tag{6.119}$$

为了确定超额电量，需对式（6.119）进行增广，并计算 $\lambda = 16$ 美元/MWh 时的值：

$$8(16 - 1) + 40(16 - 1) + 20(16 - 1) - (952 + 超额量) = 0 \tag{6.120}$$

求解式（6.120）得超额电量为 68MW，且 $P_1 = 120\text{MW}$，$P_2 = 600\text{MW}$，$P_3 = 300\text{MW}$。发电总费用变为

$$C: P_1 + 0.0625P_1^2 + P_2 + 0.0125P_2^2 + P_3 + 0.0250P_3^2 = 8670 \text{ 美元/h}$$

$$\tag{6.121}$$

卖出超额电量所得到的收入等于超额电量乘增量费用 λ，

$$68\text{MW} \times 16 \text{ 美元/MWh} = 1088 \text{ 美元/h}$$

因此，总的费用为 8670 美元/h − 1088 美元/h = 7582 美元/h。比上例中的费用 7616 美元/h 减少 36 美元/h，因此这 36 美元/h 是通过以 16 美元/MWh 价格卖出超额电量所获得的利润。

图 6.5 展示了一个中等规模电力公司的发电增量费用表。发电机的增量费用从上到下列在表格的左边；不同发电机单元列在表格的顶部，由最便宜的左边到最贵的右边依次排列。核电机组运行费用最低，最左端的核电机组 Washington

能够以 7 美元/MWh 的增量费用提供至多 1222MW 的功率；它的增量费用只有第二便宜的燃煤机组 Adams（14 美元/MWh）的一半。随着启用的机组变得越来越贵，增量费用也相应提高。

美元/MWh	WASH	ADAMS 1-2	ADAMS 3-4	JEFF 1-2	MADI	MONR 1-2	MONROE 4	MONROE 3	MONROE	MONROE 1-2	QADAMS	QADAMS 1-2	QADAMS	QADAMS 3-4	QADA 5-6	JACK	VBUR	HARR	TYLE	POLK
	核	煤	煤	煤	煤	煤	煤	气	煤	气	油	气	油	气	油	气	油	油	油	油
	0.41	0.95	0.95	0.93	0.96	1.41	1.41	2.25	1.41	2.25	3.65	2.25	3.65	2.25	3.65	2.10	3.50	3.50	3.55	3.65
7.00	1222																			
14.00		160	240																	
14.50		240	310																	
15.00		320	380	220																
15.50		390	450	410																
16.00		470	520	590																
16.50		540	587	608			100		20											
17.00		587				110	130		30											
17.50						170	160		50											
18.00						230	200		60											
18.50					502	290	230		80											
19.00						360	260		90											
19.50							290		110											
20.00							298		130											
20.50									142											
22.00								90		20				20						
25.00										80				60						
28.00										142		20		95						
31.00												45		95						
34.00																108				
37.00													20		30					
40.00													40		50					
43.00																				
46.00											30		60		80					
49.00											40		80		95					
52.00											45		95							
55.00																	48	63	189	
64.00																				30

图 6.5　增量费用表

例 6.12　生产 4500MW 电力，上述电力公司的增量费用是多少？

解 6.12　为了从图 6.5 的增量费用表中找到对应 4500MW 时的增量费用，需要对各台发电机的最大出力进行累加直到等于 4500MW。经过计算可知，当累加到燃气机组 Monroe1 - 2 时可以达到 4500MW 的出力，而所对应的增量费用是 28 美元/MWh。这是发电 4500MW 时的平衡点价格。

如果购电价格可以低于 28 美元/MWh，该电力公司就应该买电。

等增量费用发电分配方案的主要缺陷是忽略了系统的损耗。其唯一的约束是一个等式约束，即发电总量必须等于负荷总量。但实际上，发电总量总是等于负荷总量加系统损耗。考虑损耗后，等式约束必须包括潮流方程，而优化过程必须采用最速下降法或类似的方法等[10]。

例 6.13　考察如图 6.6 所示的三机系统。该系统与例 3.9 的三机系统具有相同的参数，除了母线 3 已转化为发电机母线且其电压模值等于 1.0pu。总负荷和发电机的费用函数与例 6.10 相同。采用等增量费用准则作为起始点，求解考虑损耗后此系统的最优发电分配方案。

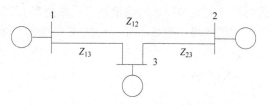

图 6.6　例 6.13 的系统图

解 6.13　采用 6.3.2 节描述的最速下降法，第一步是求梯度 ∇C 的表达式，本例中，

$$\nabla C = \left[\frac{\partial f}{\partial u} \right] - \left[\frac{\partial g}{\partial u} \right]^{\mathrm{T}} \left[\left[\frac{\partial g}{\partial x} \right]^{\mathrm{T}} \right]^{-1} \left[\frac{\partial f}{\partial x} \right] \qquad (6.122)$$

式中，f 是发电机费用之和

$$f: C_1 + C_2 + C_3 = P_1 + 0.0625P_1^2 + P_2 + 0.0125P_2^2 + P_3 + 0.0250P_3^2$$

g 是潮流方程组：

$$g_1 : 0 = P_2 - P_{L2} - V_2 \sum_{i=1}^{3} V_i Y_{2i} \cos(\delta_2 - \delta_i - \phi_{2i})$$

$$g_2 : 0 = P_3 - P_{L3} - V_3 \sum_{i=1}^{3} V_i Y_{3i} \cos(\delta_3 - \delta_i - \phi_{3i})$$

式中，P_{Li} 表示母线 i 的有功负荷，输入变量 u 是独立的发电机出力：

$$u = \begin{bmatrix} P_2 \\ P_3 \end{bmatrix}$$

而 x 是未知的状态变量

$$x = \begin{bmatrix} \delta_2 \\ \delta_3 \end{bmatrix}$$

发电机出力 P_1 不是输入变量，因为母线 1 是平衡母线，其发电出力不是独立变量。根据上述描述，可以导出用于 ∇C 计算的各个偏导数为

$$\left[\frac{\partial g}{\partial u} \right] = \begin{bmatrix} 1 & 0 \\ 0 & 1 \end{bmatrix} \qquad (6.123)$$

$$\left[\frac{\partial g}{\partial x} \right] = \begin{bmatrix} \dfrac{\partial g_1}{\partial \delta_2} & \dfrac{\partial g_1}{\partial \delta_3} \\[2mm] \dfrac{\partial g_2}{\partial \delta_2} & \dfrac{\partial g_2}{\partial \delta_3} \end{bmatrix} \qquad (6.124)$$

式中，

$$\frac{\partial g_1}{\partial \delta_2} = V_2 \big(V_1 Y_{12} \sin(\delta_2 - \delta_1 - \phi_{21}) + V_3 Y_{13} \sin(\delta_2 - \delta_3 - \phi_{23}) \big) \qquad (6.125)$$

$$\frac{\partial g_1}{\partial \delta_3} = -V_2 V_3 Y_{32} \sin(\delta_2 - \delta_3 - \phi_{23}) \tag{6.126}$$

$$\frac{\partial g_2}{\partial \delta_2} = -V_3 V_2 Y_{23} \sin(\delta_3 - \delta_2 - \phi_{32}) \tag{6.127}$$

$$\frac{\partial g_2}{\partial \delta_3} = V_3 (V_1 Y_{13} \sin(\delta_3 - \delta_1 - \phi_{31}) + V_2 Y_{23} \sin(\delta_3 - \delta_2 - \phi_{32})) \tag{6.128}$$

且

$$\left[\frac{\partial f}{\partial u}\right] = \begin{bmatrix} 1 + 0.025 P_2 \\ 1 + 0.050 P_3 \end{bmatrix} \tag{6.129}$$

求偏导数 $\left[\dfrac{\partial f}{\partial x}\right]$ 较为复杂，因为费用函数并没有直接写成 x 的函数。但是，回想一下，P_1 不是输入变量，实际上是一个依赖于 x 的变量，即

$$P_1 = V_1(V_1 Y_{11} \cos(\delta_1 - \delta_1 - \phi_{11})$$
$$+ V_2 Y_{12} \cos(\delta_1 - \delta_2 - \phi_{12}) + V_3 Y_{13} \cos(\delta_1 - \delta_3 - \phi_{13})) \tag{6.130}$$

因此，根据链式法则，

$$\left[\frac{\partial f}{\partial x}\right] = \left[\frac{\partial f}{\partial P_1}\right]\left[\frac{\partial P_1}{\partial x}\right] \tag{6.131}$$

$$= (1 + 0.125 P_1) \begin{bmatrix} V_1 V_2 Y_{12} \sin(\delta_1 - \delta_2 - \phi_{12}) \\ V_1 V_3 Y_{13} \sin(\delta_1 - \delta_3 - \phi_{13}) \end{bmatrix} \tag{6.132}$$

根据前面的算例，由等增量费用准则得到的初始值为 $P_2 = 0.56\text{pu}$ 和 $P_3 = 0.28\text{pu}$。采用 $P_2 = 0.56\text{pu}$ 和 $P_3 = 0.28\text{pu}$ 作为输入求解潮流方程，得到如下状态量：$[\delta_2 \quad \delta_3] = [0.0286 \quad -0.0185]$，$P_1 = 0.1152$。将发电出力转换为 MW，再将其数值代入到偏导数中得到

$$\left[\frac{\partial g}{\partial u}\right] = \begin{bmatrix} 1 & 0 \\ 0 & 1 \end{bmatrix} \tag{6.133}$$

$$\left[\frac{\partial g}{\partial x}\right] = \begin{bmatrix} -13.3267 & 9.9366 \\ 9.8434 & -19.9219 \end{bmatrix} \tag{6.134}$$

$$\left[\frac{\partial f}{\partial u}\right] = \begin{bmatrix} 15.0000 \\ 15.0000 \end{bmatrix} \tag{6.135}$$

$$\left[\frac{\partial f}{\partial x}\right] = 15.4018 \begin{bmatrix} -52.0136 \\ -155.8040 \end{bmatrix} \tag{6.136}$$

从而得到

$$\nabla C = \begin{bmatrix} -0.3256 \\ -0.4648 \end{bmatrix} \tag{6.137}$$

这样，输入量（发电出力）的新值为

$$\begin{bmatrix} P_2 \\ P_3 \end{bmatrix} = \begin{bmatrix} 560 \\ 280 \end{bmatrix} - \gamma \begin{bmatrix} -0.3256 \\ -0.4648 \end{bmatrix} \tag{6.138}$$

取 $\gamma = 1$ 时，更新后的发电出力为 $P_2 = 560.3\mathrm{MW}$ 和 $P_3 = 280.5\mathrm{MW}$。

这里梯度 ∇C 已经很小了，表示根据等增量费用准则得到的发电出力即使在考虑了损耗后也已相当接近于最优值。再经过一次迭代，得到三台发电机最终出力值为

$$\begin{bmatrix} P_1 \\ P_2 \\ P_3 \end{bmatrix} = \begin{bmatrix} 112.6 \\ 560.0 \\ 282.7 \end{bmatrix} \mathrm{MW}$$

此条件下的发电费用为 7664 美元/MWh。注意，这个发电费用高于用等增量费用准则计算得到的发电费用，其原因是需要增加额外发电出力以补偿系统的损耗。

最速下降法有时会使系统状态或输入超出物理约束，例如使用该算法会导致发电出力超出机组的最大物理出力。类似地，所得到的母线电压也可能超出期望的变化范围（通常为额定值的 ±10% 范围）。这些情况都属于违反了此问题的不等式约束。在这些情况下，必须对最速下降法进行修正以反映这些物理约束。已存在数种方法来考虑上述约束，可以将这些方法分为取决于输入的约束（独立变量）和取决于状态的约束（非独立变量）。

6.4.1.1 对独立变量的约束

如果应用最速下降法得到输入变量的更新值超出了设定的极限，那么最直接的解决方法是将越限的输入变量值设置成等于其极限值，然后继续往下计算，只是减少了一个自由度。

例 6.14 重复例 6.13，但发电机必须满足如下限制条件：

$$80\mathrm{MW} \leqslant P_1 \leqslant 1200\mathrm{MW}$$

$$450\mathrm{MW} \leqslant P_2 \leqslant 750\mathrm{MW}$$

$$150\mathrm{MW} \leqslant P_3 \leqslant 250\mathrm{MW}$$

解 6.14 根据例 6.13 的结果，发电机 3 的输出超出了其极限值 0.25pu。因此在例 6.13 的第 1 次迭代以后，P_3 被设置为 0.25pu，则新的偏导数为

$$\begin{bmatrix} \dfrac{\partial g}{\partial u} \end{bmatrix} = \begin{bmatrix} 1 \\ 0 \end{bmatrix} \tag{6.139}$$

$$\begin{bmatrix} \dfrac{\partial g}{\partial x} \end{bmatrix} = 与前面的相同 \tag{6.140}$$

$$\left[\frac{\partial f}{\partial u}\right] = \left[1 + 0.025P_2\right] \tag{6.141}$$

$$\left[\frac{\partial f}{\partial x}\right] = \text{与前面的相同} \tag{6.142}$$

根据带约束的最速下降法，新的发电机出力为

$$\begin{bmatrix} P_1 \\ P_2 \\ P_3 \end{bmatrix} = \begin{bmatrix} 117.1 \\ 588.3 \\ 250.0 \end{bmatrix} \text{ MW}$$

此时发电费用为 7703 美元/MWh，高于无约束的发电费用 7664 美元/MWh。随着更多的约束被加入进来，系统会离最优工作点越来越远，从而增加了发电费用。

6.4.1.2 对非独立变量的约束

在很多情况下，系统的物理约束是施加在状态变量上的，而状态变量在系统描述中是因变量。这种情况下，不等式约束是状态变量 x 的函数，并且必须加入到费用函数中去。对因变量有约束的例子包括最大线路潮流和母线电压水平。在这些情况下，状态变量的值是不能独立设定的，而必须间接确定。执行不等式约束的一种方法是在费用函数中引入惩罚函数。惩罚函数是这样一种函数，当状态变量离极限值很远时很小，但当状态变量接近极限值时会变得很大。典型的惩罚函数包括：

$$p(h) = e^{kh} \quad k > 0 \tag{6.143}$$
$$p(h) = x^{2n} e^{kh} \quad n, k > 0 \tag{6.144}$$
$$p(h) = ax^{2n} e^{kh} + b e^{kh} \quad n, k, a, b > 0 \tag{6.145}$$

而费用函数变为

$$C^* : C(u,x) + \lambda^T g(u,x) + p(h(u,x) - h^{\max}) \tag{6.146}$$

上述费用函数可以通过一般的导数为零的方法得到其最小值。这种方法的优势是实现简单，但也存在几个缺陷。第 1 个缺陷是惩罚函数的选择经常是启发式的，随不同的问题而不同。第 2 个缺陷是此种方法不能实施对状态变量的硬约束，即如果超出极限值，费用函数会变得很大，但状态变量是允许超出极限值的。在很多应用中，上述问题不算很严重的缺陷。如果输电线路上的潮流略微超出其极限，可以认为电力系统仍然能够继续运行，至少在一个有限的时间段内。然而，若物理约束是一架飞机高于地面的高度，那么即使是很小的高度负偏差，也会造成可怕的后果。因此，使用惩罚函数来实施约束时一定要小心，并不是对所有系统都适用。

例 6.15 重新计算例 6.13，但需通过惩罚函数限制线路 2 - 3 的潮流

至 0.4pu。

解 6.15 例 6.13 中流过线路 2-3 的潮流为

$$P_{23} = V_2 V_3 Y_{23} \cos(\delta_2 - \delta_3 - \phi_{23}) - V_2^2 Y_{23} \cos\phi_{23} = 0.467 \quad (6.147)$$

若 P_{23} 超过 0.4pu，则惩罚函数

$$p(h) = (1000 V_2 V_3 Y_{23} \cos(\delta_2 - \delta_3 - \phi_{23}) - 1000 V_2^2 Y_{23} \cos\phi_{23} - 400)^2 \quad (6.148)$$

将加到费用函数中去。除了 $\left[\dfrac{\partial f}{\partial x}\right]$，其余偏导数保持不变。$\left[\dfrac{\partial f}{\partial x}\right]$ 的表达式为

$$\left[\frac{\partial f}{\partial x}\right] = \left[\frac{\partial f}{\partial P_1}\right]\left[\frac{\partial P_1}{\partial x}\right] + \left[\frac{\partial f}{\partial P_{23}}\right]\left[\frac{\partial P_{23}}{\partial x}\right] \quad (6.149)$$

$$= (1 + 0.125 P_1)\begin{bmatrix} V_1 V_2 Y_{12} \sin(\delta_1 - \delta_2 - \phi_{1,2}) \\ V_1 V_3 Y_{13} \sin(\delta_1 - \delta_3 - \phi_{1,3}) \end{bmatrix}$$

$$+ 2(P_{23} - 400)\begin{bmatrix} -V_2 V_3 Y_{23} \sin(\delta_2 - \delta_3 - \phi_{23}) \\ V_2 V_3 Y_{23} \sin(\delta_2 - \delta_3 - \phi_{23}) \end{bmatrix} \quad (6.150)$$

采用最速下降法进行计算，得到受约束下的最优发电方案为

$$\begin{bmatrix} P_1 \\ P_2 \\ P_3 \end{bmatrix} = \begin{bmatrix} 128.5 \\ 476.2 \\ 349.9 \end{bmatrix} \text{MW}$$

而 $P_{23} = 400\text{MW}$。该受约束最优发电方案下的发电费用为 7882 美元/MWh，略微高于无约束的最优方案。

对于必须施加硬约束的情况，须采用替代方法来执行不等式约束。在本方法中，不等式约束是作为额外的等式约束加入到费用函数中的，即把不等式约束转化为等于上限或下限的 2 个等式约束。这本质上是引入了额外的一组 Lagrange 乘子。因此本方法经常被称为对偶变量法，因为每个不等式约束都可能引出两个等式约束，一个对应上限约束，另一个对应下限约束。然而，不可能同时违反上限约束和下限约束，因此对于任何给定的工作点，在 2 个额外的 Lagrange 乘子中只要取其中一个就可以了，即对偶约束是相互排斥的。

例 6.16 采用对偶变量法重新计算例 6.15。

解 6.16 通过引入额外的等式方程

$$P_{23} = V_2 V_3 Y_{23} \cos(\delta_2 - \delta_3 - \phi_{23}) - V_2^2 Y_{23} \cos\phi_{23} = 0.400 \quad (6.151)$$

也就是在等式约束方程组 $g(x)$ 中额外增加了一个方程，因此，在状态向量 x 中必须增加一个额外的未知量，以构造一个可以求解的方程组（三个方程三个未知数）。P_{G2} 和 P_{G3} 中任何一个都可以被选作新的未知量。本例中，选择 P_{G3} 作为新的未知量。新系统 Jacobi 矩阵为

$$\left[\frac{\partial g}{\partial x}\right] = \begin{bmatrix} \dfrac{\partial g_1}{\partial x_1} & \dfrac{\partial g_1}{\partial x_2} & \dfrac{\partial g_1}{\partial x_3} \\[2mm] \dfrac{\partial g_2}{\partial x_1} & \dfrac{\partial g_2}{\partial x_2} & \dfrac{\partial g_2}{\partial x_3} \\[2mm] \dfrac{\partial g_3}{\partial x_1} & \dfrac{\partial g_3}{\partial x_2} & \dfrac{\partial g_3}{\partial x_3} \end{bmatrix} \qquad (6.152)$$

式中，

$$\frac{\partial g_1}{\partial x_1} = V_2 (V_1 Y_{12} \sin(\delta_2 - \delta_1 - \phi_{21}) + V_3 Y_{13} \sin(\delta_2 - \delta_3 - \phi_{23}))$$

$$\frac{\partial g_1}{\partial x_2} = - V_2 V_3 Y_{32} \sin(\delta_2 - \delta_3 - \phi_{23})$$

$$\frac{\partial g_1}{\partial x_3} = 0$$

$$\frac{\partial g_2}{\partial x_1} = - V_3 V_2 Y_{23} \sin(\delta_3 - \delta_2 - \phi_{32})$$

$$\frac{\partial g_2}{\partial x_2} = - V_3 V_1 Y_{13} \sin(\delta_3 - \delta_1 - \phi_{31}) + V_2 Y_{23} \sin(\delta_3 - \delta_2 - \phi_{32})$$

$$\frac{\partial g_2}{\partial x_3} = 1$$

$$\frac{\partial g_3}{\partial x_1} = - V_3 V_3 Y_{23} \sin(\delta_2 - \delta_3 - \phi_{23})$$

$$\frac{\partial g_3}{\partial x_2} = V_2 V_3 Y_{23} \sin(\delta_2 - \delta_3 - \phi_{23})$$

$$\frac{\partial g_3}{\partial x_3} = 0$$

且

$$\left[\frac{\partial g}{\partial u}\right] = \begin{bmatrix} 1 \\ 0 \\ 0 \end{bmatrix} ; \quad \left[\frac{\partial f}{\partial u}\right] = [1 + 0.025 P_{G2}]$$

与例 6.13 类似，通过链式法则计算 $\left[\dfrac{\partial f}{\partial x}\right]$ ：

$$\left[\frac{\partial f}{\partial x}\right] = \left[\frac{\partial C}{\partial P_{G1}}\right] \left[\frac{\partial P_{G1}}{\partial x}\right] + \left[\frac{\partial C}{\partial P_{G3}}\right] \left[\frac{\partial P_{G3}}{\partial x}\right] \qquad (6.153)$$

$$= (1 + 0.125 P_{G1}) \begin{bmatrix} V_1 V_2 Y_{12} \sin(\delta_1 - \delta_2 - \phi_{12}) \\ V_1 V_3 Y_{13} \sin(\delta_1 - \delta_3 - \phi_{13}) \\ 0 \end{bmatrix} + (1 + 0.050 P_{G3}) \times$$

$$\begin{bmatrix} V_3 V_2 Y_{32} \sin(\delta_3 - \delta_2 - \phi_{32}) \\ - V_3 (V_1 Y_{13} \sin(\delta_3 - \delta_1 - \phi_{31}) + V_2 Y_{23} \sin(\delta_3 - \delta_2 - \phi_{32})) \\ 0 \end{bmatrix} \quad (6.154)$$

将这些偏导数代入到 ∇C 的式（6.122）中，可以得到与例 6.15 相同的发电分配方案。

6.4.2 状态估计

在电力系统状态估计中，估计的变量是系统中的母线电压模值和母线电压相角。状态估计器的输入是实测的有功功率和无功功率，可以是注入母线的有功功率和无功功率，也可以是输电线路上的有功功率和无功功率。状态估计器的设计目标是得到母线电压模值和相角的最优估计值，使测量误差的影响最小化。状态估计器需要考虑的另一个因素是量测量是否足够用来完整地估计出系统的状态，即系统的可观察性问题。

如果由电力系统所有母线电压模值和相角构成的状态向量可以通过一组特定的量测量估计出来，那么这组特定的量测量被称为是可观察的。一个不可观察的系统意味着量测量的集合不能张满整个状态空间。如果式（6.47）中矩阵 H_x 的秩是 n（满秩的），那么此电力系统是可观察的，这里量测量的个数 m 大于或等于系统状态量的个数 n。所谓的冗余量测量指的是增加这些量测量后并不提高矩阵 H_x 的秩。

电力系统的可观察性可以通过检查量测量集合和电力系统结构来确定。树是一个可以覆盖整个电力系统母线的量测量集合（节点或支路）。换句话说，通过在图上连接母线和支路，系统的所有母线被连接在一个连通图中。通过在能连接分离的树的支路上增加量测量，可以将电力系统变为可观察的。

例 6.17 图 6.7 所示电力网络的 SCADA 系统具有如下的量测量和方差，试估计系统的状态，并用显著性水平为 $\alpha = 0.01$ 的 χ^2 检验检测量测量中是否存在坏数据。

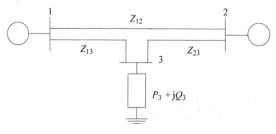

图 6.7　电力系统图

z_i	状态	量测量	方差（σ^2）
1	V_3	0.975	0.010
2	P_{13}	0.668	0.050
3	Q_{21}	-0.082	0.075
4	P_3	-1.181	0.050
5	Q_2	-0.086	0.075

解6.17　状态估计过程的第一步是确定并列举未知状态量。在本例中，未知状态量是 $[\,x_1\ x_2\ x_3\,]^{\mathrm{T}} = [\,\delta_2\ \delta_3\ V_3\,]^{\mathrm{T}}$。确定状态量以后，下一步就是确定与每个量测量对应的函数 $h\,(x)$。为了使加权误差最小化，需要将如下的非线性函数驱动到零：

$$F(x) = H_x^{\mathrm{T}} R^{-1} [\,z - h(x)\,] = 0 \tag{6.155}$$

式中，$z - h(x)$ 的集合是

$$z_1 - h_1(x) = V_3 - x_3$$

$$z_2 - h_2(x) = P_{13} - (V_1 x_3 Y_{13}\cos(-x_2 - \phi_{13}) - V_1^2 Y_{13}\cos\phi_{13})$$

$$z_3 - h_3(x) = Q_{21} - (V_2 V_1 Y_{21}\sin(x_1 - \phi_{21}) + V_2^2 Y_{21}\sin\phi_{21})$$

$$z_4 - h_4(x) = P_3 - (x_3 V_1 Y_{31}\cos(x_2 - \phi_{31}) + x_3 V_2 Y_{32}\cos(x_2 - x_1 - \phi_{32})$$
$$+ x_3^2 Y_{33}\cos\phi_{33})$$

$$z_5 - h_5(x) = Q_2 - (V_2 V_1 Y_{21}\sin(x_1 - \phi_{21}) - V_2^2 Y_{22}\sin\phi_{22}$$
$$+ V_2 x_3 Y_{23}\sin(x_1 - x_2 - \phi_{23}))$$

与式（6.155）对应的偏导数矩阵 H_x 为

$$\begin{bmatrix} 0 & 0 & 1 \\ 0 & V_1 x_3 Y_{13}\sin(-x_2 - \phi_{13}) & V_1 Y_{13}\cos(-x_2 - \phi_{13}) \\ V_1 V_2 Y_{21}\cos(x_1 - \phi_{21}) & 0 & 0 \\ x_3 V_2 Y_{32}\sin(x_2 - x_1 - \phi_{32}) & -x_3 V_1 Y_{31}\sin(x_2 - \phi_{31}) & V_1 Y_{31}\cos(x_2 - \phi_{31}) \\ & -x_3 V_2 Y_{32}\sin(x_2 - x_1 - \phi_{32}) & +V_2 Y_{32}\cos(x_2 - x_1 - \phi_{32}) \\ & & +2x_3 Y_{33}\cos\phi_{33} \\ V_1 V_2 Y_{21}\cos(x_1 - \phi_{21}) & -V_2 x_3 Y_{23}\cos(x_1 - x_2 - \phi_{23}) & V_2 Y_{23}\sin(x_1 - x_2 - \phi_{23}) \\ +V_2 x_3 Y_{23}\cos(x_1 - x_2 - \phi_{23}) & & \end{bmatrix}$$

$$\tag{6.156}$$

这个矩阵的秩为 3，因此这组量测量张满了此电力系统的状态空间。

量测量的协方差矩阵为

$$R = \begin{bmatrix} \dfrac{1}{0.010^2} & & & & \\ & \dfrac{1}{0.050^2} & & & \\ & & \dfrac{1}{0.075^2} & & \\ & & & \dfrac{1}{0.050^2} & \\ & & & & \dfrac{1}{0.075^2} \end{bmatrix} \qquad (6.157)$$

使加权误差最小化的求解状态 x 的 Newton – Raphson 迭代式为

$$\left[H_x^T(x^k) R^{-1} H_x(x^k) \right] \left[x^{k-1} - x^k \right] = H_x^T(x^k) R^{-1} \left[z - h(x^k) \right] \qquad (6.158)$$

迭代 1：

求解状态估计问题的初始条件与求解潮流方程相同，即平启动方式，也就是设置电压的模值为 1，相角为 0。在初始条件下测量函数 $h(x)$ 的值为

$$h(x^0) = \begin{bmatrix} 1.0000 \\ 0.0202 \\ -0.0664 \\ -0.0198 \\ -0.1914 \end{bmatrix}$$

在初始条件下偏导数矩阵 H_x 的值为

$$H_x^0 = \begin{bmatrix} 0 & 0 & 1.0000 \\ 0 & -10.0990 & -1.0099 \\ -0.2257 & 0 & 0 \\ -9.9010 & 20.0000 & 1.9604 \\ -1.2158 & 0.9901 & -9.9010 \end{bmatrix}$$

式（6.155）的非线性函数为

$$F(x^0) = \begin{bmatrix} 0.5655 \\ -1.4805 \\ -0.2250 \end{bmatrix}$$

状态量的增量更新值为

$$\Delta x^1 = \begin{bmatrix} -0.0119 \\ -0.0625 \\ -0.0154 \end{bmatrix}$$

状态量的更新值为

$$\begin{bmatrix} \delta_2^1 \\ \delta_3^1 \\ V_3^1 \end{bmatrix} = \begin{bmatrix} -0.0119 \\ -0.0625 \\ 0.9846 \end{bmatrix}$$

式中，δ_2 和 δ_3 的单位是 rad。首次迭代的误差为

$$\varepsilon^0 = 1.4805$$

迭代 2：

使用更新后的值重新计算 Newton – Raphson 迭代：

$$h(x^1) = \begin{bmatrix} 0.9846 \\ 0.6585 \\ -0.0634 \\ -1.1599 \\ -0.0724 \end{bmatrix}$$

偏导数矩阵 H_x 为

$$H_x^1 = \begin{bmatrix} 0 & 0 & 1.0000 \\ 0 & -9.9858 & -0.3774 \\ -0.2660 & 0 & 0 \\ -9.6864 & 19.5480 & 0.7715 \\ -0.7468 & 0.4809 & -9.9384 \end{bmatrix}$$

采用更新后的值计算非线性函数得

$$F(x^1) = \begin{bmatrix} 0.0113 \\ -0.0258 \\ 0.0091 \end{bmatrix}$$

状态量的更新值为

$$\Delta x^2 = \begin{bmatrix} 0.0007 \\ -0.0008 \\ 0.0013 \end{bmatrix}$$

得第 2 次迭代的状态量为

$$\begin{bmatrix} \delta_2^2 \\ \delta_3^2 \\ V_3^2 \end{bmatrix} = \begin{bmatrix} -0.0113 \\ -0.0633 \\ 0.9858 \end{bmatrix}$$

第 2 次迭代的误差为

$$\varepsilon^1 = 0.0258$$

此次迭代显然已收敛。收敛后使加权测量误差最小化的状态量为

$$x = \begin{bmatrix} -0.0113 \\ -0.0633 \\ 0.9858 \end{bmatrix}$$

为了检查是否存在坏数据，将测量误差平方的加权和与自由度 $k = 2$ 和显著性水平 $\alpha = 0.01$ 的 χ^2 分布进行对比。测量误差平方的加权和为

$$f = \sum_{i=1}^{5} \frac{1}{\sigma_i^2}(z_i - h_i(x))^2$$

$$= \frac{(-0.0108)^2}{0.010^2} + \frac{(0.0015)^2}{0.050^2} + \frac{(-0.0184)^2}{0.075^2} + \frac{(0.0008)^2}{0.050^2} + \frac{(-0.0001)^2}{0.075^2}$$

$$= 1.2335$$

此值小于 $\chi_{2,0.01} = 9.21$，故有理由相信数据良好，不存在任何虚假的量测量。

6.5 问题

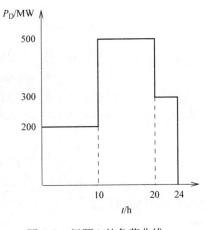

1. 一个三机电厂的燃料费用如下：

$F_1: 173.61 + 8.670P_1 + 0.00230P_1^2$ 美元/MWh

$F_2: 180.68 + 9.039P_2 + 0.00238P_2^2$ 美元/MWh

$F_3: 182.62 + 9.190P_3 + 0.00235P_3^2$ 美元/MWh

该电厂的热负荷曲线如图 6.8 所示。计算并画出每台机组的最优出力和整个电厂的增量费用（λ）。

2. 采用最小二乘法根据下面的测量数据求如下函数的最优系数 c_0 和 c_1。

$$f(x) = c_0 + c_1 x$$

图 6.8 问题 1 的负荷曲线

x	$f(x)$
1	-2.1
3	-0.9
4	-0.6
6	0.6
7	0.9

3. 采用最小二乘法根据下面的测量数据求如下函数的最优系数 a_0、a_1 和 a_2。此函数描述了潮汐在 12h 间隔内的运动。

$$f(t) = a_0 + a_1 \sin \frac{2\pi t}{12} + a_2 \cos \frac{2\pi t}{12}$$

t	$f(t)$
0	1.0
2	1.6
4	1.4
6	0.6
8	0.2
10	0.8

4. 最小化 $-7x_1 - 3x_2 + x_3$，约束条件为

$$x_1 + x_2 + x_3 \le 15$$

$$2x_1 - 3x_2 + x_3 \le 10$$

$$x_1 - 5x_2 - x_3 \le 0$$

$$x_1, x_2, x_3 \ge 0$$

（a）使用单纯形法。

（b）使用原始仿射方法，取 $\alpha = 0.9$。

两种方法都用松弛变量 x_4，x_5，x_6 进行增广，并采用初始可行解向量 $x^0 = \begin{bmatrix} 1 & 1 & 1 & 12 & 10 & 5 \end{bmatrix}^T$ 启动。

5. 采用最速下降法，最小化 $x_1^2 + x_2^2$，约束条件为

$$x_1^2 + 2x_1 x_2 + 3x_2^2 - 1 = 0$$

6. 求目标函数 C：$x_1^2 + x_2^2 + u_1 x_1 + u_2 x_2 + 1$ 最小值。约束条件为

（a）$x_1 \cos(x_2) + x_2^2 - u_1 \cos(x_1) = 1$

$$x_1 - x_2 + 3u_2 = -3$$

（b）$x_1 \cos(x_2) + x_2^2 - u_1 \cos(x_1) = 1$

$$x_1 - x_2 + 3u_2 = -3$$

$$u_2 \ge -0.8$$

（c）$x_1 \cos(x_2) + x_2^2 - u_1 \cos(x_1) = 1$

$$x_1 - x_2 + 3u_2 = -3$$

$$x_2 \le 0.30$$

使用惩罚函数 $f(x_2) = a e^{b(x_2 - c)}$，其中 a 和 b 是正的常数，c 是函数的偏移量。

初始值为 $x^0 = \begin{bmatrix} 0 & 0 \end{bmatrix}'$，$u^0 = \begin{bmatrix} 0 & 0 \end{bmatrix}'$，取 $\gamma = 0.05$。也可以取其他的 γ 值进行试验。停止计算的准则是 $\| \nabla C \| \le 0.01$。

7. 用 SQP 方法重新做问题 6。

8. 考虑如图 6.9 所示的系统，母线和线路数据如下：

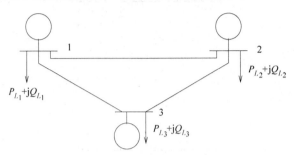

图 6.9　三母线系统

线路	R	X	B
1 - 2	0.01	0.1	0.050
1 - 3	0.05	0.1	0.025
2 - 3	0.05	0.1	0.025
母线	$\mid V \mid$	P_L	Q_L
1	1.00	0.35	0.10
2	1.02	0.40	0.25
3	1.02	0.25	0.10

发电机的燃料费用如下：

$$F_1 : P_{G_1} + 1.5P_{G_1}^2$$

$$F_2 : 2P_{G_2} + P_{G_2}^2$$

$$F_3 : 2.5P_{G_3} + 0.5P_{G_3}^2$$

（a）采用等增量费用准则，求发电机组的最优功率分配方案，记住这种方法是忽略系统损耗的。

（b）采用（a）的解作为初始控制向量，并采用最速下降法求解考虑系统损耗后的发电机组的最优功率分配方案。

（c）现在假定发电机出力具有如下的约束条件，重新做一遍（b）：

$$F_1 : P_{G_1} + 1.5P_{G_1}^2 \quad 0 \leqslant P_{G_1} \leqslant 0.6$$

$$F_2 : 2P_{G_2} + P_{G_2}^2 \quad 0 \leqslant P_{G_2} \leqslant 0.4$$

$$F_3 : 2.5P_{G_3} + 0.5P_{G_3}^2 \quad 0 \leqslant P_{G_3} \leqslant 0.1$$

（d）将发电机出力与费用函数联系起来，解释你的结果。

9. 对于如图 6.9 所示的系统，具有如下的量测数据：

V_2	1.04
V_3	0.98
P_{G_1}	0.58
P_{G_2}	0.30
P_{G_3}	0.14
P_{12}	0.12
P_{32}	-0.04
P_{13}	0.10

其中 $\sigma_V^2 = (0.01)^2$, $\sigma_{P_G}^2 = (0.015)^2$, $\sigma_{P_{ij}}^2 = (0.02)^2$。

根据系统的状态，求误差，并用显著性水平 $\alpha = 0.01$ 的 χ^2 检验检测是否存在坏数据。

第 7 章　特征值问题

小信号稳定性指的是一个系统在受到小扰动时保持稳定的能力。小信号分析能够提供有关系统内在动态特性的有用信息，有助于系统的设计、运行和控制。时域仿真和特征值分析是研究系统稳定性的两种主要途径。

特征值分析被广泛用于小信号稳定性研究。一个系统在小扰动下的动态行为可以通过计算系统矩阵的特征值和特征向量来确定。特征值的位置可以用来分析系统的性能。此外，特征向量可用来估计不同状态参与不同扰动模式的相对程度。

如果存在一个非零的 $n \times 1$ 向量 v 满足

$$Av = \lambda v \tag{7.1}$$

则定义标量 λ 为 $n \times n$ 矩阵 A 的特征值，而 v 便是 λ 对应的右特征向量。如果存在一个非零向量 w 满足

$$w^{\mathrm{T}} A = \lambda w^{\mathrm{T}} \tag{7.2}$$

则 w 便是一个左特征向量。A 的所有特征值构成的集合被称为 A 的谱。除非另有说明，通常术语"特征向量"指的是右特征向量。式（7.1）的特征值问题被称为标准特征值问题。式（7.1）可以被写成

$$(A - \lambda I)v = 0 \tag{7.3}$$

从而可以看作是关于 x 的齐次方程组。这个方程组具有非平凡解的条件是行列式

$$\det(A - \lambda I) = 0$$

上述行列式方程也被称为 A 的特征方程，是一个 λ 的 n 次多项式。$n \times n$ 矩阵 A 的特征值是其特征方程的根

$$\lambda^n + c_{n-1}\lambda^{n-1} + c_{n-2}\lambda^{n-2} + \cdots + c_0 = 0 \tag{7.4}$$

因此，特征方程存在 n 个根（可以是实数或复数）。每个根同时又是矩阵 A 的一个特征值。

7.1　幂法

幂法是求 $n \times n$ 矩阵 A 的主特征值的最常见方法之一。主特征值指的是绝对值最大的特征值。因此，如果 λ_1, λ_2, $\cdots$, λ_n 是 A 的特征值，那么 λ_1 是 A 的主特征值，意味着对于所有的 $i = 2, \cdots, n$，有

$$|\lambda_1| > |\lambda_i| \tag{7.5}$$

幂法实际上是一种求与矩阵 A 的主特征值对应的特征向量 v_1 的方法。一旦特征向量确定，则对应的特征值便可以通过 Rayleigh 商提取出来：

$$\lambda = \frac{\langle Av, v \rangle}{\langle v, v \rangle} \tag{7.6}$$

求特征向量 v_1 的途径是采用迭代法。首先确定一个初始猜测向量 v^0，然后构造一系列的近似向量 v^k，期望当 k 趋向于无穷时该序列能够收敛。幂法的迭代步骤是直接明了的。

幂法的迭代步骤：

1. 令 $k = 0$ 并选择一个非零的 $n \times 1$ 向量作为 v^0

2. $w^{k+1} = Av^k$

3. $\alpha_{k+1} = \| w^{k+1} \|$

4. $v^{k+1} = \dfrac{w^{k+1}}{\alpha^{k+1}}$

5. 当满足 $\| v^{k+1} - v^k \| < \varepsilon$ 时迭代结束。否则，$k = k+1$，跳到第 2 步

第 4 步中除以范数的运算并不是一个必需的步骤，但它保证了特征向量值的范围接近于 1。考虑到一个标量乘上矩阵 A 的特征向量后仍然是矩阵 A 的特征向量，因此规格化并没有不良后果。然而，如果没有第 4 步使对所有的 k 都有 $\alpha^k = 1$，那么更新后的向量的值可能会增加或减小到影响计算机精度的程度。

例 7.1 使用幂法求如下矩阵与主特征值对应的特征向量：

$$A = \begin{bmatrix} 6 & -2 \\ -8 & 3 \end{bmatrix}$$

解 7.1 令初始猜测向量 $v^0 = \begin{bmatrix} 1 & 1 \end{bmatrix}^T$，则

$$w^1 = A * v^0 = \begin{bmatrix} 4 \\ -5 \end{bmatrix}$$

$$\alpha^1 = \| w^1 \| = 6.4031$$

$$v^1 = \begin{bmatrix} 0.6247 \\ -0.7809 \end{bmatrix}$$

第 2 次迭代为

$$w^2 = A * v^1 = \begin{bmatrix} 5.3099 \\ -7.3402 \end{bmatrix}$$

$$\alpha^2 = \| w^2 \| = 9.0594$$

$$v^2 = \begin{bmatrix} 0.5861 \\ -0.8102 \end{bmatrix}$$

继续迭代得到收敛的特征向量：

$$v^* = \begin{bmatrix} 0.5851 \\ -0.8110 \end{bmatrix}$$

根据此特征向量，可以计算出相应的特征值：

$$\lambda = \frac{\begin{bmatrix} 0.5851 & -0.8110 \end{bmatrix} \begin{bmatrix} 6 & -2 \\ -8 & 3 \end{bmatrix} \begin{bmatrix} 0.5851 \\ -0.8110 \end{bmatrix}}{\begin{bmatrix} 0.5851 & -0.8110 \end{bmatrix} \begin{bmatrix} 0.5851 \\ -0.8110 \end{bmatrix}} = \frac{8.7720}{1} = 8.7720$$

这正是矩阵 A 的最大特征值（最小特征值为 0.2280）。

为了说明为什么幂法能够收敛到主特征向量，可以将初始猜测向量 v^0 表示为如下的线性组合形式：

$$v^0 = \sum_{i=1}^{n} \beta_i v_i \tag{7.7}$$

式中，v_i 是 A 的实际特征向量，β_i 是使式（7.7）成立的系数。然后使用幂法（不失一般性可以认为对所有 k，$\alpha^k = 1$ 都成立）得到

$$v^{k+1} = Av^k = A^2 v^{k-1} = \cdots = A^{k+1} v^0$$

$$= \sum_{i=1}^{n} \lambda_i^{k+1} \beta_i v_i = \lambda_1^{k+1} \left(\beta_1 v_1 + \sum_{i=2}^{n} \left(\frac{\lambda_i}{\lambda_1} \right)^{k+1} \beta_i v_i \right)$$

因为

$$\left| \frac{\lambda_i}{\lambda_1} \right| < 1 \quad i = 2, \cdots, n$$

当 k 不断增大时，这些项会趋于 0，只有与 v_1 对应的部分被保留下来。

当存在两个具有相同绝对值的最大特征值时，幂法就会失败。考虑到实矩阵 A 的特征值一般为复数并且以共轭对的形式存在（两者必然有相等的绝对值）。因此，如果 A 的最大特征值不是实数，那么幂法必然无法收敛。由于这个原因，只对已知其特征值为实数的矩阵使用幂法是明智的。在其特征值为实数的所有矩阵中，对称矩阵是其中的一类。

还存在一种情况，使用幂法无法收敛到主特征值对应的特征向量。这种情况会在 $\beta_1 = 0$ 时发生。这意味着初始向量 v^0 不包含特征向量 v_1。在这种情况下，幂法会收敛到与绝对值第二大的特征值所对应的特征向量，当然这里假定了 v^0 包含此特征向量。

幂法的收敛速度取决于比值 $\left| \frac{\lambda_2}{\lambda_1} \right|$。因此如果 $|\lambda_2|$ 只比 $|\lambda_1|$ 小一点，那么幂法会收敛得很慢，需要很多次的迭代才能得到符合精度要求的结果。

存在几种幂法的扩展方法。例如，如果需要求的是绝对值最小的特征值而不是主特征值，那么可以将幂法应用于 A^{-1}。因为 A^{-1} 的特征值是 $\frac{1}{\lambda_n}$，$\cdots$，$\frac{1}{\lambda_1}$，反

幂法的收敛结果将会是 $\dfrac{1}{\lambda_n}$。

另一种扩展方法是频谱移位。这个方法利用了 $A - aI$ 的特征值是 $\lambda_1 - a$，$\cdots$，$\lambda_n - a$ 这个性质。这样，在计算出了第一个特征值 λ_1 后，可以将幂法再次应用于移位矩阵 $A - \lambda_1 I$ 上。这将会使得第一个特征值减小到 0，此时幂法将会向 $\lambda_2 - \lambda_1$，$\cdots$，$\lambda_n - \lambda_1$ 中绝对值最大的那一个收敛。

7.2 QR 法

求解特征值问题的很多方法都是基于一系列正交相似变换。因为如果 P 是任意非奇异矩阵，那么矩阵 A 和 PAP^{-1} 具有相同的特征值。更进一步，如果 v 是 A 的一个特征向量，那么 Pv 便是 PAP^{-1} 的一个特征向量。这样，如果 P 是正交矩阵，特征值问题的条件数就不会受到影响。这便是相似变换法的基础。

QR 法[20,52,53] 是矩阵特征值计算中得到最广泛应用的分解法之一。它使用一系列正交相似变换[13,28]，按如下公式

$$\begin{cases} A_i = Q_i R_i \\ A_{i+1} = R_i Q_i \end{cases} i = 0,1,2,\cdots$$

构造矩阵迭代系列 $A = A_0$，A_1，A_2，$\cdots$（译者注：一般情况下，此矩阵序列"基本"收敛于一个上三角阵或分块上三角阵，即主对角线或主对角线子块以下元素均收敛于 0，从而可以直接读取矩阵的特征值）。

与 LU 分解法类似，矩阵 A 也可以被分解为两个矩阵：

$$A = QR \tag{7.8}$$

式中，Q 是一个酉矩阵，R 是一个上三角矩阵。酉矩阵 Q 为满足下式的矩阵：

$$QQ^* = Q^*Q = I \tag{7.9}$$

式中，（ $*$ ）表示共轭转置。

酉矩阵的例子有

$$Q_1 = \begin{bmatrix} 0 & 1 \\ 1 & 0 \end{bmatrix} \qquad Q_2 = \begin{bmatrix} \cos\theta & -\sin\theta \\ \sin\theta & \cos\theta \end{bmatrix}$$

同时，酉矩阵的逆就是其共轭转置矩阵

$$Q^{-1} = Q^*$$

这个分解导致 A 的列向量 $[a_1, a_2, \cdots, a_n]$ 与 Q 的列向量 $[q_1, q_2, \cdots, q_n]$ 存在如下关系：

$$a_k = \sum_{i=1}^{k} r_{ik}q_i, k = 1, \cdots, n \tag{7.10}$$

列向量 a_1，a_2，$\cdots$，a_n 必须从左到右依次正交归一化为一组标准正交基 q_1，q_2，$\cdots$，q_n。

QR 法在具体实施时，常见的做法是先将矩阵 A 变换为一个具有相同特征值的 Hessenberg 矩阵 H，然后对矩阵 H 使用 QR 法。这样，矩阵 H 最终被变换为一个"基本"上三角矩阵，特征值就可以从其对角线上读出。Hessenberg 矩阵大致上是一个上三角矩阵，只是其主对角线下方的次对角线元素非零。将矩阵 A 先约简为 Hessenberg 矩阵，再对 Hessenberg 矩阵实施 QR 算法的原因是，这样做比直接对矩阵 A 实施 QR 算法计算量要小得多。

将矩阵 A 约简为 Hessenberg 矩阵的方法之一是 Householder 法。可以证明，对每个 $n \times n$ 矩阵 A，存在 $n-2$ 个 Householder 矩阵 H_1，H_2，$\cdots$，H_{n-2}，使得

$$Q = H_{n-2} \cdots H_2 H_1$$

且

$$P = Q^* AQ$$

是一个 Hessenberg 矩阵[27]。矩阵 H 是一个 Householder 矩阵，如果满足

$$H = I - 2\frac{vv^*}{v^*v}$$

注意，Householder 矩阵同样也是酉矩阵。选择向量 v 使其满足

$$v_i = a_i \pm e_i \parallel a_i \parallel_2 \tag{7.11}$$

式中，符号的正负选择应该使得 $\parallel v \parallel_2$ 不会太小，e_i 是 I 的第 i 列，a_i 是 A 的第 i 列。

例 7.2 对矩阵 A 进行 QR 分解

$$A = \begin{bmatrix} 1 & 3 & 4 & 8 \\ 2 & 1 & 2 & 3 \\ 4 & 3 & 5 & 8 \\ 9 & 2 & 7 & 4 \end{bmatrix}$$

解 7.2 施加第 1 次变换的目的是使矩阵 A 的第 1 列在主对角线以下的元素变为 0，因此根据上面的公式有

$$v_1 = a_1 + e_1 \parallel a_1 \parallel_2$$

$$= \begin{bmatrix} 1 \\ 2 \\ 4 \\ 9 \end{bmatrix} + 10.0995 \begin{bmatrix} 1 \\ 0 \\ 0 \\ 0 \end{bmatrix}$$

$$= \begin{bmatrix} 11.0995 \\ 2.0000 \\ 4.0000 \\ 9.0000 \end{bmatrix}$$

从而有

$$H_1 = I - 2 \frac{v_1 v_1^*}{(v_1^* v_1)}$$

$$= \begin{bmatrix} 1 & 0 & 0 & 0 \\ 0 & 1 & 0 & 0 \\ 0 & 0 & 1 & 0 \\ 0 & 0 & 0 & 1 \end{bmatrix} - \frac{2}{224.1990} \begin{bmatrix} 11.0995 \\ 2.0000 \\ 4.0000 \\ 9.0000 \end{bmatrix} [11.0995 \ 2.0000 \ 4.0000 \ 9.0000]$$

$$= \begin{bmatrix} -0.0990 & -0.1980 & -0.3961 & -0.8911 \\ -0.1980 & 0.9643 & -0.0714 & -0.1606 \\ -0.3961 & -0.0714 & 0.8573 & -0.3211 \\ -0.8911 & -0.1606 & -0.3211 & 0.2774 \end{bmatrix}$$

$$H_1 A = \begin{bmatrix} -10.0995 & -3.4655 & -9.0103 & -8.1192 \\ 0 & -0.1650 & -0.3443 & 0.0955 \\ 0 & 0.6700 & 0.3114 & 2.1910 \\ 0 & -3.2425 & -3.5494 & -9.0702 \end{bmatrix}$$

第 2 次变换将针对上述约简后的矩阵中去除了第 1 行和第 1 列的部分进行，因此

$$v_2 = a_2 + e_2 \| a_2 \|_2$$

$$= \begin{bmatrix} -0.1650 \\ 0.6700 \\ -3.2425 \end{bmatrix} + 3.3151 \begin{bmatrix} 1 \\ 0 \\ 0 \end{bmatrix}$$

$$= \begin{bmatrix} 3.1501 \\ 0.6700 \\ -3.2425 \end{bmatrix}$$

从而得到

$$H_2 = I - 2 \frac{v_2 v_2^*}{(v_2^* v_2)}$$

$$= \begin{bmatrix} 1 & 0 & 0 & 0 \\ 0 & 0.0498 & -0.2021 & 0.9781 \\ 0 & -0.2021 & 0.9570 & 0.2080 \\ 0 & 0.9781 & 0.2080 & -0.0068 \end{bmatrix}$$

$$H_2 H_1 A = \begin{bmatrix} -10.0995 & -3.4655 & -9.0103 & -8.1192 \\ 0 & -3.3151 & -3.5517 & -9.3096 \\ 0 & 0 & -0.3708 & 0.1907 \\ 0 & 0 & -0.2479 & 0.6108 \end{bmatrix}$$

继续这个过程得到

$$v_3 = \begin{bmatrix} 0.0752 \\ -0.2479 \end{bmatrix}$$

$$H_3 = \begin{bmatrix} 1 & 0 & 0 & 0 \\ 0 & 1 & 0 & 0 \\ 0 & 0 & 0.8313 & 0.5558 \\ 0 & 0 & 0.5558 & -0.8313 \end{bmatrix}$$

从而得到

$$R = H_3 H_2 H_1 A = \begin{bmatrix} -10.0995 & -3.4655 & -9.0103 & -8.1192 \\ 0 & -3.3151 & -3.5517 & -9.3096 \\ 0 & 0 & -0.4460 & 0.4980 \\ 0 & 0 & 0 & -0.4018 \end{bmatrix}$$

$$Q = H_1 H_2 H_3 = \begin{bmatrix} -0.0990 & -0.8014 & -0.5860 & -0.0670 \\ -0.1980 & -0.0946 & 0.2700 & -0.9375 \\ -0.3961 & -0.4909 & 0.7000 & 0.3348 \\ -0.8911 & 0.3283 & -0.3060 & 0.0670 \end{bmatrix}$$

可以证明 $A = QR$，并且 $Q^* = Q^{-1}$。

　　QR 分解中的消去运算可以认为是 Gauss 消去法的一种替代算法。然而，其所需的乘法和除法次数是 Gauss 消去法的两倍。因此，QR 分解很少被用来求解线性方程组，但它在特征值计算中发挥了重要的作用。

　　尽管特征值问题归结为一组简单代数方程的求解问题，

$$\det(A - \lambda I) = 0$$

但实际上求解这组代数方程是困难的。计算特征方程的根或一个矩阵的零空间并不很适合于计算机。事实上，不存在一般性的直接方法可以在有限步内求出特征值。因此必须通过迭代计算的方法来产生一系列逐渐逼近矩阵特征值的近似值。

QR 法通常被用来计算满矩阵的特征值和特征向量。如 Francis 所提出的那样[13]，QR 法构造一系列相似变换

$$A_k = Q_k^* A_{k-1} Q_k \qquad Q_k^* Q_k = I \tag{7.12}$$

式中，A_k 与矩阵 A 相似。对 A 重复进行 QR 分解使得副对角线上的元素逐渐变为 0。在最终的收敛结果中，特征值按照模值降序出现在 A_k 的对角线上。

例7.3　求例 7.2 中的矩阵的特征值和特征向量。

解7.3　第 1 个目标是要通过 QR 法求出矩阵 A 的特征值。根据例 7.2 已有的结果，得到第 1 次 QR 分解产生的矩阵 Q_0 为

$$Q_0 = \begin{bmatrix} -0.0990 & 0.8014 & 0.5860 & -0.0670 \\ -0.1980 & 0.0946 & -0.2700 & -0.9375 \\ -0.3961 & 0.4909 & -0.7000 & 0.3348 \\ -0.8911 & -0.3283 & 0.3060 & 0.0670 \end{bmatrix}$$

将给定矩阵 A 标为 A_0，第 1 次更新的矩阵 A_1 由下式计算得到

$$\begin{aligned} A_1 &= Q_0^* A_0 Q_0 \\ &= \begin{bmatrix} 12.4902 & -10.1801 & -1.1599 & 0.3647 \\ -10.3593 & -0.9987 & -0.5326 & -1.2954 \\ 0.2672 & 0.3824 & -0.4646 & 0.1160 \\ 0.3580 & 0.1319 & -0.1230 & -0.0269 \end{bmatrix} \end{aligned}$$

对 A_1 进行 QR 分解得到 Q_1

$$Q_1 = \begin{bmatrix} -0.7694 & -0.6379 & -0.0324 & -0.0006 \\ 0.6382 & -0.7660 & -0.0733 & 0.0252 \\ -0.0165 & 0.0687 & -0.9570 & -0.2812 \\ -0.0221 & 0.0398 & -0.2786 & 0.9593 \end{bmatrix}$$

矩阵 A_2 为

$$\begin{aligned} A_2 &= Q_1^* A_1 Q_1 \\ &= \begin{bmatrix} 17.0913 & 4.8455 & -0.2315 & -1.0310 \\ 4.6173 & -5.4778 & -1.8116 & 0.6064 \\ -0.0087 & 0.0373 & -0.5260 & -0.1757 \\ 0.0020 & -0.0036 & 0.0254 & -0.0875 \end{bmatrix} \end{aligned}$$

注意，在对角线下的元素逐渐减小到 0。这个过程一直进行下去，最终得到的矩阵 A_* 为

$$A_* = \begin{bmatrix} 18.0425 & 0.2133 & -0.5180 & -0.9293 \\ 0 & -6.4172 & -1.8164 & 0.6903 \\ 0 & 0 & -0.5269 & -0.1972 \\ 0 & 0 & 0 & -0.0983 \end{bmatrix} \tag{7.13}$$

特征值在 A_* 的对角线上，并且是按模值降序排列的。因此特征值是

$$\lambda_{1,\cdots,4} = \begin{bmatrix} 18.0425 \\ -6.4172 \\ -0.5269 \\ -0.0983 \end{bmatrix}$$

下一步是求出对应于每个特征值的特征向量。考虑到对每个特征值及其对应的特征向量有

$$Av_i = \lambda_i v_i \qquad i = 1, \cdots, n \tag{7.14}$$

式 (7.14) 也可以被写成

$$Av_i - \lambda_i v_i = 0$$

也就是说，矩阵 $A - \lambda_i I$ 是奇异矩阵。因此，它只有 3 行（或列）是独立的。根据这个事实，一旦求出特征值，就可以确定特征向量。既然 $A - \lambda_i I$ 不是满秩的，则特征向量 v_i 的元素之一可以任意选择。因此第 1 步，将 $A - \lambda_i I$ 进行分块：

$$A - \lambda_i I = \begin{bmatrix} a_{11} & a_{1,2n} \\ a_{2n,1} & a_{2n,2n} \end{bmatrix}$$

式中，a_{11} 是一个标量，$a_{1,2n}$ 是一个 $1 \times (n-1)$ 的向量，$a_{2n,1}$ 是一个 $(n-1) \times 1$ 的向量，$a_{2n,2n}$ 是一个 $(n-1) \times (n-1)$ 的秩为 $(n-1)$ 的矩阵。然后令 $v_i(1) = 1$，并求解特征向量的剩余部分。

$$\begin{bmatrix} v_i(2) \\ v_i(3) \\ \vdots \\ v_i(n) \end{bmatrix} = -a_{2n,2n}^{-1} a_{2n,1} v_i(1) \tag{7.15}$$

现在更新 $v_i(1)$ 为

$$v_i(1) = -\frac{1}{a_{11}} a_{2n,1} * \begin{bmatrix} v_i(2) \\ v_i(3) \\ \vdots \\ v_i(n) \end{bmatrix}$$

这样对应于 λ_i 的特征向量为

$$v_i = \begin{bmatrix} v_i(1) \\ v_i(2) \\ \vdots \\ v_i(n) \end{bmatrix}$$

最后一步是对特征向量进行归一化，因此

$$v_i = \frac{v_i}{\| v_i \|}$$

因此，对应于特征值构成的向量

$$\Lambda = \begin{bmatrix} 18.0425 & -6.4172 & -0.5269 & -0.0983 \end{bmatrix}$$

相对应的特征向量为

$$\begin{bmatrix} 0.4698 \\ 0.2329 \\ 0.5800 \\ 0.6234 \end{bmatrix}, \begin{bmatrix} 0.6158 \\ 0.0539 \\ 0.2837 \\ -0.7330 \end{bmatrix}, \begin{bmatrix} 0.3673 \\ -0.5644 \\ -0.5949 \\ 0.4390 \end{bmatrix}, \begin{bmatrix} 0.0932 \\ 0.9344 \\ -0.2463 \\ -0.2400 \end{bmatrix}$$

7.2.1 移位 QR 法

在很多情况下，QR 迭代法收敛很慢。然而，如果事先知道一个或多个特征值的部分信息，那么有很多技术可以用来加速迭代的收敛过程。其中的一种便是移位 QR 法，该方法在每一次迭代时引入了一个移位系数 σ，使得第 k 次 QR 分解对如下矩阵进行：

$$A_k - \sigma I = Q_k R_k$$

$$A_{k+1} = Q_k^* (A_k - \sigma I) Q_k + \sigma I$$

如果 σ 是某个特征值的良好估计值，那么 A_k 矩阵的 $(n, n-1)$ 元素会很快地收敛至 0，A_k 矩阵的 (n, n) 元素会收敛到接近 σ_k 的特征值。一旦这种情况发生，便可以进一步使用新的移位系数。

例 7.4 利用移位 QR 法重做例 7.3。

解 7.4 开始时令移位系数 $\sigma = 15$，它接近于特征值 18.0425。这样，收敛到此特征值的过程将会加快。将给定的矩阵 A 作为 A_0，对 $A_0 - \sigma I$ 进行 QR 分解可以得到

$$Q_0 = \begin{bmatrix} -0.8124 & 0.0764 & 0.2230 & 0.5334 \\ 0.1161 & -0.9417 & -0.0098 & 0.3158 \\ 0.2321 & 0.2427 & -0.7122 & 0.6164 \\ 0.5222 & 0.2203 & 0.6655 & 0.4856 \end{bmatrix}$$

代入公式

$$A_1 = Q_0^*(A_0 - \sigma I)Q_0 + \sigma I$$

$$A_1 = \begin{bmatrix} -4.9024 & 0.8831 & -1.6174 & 2.5476 \\ -0.2869 & 0.0780 & -0.1823 & 1.7775 \\ -2.9457 & 0.5894 & -1.5086 & 2.3300 \\ 2.5090 & 1.0584 & 3.1975 & 17.3330 \end{bmatrix}$$

目标特征值（$\lambda = 18.0425$）会出现在右下角，因为随着迭代的发展，$A_{k+1}(n, n) - \sigma$ 将是对角线上模值最小的。考虑到特征值在对角线上是从大到小排列的，而最大的特征值被 σ 移位了，因此现在变成了模值最小的了。收敛过程可以通过在每一步迭代中更新 σ 来进一步加速，比如取 $\sigma_{k+1} = A_{k+1}(n, n)$。进一步的迭代与例7.3一样。

7.2.2 缩减法

QR法计算特征值的收敛速度在很大程度上取决于特征值彼此之间的相对位置。矩阵 $A - \sigma I$ 的特征值为 $\lambda_i - \sigma$，$i = 1, \cdots, n$。如果 σ 取最小的特征值 λ_n 的近似值，那么 $\lambda_n - \sigma$ 就会很小。这会加速矩阵最后一行的收敛过程。因为

$$\frac{|\lambda_n - \sigma|}{|\lambda_{n-1} - \sigma|} \ll 1$$

一旦最后一行的元素变为0，矩阵的最后一行和最后一列可以被忽略。这意味着最小的特征值通过移走最后一行和最后一列被缩减掉了。通过将 σ 取接近于 λ_{n-1} 的值，这个过程可以继续在余下的 $(n-1) \times (n-1)$ 矩阵上重复。联合使用移位和缩减两种方法可以大大提高收敛速度。此外，如果只需要求某特定模值的特征值，这个特征值可以通过移位法隔离出来。在最后一行变为0之后，该特征值就已求得，因而不再需要继续剩余的QR迭代。

7.3 Arnoldi 法

对于大型互联系统，受计算机内存和计算速度的限制，求出系统状态矩阵的所有特征值，要么不可能，要么极其困难。Arnoldi法是用迭代方法计算 $n \times n$ 矩

阵 k 个特征值的算法，这里的 k 比 n 小得多。因此这个方法绕过了很多大型矩阵运算所构成的障碍，而这些大型矩阵运算在诸如 QR 分解那样的算法中是不可避免的。如果 k 个特征值是经过挑选的，就可以提供丰富的关于待研系统的信息，而不一定需要得到所有的特征值。Arnoldi 法最早是由参考文献［2］提出的，但存在诸如失去正交性和收敛速度慢等不良数值计算特性。对 Arnoldi 法的多种改进已克服了这些缺点。改进的 Arnoldi 法（MAM）已在电力系统相关的特征值计算中经常得到应用[29,51]。这个方法引入了预处理和显式重启动技术来保持正交性。然而不幸的是，显式重启动经常会丢失有用信息。通过引入隐式移位 QR 分解过程，隐式重启动 Arnoldi（IRA）法[45]解决了上述显式重启动所存在的问题。围绕 IRA 法已开发出了多种商业软件包，其中包括著名的 ARPACK 软件包和 Matlab 的 speig 程序。

Arnoldi 法的基本思路是通过迭代不断更新一个低阶的矩阵 H，使 H 的特征值逐次逼近高阶矩阵 A 中已选定的特征值：

$$AV = VH; V^* V = I \tag{7.16}$$

式中，V 是一个 $n \times k$ 矩阵；H 是一个 $k \times k$ 的 Hessenberg 矩阵。随着此方法的展开，矩阵 H 的对角元将逼近 A 的特征值，有

$$HV_i = V_i D \tag{7.17}$$

式中，V_i 是一个 $k \times k$ 矩阵，它的列是矩阵 H 的特征向量（逼近 A 的特征向量），D 是一个 $k \times k$ 矩阵，其对角元是矩阵 H 的特征值（逼近 A 的特征值）。Arnoldi 法是一种正交投影到 Krylov 子空间上的方法。

Arnoldi 法的计算过程是一种构造 Krylov 子空间正交基的过程。其中的一种做法如下：

k 步 Arnoldi 分解算法

开始设定一个单位范数的向量 v_1，对于 $j = 1, \cdots, k$ 进行计算：

1. $H(i, j) = v_i^T A V_j, \ i = 1, \cdots, j$

2. $w_j = A v_j - \sum\limits_{i=1}^{j} H(i,j) v_i$

3. $H(j+1, j) = \| w_j \|_2$

4. 当 $H(j+1, j) = 0$ 时，停止计算

5. $v_{j+1} = \dfrac{w_j}{H(j+1, j)}$

每一步，算法都用先前的 Arnoldi 向量 v_j 乘以 A，然后对得到的向量 w_j 进行

相对于先前所有 v_i 的正交归一化。k 步 Arnoldi 分解的结果如图 7.1 所示，并可用下式表示：

$$AV_k = V_k H_k + w_k e_k^{\mathrm{T}} \tag{7.18}$$

式中，$V = [v_1, v_2, \cdots, v_k]$ 的各列构成了 Krylov 子空间的一个正交归一化基，而 H 是 A 在这个子空间上的正交投影。期望 $\| w_k \|$ 尽量小，因为这意味着 H 的特征值已精确逼近 A 的特征值。然而，这个收敛过程是以对 V 进行数值正交化为代价的。因此，k 步 Arnoldi 分解需重新启动，以保持正交性。

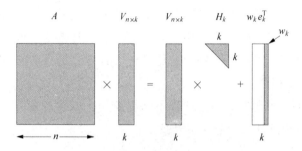

图 7.1　k 步 Arnoldi 分解的结果

隐式重启动过程提供了一种从很大的 Krylov 子空间中提取丰富信息的方法，并避免了标准方法中存在的存储问题和不良数值特性。这是通过使用移位 QR 法不停地将信息压缩到一个固定维数的 k 维子空间中来实现的。隐式重启动过程将 $(k+p)$ 步 Arnoldi 分解

$$AV_{k+p} = V_{k+p} H_{k+p} + w_{k+p} e_{k+p}^{\mathrm{T}} \tag{7.19}$$

中的感兴趣的特征值信息压缩到长度为 k 的 Arnoldi 分解中。这是基于 QR 法并采用 p 次移位来实现的，其结果为

$$A \hat{V}_{k+p} = \hat{V}_{k+p} \hat{H}_{k+p} + \hat{w}_{k+p} \tag{7.20}$$

式中，$\hat{V}_{k+p} = V_{k+p} Q$，$\hat{H}_{k+p} = Q^* H_{k+p} Q$，$\hat{w}_{k+p} = w_{k+p} e_{k+p}^{\mathrm{T}} Q$。可以证明，向量 $e_{k+p}^{\mathrm{T}} Q$ 的前 $k-1$ 个元素为 $0^{[46]}$。令上述等式两侧前面的 k 列相等，就得到一个更新了的 k 步 Arnoldi 分解，从而提供了将 k 步 Arnoldi 分解扩展为 $(k+p)$ 步 Arnoldi 分解的重启动向量集。$(k+p)$ 步 Arnoldi 分解的结果如图 7.2 所示。

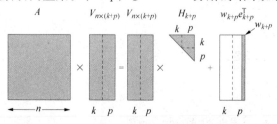

图 7.2　$(k+p)$ 步 Arnoldi 分解的结果

隐式重启动 Arnoldi 法主要由三步组成：初始化；迭代和精细化；最终计算特征值和特征向量。

隐式重启动 Arnoldi 法

1. 初始化

使用向量 v_1 作为启动向量，构造一个 k 步的 Arnoldi 分解。在此 k 步 Arnoldi 分解的每一步中，矩阵 V 都通过新求出的向量 v 扩展 1 列，但相互之间必须满足式（7.18）。注意，H_k 是一个 Hessenberg 矩阵。图 7.1 中的阴影部分代表了非零元素，$w_k e_k^T$ 的非阴影部分是一个具有 $(k-1)$ 列的零矩阵，$w_k e_k^T$ 的最后一列是 w_k。此 Arnoldi 分解完全取决于初始向量 v_1 的选择。

2. 迭代和精细化

（a）将 k 步 Arnoldi 分解扩展 p 步

新增的 p 个元素中的每一个都代表了在迭代结束后可以丢弃的特征值和特征向量，如果它不满足入选的标准的话。一般来说，p 值的选择是在可容忍的分解长度与收敛速度之间进行折中。对于大多数问题，p 值的选择通过实验性计算确定。对 p 的唯一要求是 $1 \leqslant p \leqslant n - k$。

（b）计算 H_{k+p} 的特征值

在完成了 Arnoldi 分解的 p 步扩展后，H_{k+p} 的特征值可以通过 QR 法来计算，并根据预先确定的排序标准 S 从最好到最差进行排序。最差的 p 个特征值（σ_1，σ_2，$\cdots$，σ_p）被用作移位值以实现 p 次移位 QR 分解。由于在 Arnoldi 分解式

$$AV_{k+p} = V_{k+p}H_{k+p} + w_{k+p}e_{k+p}^T \tag{7.21}$$

中，矩阵 H_{k+p} 的阶数是相对较小的，因此可以高效地利用移位 QR 分解来计算 H 的特征值。

（c）更新 Arnoldi 矩阵

$$\hat{V}_{k+p} = V_{k+p}Q$$
$$\hat{H}_{k+p} = Q^* H_{k+p}Q$$
$$\hat{w}_{k+p} = w_{k+p}e_{k+p}^T Q$$

注意，更新后的矩阵 $\hat{V}_{k+p}$ 具有正交的列，因为它是 V 与正交矩阵 Q 的乘积。

（d）获取新的 k 步 Arnoldi 分解

令式（7.20）两边的前 k 列相等并丢弃最后面的 p 个方程，就得到了一个新的 k 步 Arnoldi 分解式：

$$A\hat{V}_k = \hat{V}_k\hat{H}_k + \hat{w}_k e_k^T$$

式中，向量 $\hat{w}$ 是一个新的残差向量，会随着迭代和精细化步骤的不断重复而逐渐趋向于 0。

（e）判断迭代和精细化步骤是否完成

如果

$$\| AV_k - V_kH_k \| \leqslant \varepsilon$$

式中，ε 是一个预先设定的收敛阈值，那么迭代和精细化步骤完成。否则，根据 (d) 的结果重新开始迭代和精细化步骤直到上式成立。

3. 特征值和特征向量计算

Arnoldi 法的最后一步是根据下式计算约简矩阵 H_k 的特征值和特征向量：

$$H_kV_k + V_hD_k \tag{7.22}$$

然后计算 A 的特征向量为

$$V_k = V_kV_h \tag{7.23}$$

所需的 A 的特征值可以从 D_k 的对角线元中获得

$$AV_k = V_kD_k \tag{7.24}$$

例 7.5 使用一个 3 步 Arnoldi 分解，求例 7.2 矩阵的 2 个最小模特征值及对应的特征向量。

解 7.5 因为所求的是 2 个最小模特征值，所以 k 的值是 2。在初始化步骤之后，此 2 步 Arnoldi 法将扩展成 3 步 Arnoldi 法；因此，p 等于 1。因此，对于每一次迭代，将计算 3 个特征值，而最差的那个特征值将会被丢弃掉。

分解过程可以由任意一个非零向量启动。在很多软件中，启动向量是随机选取的，只要保证每个元素的绝对值小于 0.5。本例的启动向量选为

$$v_0 = \begin{bmatrix} 0.2500 \\ 0.2500 \\ 0.2500 \\ 0.2500 \end{bmatrix}$$

为了满足初始向量模值为 1 的要求，对启动向量进行归一化处理并产生初始向量 v_1：

$$v_1 = \frac{Av_0}{\| Av_0 \|} = \begin{bmatrix} 0.4611 \\ 0.2306 \\ 0.5764 \\ 0.6340 \end{bmatrix}$$

在初始向量选择完毕后，执行 k 步 Arnoldi 分解；因此，

$$h_{2,1}v_2 = Av_1 - h_{1,1}v_1 \tag{7.25}$$

式中，v_2 组成了 V_k 的第 2 列，$h_{1,1}$ 通过下式计算：

$$h_{1,1} = \langle v_1, Av_1 \rangle = v_1^{\mathrm{T}}Av_1 \tag{7.26}$$

式中，< · > 表示内积。这样，由式（7.26）可得 $h_{1,1} = 180.399$。使用 Arnoldi 分解算法求 w_1 得

$$w_1 = h_{2,1}v_2 = Av_1 - h_{1,1}v_1$$

$$= \begin{bmatrix} 1 & 3 & 4 & 8 \\ 2 & 1 & 2 & 3 \\ 4 & 3 & 5 & 8 \\ 9 & 2 & 7 & 4 \end{bmatrix} \begin{bmatrix} 0.4611 \\ 0.2306 \\ 0.5764 \\ 0.6340 \end{bmatrix} - (18.0399) \begin{bmatrix} 0.4611 \\ 0.2306 \\ 0.5764 \\ 0.6340 \end{bmatrix}$$

$$= \begin{bmatrix} 0.2122 \\ 0.0484 \\ 0.0923 \\ -0.2558 \end{bmatrix}$$

用 $h_{2,1}$ 将 v_2 归一化，而 $h_{2,1} = 0.3483$，因此

$$v_2 = \begin{bmatrix} 0.6091 \\ 0.1391 \\ 0.2650 \\ -0.7345 \end{bmatrix}$$

计算 Hessenberg 矩阵的剩余元素，可以得到

$$h_{1,2} = v_1^* A v_2 = 0.1671$$

$$h_{2,2} = v_2^* A v_2 = -6.2370$$

继续使用 Arnoldi 分解算法求 w_2 得

$$w_2 = h_{3,2} v_3 = A v_2 - h_{1,2} v_1 - h_{2,2} v_2 = \begin{bmatrix} -0.0674 \\ 0.5128 \\ -0.1407 \\ -0.0095 \end{bmatrix}$$

可以检查这些值，看是否满足 $k = 2$ 时的式（7.18）：

$$A V_2 = V_2 H_2 + w_2 \begin{bmatrix} 0 & 1 \end{bmatrix}$$

式中，

$$V_2 = \begin{bmatrix} v_1 & v_2 \end{bmatrix} = \begin{bmatrix} 0.4611 & 0.6091 \\ 0.2306 & 0.1391 \\ 0.5764 & 0.2650 \\ 0.6340 & -0.7345 \end{bmatrix}$$

$$H_2 = \begin{bmatrix} h_{1,1} & h_{1,2} \\ h_{2,1} & h_{2,2} \end{bmatrix} = \begin{bmatrix} 18.0399 & 0.1671 \\ 0.3483 & -6.2370 \end{bmatrix}$$

到此初始化步骤完成。

在完成初始的 k 步 Arnoldi 分解后，可以进一步扩展到 $k + p$ 步 Arnoldi 分解。对于本例，$p = 1$；所以只要扩展一步就可以了。在初始化过程中已经得到 $w_2 = h_{3,2} v_3$，据此可以提取出 $h_{3,2}$ 和 v_3（考虑到 $\| v_3 \| = 1.0$），得到 $h_{3,2} = 0.5361$ 和

$$v_3 = \begin{bmatrix} -0.1257 \\ 0.9565 \\ -0.2625 \\ -0.0178 \end{bmatrix}$$

Hessenberg 矩阵 H_3 为

$$H_3 = \begin{bmatrix} h_{1,1} & h_{1,2} & h_{1,3} \\ h_{2,1} & h_{2,2} & h_{2,3} \\ 0 & h_{3,2} & h_{3,3} \end{bmatrix} = \begin{bmatrix} 18.0399 & 0.1671 & 0.5560 \\ 0.3483 & -6.2370 & 2.0320 \\ 0 & 0.5361 & -0.2931 \end{bmatrix}$$

式中，

$$h_{1,3} = v_1^{\mathrm{T}} A v_3$$

$$h_{2,3} = v_2^{\mathrm{T}} A v_3$$

$$h_{3,3} = v_3^{\mathrm{T}} A v_3$$

继续使用 Arnoldi 分解算法求 w_3 得

$$w_3 = A v_3 - h_{1,3} v_1 - h_{2,3} v_2 - h_{3,3} v_3 = \begin{bmatrix} 0.0207 \\ -0.0037 \\ -0.0238 \\ 0.0079 \end{bmatrix}$$

下一步是使用 QR 分解法计算小矩阵 H_3 的特征值（和特征向量），并对其进行排序。H_3 的特征值为

$$\sigma = \begin{bmatrix} 18.0425 \\ -6.4166 \\ -0.1161 \end{bmatrix}$$

因为想求的是模最小的 2 个特征值，故特征值的排序方式是模最小的特征值排在最底部（上式已经是这么排了）。不想要的特征值的估计值是 $\sigma_1 = 18.0425$。对 $H_3 - \sigma_1 I$ 使用移位 QR 分解得到

$$H_3 - \sigma_1 I = \begin{bmatrix} -0.0026 & 0.1671 & 0.5560 \\ 0.3483 & -24.2795 & 2.0320 \\ 0 & 0.5361 & -18.3356 \end{bmatrix}$$

而

$$QR = \begin{bmatrix} -0.0076 & -0.0311 & 0.9995 \\ 1.0000 & -0.0002 & 0.0076 \\ 0 & 0.9995 & 0.0311 \end{bmatrix} \begin{bmatrix} 0.3483 & -24.2801 & 2.0277 \\ 0 & 0.5364 & -18.3445 \\ 0 & 0 & 0 \end{bmatrix}$$

利用 Q 可以得到更新后的 $\hat{H}$ 为

$$\hat{H}_3 = Q^* H_3 Q$$

$$= \begin{bmatrix} -6.2395 & 2.0216 & 0.2276 \\ 0.5264 & -0.2932 & -0.5673 \\ 0 & 0 & 18.0425 \end{bmatrix}$$

注意，现在 $\hat{H}(3, 2)$ 已为 0。继续计算过程得到更新的 $\hat{V}$ 为

$$\hat{V} = V_3 Q = \begin{bmatrix} 0.6056 & -0.1401 & 0.4616 \\ 0.1373 & 0.9489 & 0.2613 \\ 0.2606 & -0.2804 & 0.5699 \\ -0.7392 & -0.0374 & 0.6276 \end{bmatrix}$$

式中，$V_3 = \begin{bmatrix} v_1 & v_2 & v_3 \end{bmatrix}$，而

$$\hat{w}_3 e^T = w_3 e_3^T Q = \begin{bmatrix} 0 & 0.0207 & 0.0006 \\ 0 & -0.0037 & -0.0001 \\ 0 & -0.0238 & -0.0007 \\ 0 & 0.0079 & 0.0002 \end{bmatrix}$$

注意，$\hat{w}e^T$ 的第 1 列为 0，所以一个新的 2 步 Arnoldi 分解可以通过使上式左右两边的前 2 列相等得到，即

$$A \hat{V}_2 = \hat{V}_2 \hat{H}_2 + \hat{w}_2 e_2^T \tag{7.27}$$

而 $\hat{V}$ 和 $\hat{H}$ 的第 3 列被丢弃掉。

这个迭代与精细化过程直到满足下式时结束：

$$\| AV - VH \| = \| we^T \| < \varepsilon$$

此时，计算得到的特征值将具有 ε 精度。

7.4　奇异值分解

奇异值分解（SVD）产生 3 个矩阵，这 3 个矩阵的乘积等于矩阵 A（可以不是方阵），即

$$A = U \Sigma V^T \tag{7.28}$$

式中，U 满足 $U^T U = I$，且 U 的列是 AA^T 的正交归一化特征向量；V 满足 $V^T V = I$，且 V 的列是 $A^T A$ 的正交归一化特征向量；而 Σ 是一个对角矩阵，对角线元素包含了与 U（或 V）相对应的特征值的平方根，且按降序排列。

SVD 既可以用 QR 法也可以用 Arnoldi 法实现，目的是求矩阵 $A^T A$ 和 AA^T 的特征值和特征向量。一旦求出特征值，奇异值便是对应的平方根。矩阵的条件数是度量矩阵可逆性程度的一个指标，定义为该矩阵的最大奇异值与最小奇异值之比。条件数大意味着矩阵接近奇异。

例 7.6　对 A 进行奇异值分解

$$A = \begin{bmatrix} 1 & 2 & 4 & 9 & 3 \\ 3 & 1 & 3 & 2 & 6 \\ 4 & 2 & 5 & 7 & 7 \\ 8 & 3 & 8 & 4 & 10 \end{bmatrix}$$

解7.6 矩阵 A 是一个 4×5 矩阵，因此 U 是一个 4×4 矩阵，Σ 是一个对角线上有 4 个奇异值且最后一列为 0 的 4×5 矩阵，而 V 是一个 5×5 矩阵。

首先令

$$\hat{A} = A^{\mathrm{T}} A$$

得到

$$\hat{A} = \begin{bmatrix} 90 & 37 & 97 & 75 & 129 \\ 37 & 18 & 45 & 46 & 56 \\ 97 & 45 & 114 & 109 & 145 \\ 75 & 46 & 109 & 150 & 128 \\ 129 & 56 & 145 & 128 & 194 \end{bmatrix}$$

再用 QR 法计算 $\hat{A}$ 的特征值和特征向量，得到

$$D = \begin{bmatrix} 507.6670 & 0 & 0 & 0 & 0 \\ 0 & 55.1644 & 0 & 0 & 0 \\ 0 & 0 & 3.0171 & 0 & 0 \\ 0 & 0 & 0 & 0.1516 & 0 \\ 0 & 0 & 0 & 0 & 0.0000 \end{bmatrix}$$

$$V^{\mathrm{T}} = \begin{bmatrix} -0.3970 & 0.4140 & -0.3861 & -0.7189 & 0.0707 \\ -0.1865 & -0.0387 & -0.2838 & 0.3200 & 0.8836 \\ -0.4716 & 0.0610 & -0.5273 & 0.5336 & -0.4595 \\ -0.4676 & -0.8404 & 0.0688 & -0.2645 & -0.0177 \\ -0.6054 & 0.3421 & 0.6983 & 0.1615 & 0.0530 \end{bmatrix}$$

矩阵 Σ 的对角线元素是奇异值，等于 $\hat{A}$ 的特征值的平方根，而且维度必然和 A 一样，因此有

$$\Sigma = \begin{bmatrix} 22.5315 & 0 & 0 & 0 & 0 \\ 0 & 7.4273 & 0 & 0 & 0 \\ 0 & 0 & 1.7370 & 0 & 0 \\ 0 & 0 & 0 & 0.3893 & 0 \end{bmatrix}$$

类似地，令 $\hat{A} = A A^{\mathrm{T}}$ 重复上面步骤，可以得到 U：

$$U = \begin{bmatrix} -0.3853 & -0.8021 & -0.2009 & 0.4097 \\ -0.3267 & 0.2367 & 0.7502 & 0.5239 \\ -0.5251 & -0.2161 & 0.3574 & -0.7415 \\ -0.6850 & 0.5039 & -0.5188 & 0.0881 \end{bmatrix}$$

　　奇异值分解除了应用于条件数计算外，另一种常见的应用是求非方阵 A 的伪逆矩阵 A^+。最常见的伪逆矩阵是 Moore – Penrose 伪逆矩阵，这是一种被称为 1 – 逆矩阵的一般性意义上的伪逆矩阵的一个特例。伪逆矩阵通常被用来求解最小二乘问题 $Ax = b$，其中 A 是奇异矩阵或非方阵。根据 6.1 节的结果，最小二乘问题的解为

$$x = (A^\mathrm{T}A)^{-1}Ab$$
$$= A^+b$$

矩阵 A^+ 可以通过 LU 分解得到，但更常用的方法是采用奇异值分解得到。若采用奇异值分解方法，伪逆矩阵由下式给出：

$$A^+ = V\varSigma^+U^\mathrm{T} \tag{7.29}$$

式中，$\varSigma^+$ 是一个和 A^T 具有相同维度的对角阵，且其对角线元素为奇异值的倒数。

　　例 7.7　使用伪逆矩阵法求解例 6.1。

　　解 7.7　为方便起见，将该方程重新写出如下：

$$\begin{bmatrix} 4.27 \\ -1.71 \\ 3.47 \\ 2.50 \end{bmatrix} = \begin{bmatrix} 0.4593 & -0.0593 \\ 0.0593 & -0.4593 \\ 0.3111 & 0.0889 \\ 0.0889 & 0.3111 \end{bmatrix} \begin{bmatrix} V_1 \\ V_2 \end{bmatrix} \tag{7.30}$$

采用伪逆矩阵法求解

$$\begin{bmatrix} V_1 \\ V_2 \end{bmatrix}$$

使用奇异值分解得

$$U = \begin{bmatrix} -0.5000 & -0.6500 & -0.5505 & -0.1567 \\ 0.5000 & -0.6500 & 0.1566 & 0.5505 \\ -0.5000 & -0.2785 & 0.8132 & -0.1059 \\ -0.5000 & 0.2785 & -0.1061 & 0.8131 \end{bmatrix}$$

$$\varSigma = \begin{bmatrix} 0.5657 & 0 \\ 0 & 0.5642 \\ 0 & 0 \\ 0 & 0 \end{bmatrix}$$

$$V = \begin{bmatrix} -0.7071 & -0.7071 \\ -0.7071 & 0.7071 \end{bmatrix}$$

矩阵 Σ^+ 为

$$\Sigma^+ = \begin{bmatrix} 1.7677 & 0 & 0 & 0 \\ 0 & 1.7724 & 0 & 0 \end{bmatrix}$$

从而得到 A^+

$$A^+ = \begin{bmatrix} 1.4396 & 0.1896 & 0.9740 & 0.2760 \\ -0.1896 & -1.4396 & 0.2760 & 0.9740 \end{bmatrix}$$

$$\begin{bmatrix} V_1 \\ V_2 \end{bmatrix} = \begin{bmatrix} 1.4396 & 0.1896 & 0.9740 & 0.2760 \\ -0.1896 & -1.4396 & 0.2760 & 0.9740 \end{bmatrix} \begin{bmatrix} 4.27 \\ -1.71 \\ 3.47 \\ 2.50 \end{bmatrix}$$

$$= \begin{bmatrix} 9.8927 \\ 5.0448 \end{bmatrix}$$

结果与例 6.1 相同。

7.5 模态辨识

尽管很多系统本质上是非线性的，但在某些情况下它们可能受控于设计精良的线性控制系统。为了实现线性反馈控制，系统设计师必须有一个足够低阶的精确模型来进行控制设计。现已开发出了数种方法来构建这种低阶模型，包括动态等值、特征值分析和零极点对消等。然而，经常会碰到这样的情况，原始系统过于复杂或者已知参数不够精确，使得难以得到一个合适的降阶模型。实际应用中，系统可能存在部分参数会随时间或运行条件而漂移，从而损害了数学模型的精度。针对这些情况，期望直接从系统对扰动的响应中提取模态信息。采用这种方法，有可能实现如下目标，用根据系统输出波形估计出的线性模型来代替实际的动态模型。电力系统在受到扰动后的时变动态响应可能是由多种振荡模式构成的，这些振荡模式必须被辨识出来。现已提出了多种方法用来从时变响应中提取相关的模态信息。而一个合适的方法必须考虑如下几个因素：包含非线性特性；模型规模合适，可以有效应用；所得结果可靠。

直接用于非线性系统仿真或现场测量的方法包括了非线性的影响。在全状态特征值分析中，系统模型的规模由于计算能力限制，其典型值为数百个状态变量。这意味着包含了数千节点的典型系统必须应用动态等值的方法进行降阶。直接根据系统输出进行运算的模态分析技术不受系统规模的限制，意味着可以直接使用标准的时域分析结果。这消除了由于降阶而丢失系统模态信息的可能性。估计出的线性模型既可以用于控制设计，也可以为其他线性分析技术提供模型。估计出的模型通常会比原始模型阶数低，但仍保留了主导模式的特征。

辨识问题也许可以这样陈述：给定一组随时间变化的测量值，要求用一组预先设定的时变波形来拟合此测量波形，使实际测量波形与所求得的波形之间的误差为最小。预先设定的波形的系数决定了所辨识出的线性系统的主导模式特征。考察如下的线性系统：

$$\dot{x}(t) = Ax(t) \quad x(t_0) = x_0 \tag{7.31}$$

式中，

$$x_i(t) = \sum_{k=1}^{n} a_k e^{(b_k t)} \cos(\omega_k t + \theta_k) \tag{7.32}$$

是 n 个状态中的一个。参数 a_k 和 θ_k 是根据初始状态导出的，而参数 b_k 和 ω_k 是由矩阵 A 的特征值导出的。对这些响应进行辨识而得到的系统模态信息，可用来预测可能的不稳定行为，进行控制器设计，分析参数对阻尼的影响，研究模态交互作用等。

任何时变函数在有限时间段内都可以用一系列复指数函数来拟合。然而，拟合函数中包含很多项是不实际的。因此，问题就转化为通过估计拟合函数的幅值、相位和阻尼参数以使得实际的时变函数与拟合函数之间的误差最小化。对于用一系列函数来拟合一个非线性波形的问题，需要最小化的目标函数 f 可以用下式给出：

$$\min f = \sum_{i=1}^{N} \Big[\sum_{k=1}^{n} \big[a_k e^{(b_k t_i)} \cos(\omega_k t_i + \theta_k) \big] - y_i \Big]^2 \tag{7.33}$$

式中，n 是期望拟合函数应包含的振荡模式数目，N 是采样数据的数目，y_i 是采样波形的值，而

$$[a_1 \ b_1 \ \omega_1 \ \theta_1, \cdots, a_n \ b_n \ \omega_n \ \theta_n]^{\mathrm{T}}$$

是需要估计的参数。

可用于估计时变波形模态成分的方法有多种。其中 Prony 法是一种著名的方法，并已在电力系统中得到广泛应用；矩阵束（matrix pencil）法本来是用于提取天线电磁暂态响应中的极点的；而 Levenberg – Marquardt 法采用解析优化模型使拟合波形与输入数据之间的误差最小化，并通过迭代计算不断更新模态参数。

7.5.1　Prony 法

Prony 法是用来估计上述不同参数的一种方法[23]，即直接估计拟合函数的各指数项参数，拟合函数的表达式为

$$\hat{y}(t) = \sum_{i=1}^{n} A_i e^{\sigma_i t} \cos(\omega_i t + \phi_i) \tag{7.34}$$

被拟合的测量波形是 $y(t)$，由 N 个采样值构成

$$y(t_k) = y(k), k = 0, 1, \cdots, N-1$$

这些采样值是等时间间隔分布的，时间间隔为 Δt。由于测量信号 $y(t)$ 可能包含噪声或直流偏置，因此可能需要在拟合过程开始前进行预处理。

基本的 Prony 法归纳如下。

Prony 法

1. 根据测量数据集构建一个离散的线性预测模型。

2. 求出模型特征多项式的根。

3. 使用这些根作为信号的复模态频率，确定每个振荡模式的振幅和相位。

上述步骤在 z 域中执行，并在最后一步将特征值转换到 s 域中。

注意，式（7.34）可以重新写成复指数形式：

$$\hat{y}(t) = \sum_{i=1}^{n} B_i e^{\lambda_i t} \tag{7.35}$$

上式可以转换成

$$\hat{y}(k) = \sum_{i=1}^{n} B_i z_i^{k} \tag{7.36}$$

式中，

$$z_i = e^{(\lambda_i \Delta t)} \tag{7.37}$$

系统特征值 λ 可以通过下式从离散模式中得到：

$$\lambda_i = \frac{\ln(z_i)}{\Delta t} \tag{7.38}$$

而 z_i 是如下 n 次多项式的根：

$$z^n - (a_1 z^{n-1} + a_2 z^{n-2} + \cdots + a_n z^0) = 0 \tag{7.39}$$

式中，系数 a_i 是未知的，必须通过测量数据向量计算得到：

$$\begin{bmatrix} y(n-1) & y(n-2) & \cdots & y(0) \\ y(n-0) & y(n-1) & \cdots & y(1) \\ \vdots & \vdots & \vdots & \vdots \\ y(N-2) & y(N-3) & \cdots & y(N-n-1) \end{bmatrix} \begin{bmatrix} a_1 \\ a_2 \\ \vdots \\ a_n \end{bmatrix} = \begin{bmatrix} y(n) \\ y(n+1) \\ \vdots \\ y(N-1) \end{bmatrix} \tag{7.40}$$

注意，这是一个具有 n 个未知数和 N 个方程的方程组，因此必须通过最小二乘法进行求解。

一旦 z_i 作为式（7.39）的根已求出，特征值 λ_i 就可以根据式（7.38）进行计算。下一步就是求解 B_i，使其满足对所有的 k 都有 $\hat{y}(k) = y(k)$。因而可以得到下面的关系式：

$$\begin{bmatrix} z_1^0 & z_2^0 & \cdots & z_n^0 \\ z_1^1 & z_2^1 & \cdots & z_n^1 \\ \vdots & \vdots & \vdots & \vdots \\ z_1^{N-1} & z_2^{N-1} & \cdots & z_n^{N-1} \end{bmatrix} \begin{bmatrix} B_1 \\ B_2 \\ \vdots \\ B_n \end{bmatrix} = \begin{bmatrix} y(0) \\ y(1) \\ \vdots \\ y(N-1) \end{bmatrix} \qquad (7.41)$$

上式可以简洁地写成:

$$ZB = Y \qquad (7.42)$$

注意,矩阵 B 是 $N \times n$ 的;因此式 (7.42) 也必须采用最小二乘法求解。然后,根据式 (7.35) 就能计算出估计的波形 $\hat{y}(t)$。重构的信号 $\hat{y}(t)$ 通常不会与 $y(t)$ 精确重合。对此种拟合质量的一种合适的度量是"信号噪声比 (SNR)",由下式给出:

$$\mathrm{SNR} = 20\log \frac{\| \hat{y} - y \|}{\| y \|} \qquad (7.43)$$

式中,SNR 的单位为分贝 (dB)。

　　因为此种方法的拟合可能不够精确,通常希望控制拟合函数与原始波形之间的误差水平。在这种情况下,非线性最小二乘法可以给出更好的结果。

7.5.2　矩阵束法

　　上节阐述的 Prony 法是一种多项式方法,其求解过程包括了求特征多项式的根 z_i 的步骤。本节介绍的矩阵束 (MP) 法,则通过构造一个矩阵进行计算,该矩阵的特征值就是 z_i,此特征值是一个广义特征值问题的解[24-41]。矩阵束由下式给出:

$$[Y_2] - \lambda[Y_1] = [Z_1][B]\{[Z_0] - \lambda[I]\}[Z_2] \qquad (7.44)$$

式中,

$$[Y] = \begin{bmatrix} y(0) & y(1) & \cdots & y(L) \\ y(1) & y(2) & \cdots & y(L+1) \\ \vdots & \vdots & & \vdots \\ y(N-L) & y(N-L+1) & \cdots & y(N) \end{bmatrix} \qquad (7.45)$$

$$[Z_0] = \mathrm{diag}[z_1, z_2, \cdots, z_n] \qquad (7.46)$$

$$[Z_1] = \begin{bmatrix} 1 & 1 & \cdots & 1 \\ z_1 & z_2 & \cdots & z_n \\ \vdots & \vdots & & \vdots \\ z_1^{(N-L-1)} & z_2^{(N-L-2)} & \cdots & z_n^{(N-L-1)} \end{bmatrix} \qquad (7.47)$$

$$[Z_2] = \begin{bmatrix} 1 & z_1 & \cdots & z_1^{L-1} \\ 1 & z_2 & \cdots & z_2^{L-1} \\ \vdots & \vdots & & \vdots \\ 1 & z_n & \cdots & z_n^{L-1} \end{bmatrix} \tag{7.48}$$

$[B]$ = 残差矩阵

$[I]$ = $n \times n$ 单位矩阵

n = 希望的特征值个数

L = 束参数，满足 $n \leqslant L \leqslant N - n$

矩阵束法步骤

1. 选择 L，满足 $n \leqslant L \leqslant N - n$。

2. 构建矩阵 $[Y]$。

3. 对 $[Y]$ 进行奇异值分解

$$[Y] = [U][S][V]^T \tag{7.49}$$

式中，$[U]$ 和 $[V]$ 为酉矩阵，分别包含 $[Y][Y]^T$ 和 $[Y]^T[Y]$ 的特征向量。

4. 构建矩阵 $[V_1]$ 和 $[V_2]$ 满足

$$V_1 = \begin{bmatrix} v_1 & v_2 & v_3 & \cdots & v_{n-1} \end{bmatrix} \tag{7.50}$$

$$V_2 = \begin{bmatrix} v_2 & v_3 & v_4 & \cdots & v_n \end{bmatrix} \tag{7.51}$$

式中，v_i 是 V 的第 i 个右奇异向量。

5. 构建 $[Y_1]$ 和 $[Y_2]$

$$[Y_1] = [V_1]^T[V_1]$$

$$[Y_2] = [V_2]^T[V_1]$$

6. 要求的极点 z_i 可以作为矩阵对 $\{[Y_1]; [Y_2]\}$ 的广义特征值求出。

从这里开始，算法的剩余部分与 Prony 法一样，即计算特征值 λ 和残余矩阵 B 的过程与 Prony 法相同。

如果束参数 L 选为 $L = N/2$，那么此方法的性能已接近最优边界的性能[24]。

已经证明，在存在噪声的情况下，采用矩阵束法得到的极点的统计方差总是小于 Prony 法[24]。

7.5.3 Levenberg – Marquardt 法

用于数据拟合的非线性最小二乘问题的一般形式为

$$\text{minimize} \, f(x) = \sum_{k=1}^{N} [\hat{y}(x, t_i) - y_i]^2 \tag{7.52}$$

式中，y_i 是系统在 t_i 时刻的输出，x 是式（7.34）中的振幅、相位、角频率和阻尼系数组成的向量，它取决于系统状态矩阵的特征值。

为了求出 $f(x)$ 的最小值，可以采用 Newton – Raphson 迭代法的相同步骤。函数 $f(x)$ 在某个 x_0 附近做 Taylor 级数展开：

$$f(x) \approx f(x_0) + (x - x_0)^{\mathrm{T}} f'(x_0) + \frac{1}{2}(x - x_0)^{\mathrm{T}} f''(x_0)(x - x_0) + \cdots \quad (7.53)$$

式中，

$$f'(x) = \frac{\partial f}{\partial x_j}(x) \quad j = 1, 2, \cdots, n$$

$$f''(x) = \frac{\partial^2 f}{\partial x_j \partial x_k}(x) \quad j, k = 1, 2, \cdots, n$$

如果忽略 Taylor 级数展开式中的高次项，并对式（7.53）右边的二次函数进行最小化，可以得到

$$x_1 = x_0 - [f''(x_0)]^{-1} f'(x_0) \quad (7.54)$$

由此得到了求解函数 $f(x)$ 最小值的一个近似公式。上式实际上是求解

$$f'(x) = 0$$

的 Newton – Raphson 迭代更新式，而 $f'(x) = 0$ 是使 $f(x)$ 最小化的必要条件方程。

Newton – Raphson 迭代式（7.54）可以改写成如下的线性迭代形式

$$A(x_k)(x_{k+1} - x_k) = g(x_k) \quad (7.55)$$

式中，

$$g_j(x) = -\frac{\partial f}{\partial x_j}(x)$$

$$a_{jk}(x) = \frac{\partial^2 f}{\partial x_j \partial x_k}(x)$$

这里的矩阵 A 是系统的 Jacobi 矩阵（或类似的迭代矩阵）。

式（7.52）的导数为

$$\frac{\partial f}{\partial x_j}(x) = 2 \sum_{k=1}^{N} [\hat{y}_k - y_k] \frac{\partial \hat{y}_i}{\partial x_j}(x)$$

而

$$\frac{\partial^2 f}{\partial x_j \partial x_k}(x) = 2 \sum_{k=1}^{N} \left\{ \frac{\partial \hat{y}_k}{\partial x_j}(x) \frac{\partial \hat{y}_i}{\partial x_k}(x) + [\hat{y}_k - y_k] \frac{\partial^2 \hat{y}_k}{\partial x_j \partial x_k}(x) \right\}$$

在这种情况中，矩阵元素 $a_{j,k}$ 包含了函数 $\hat{y}_i$ 的二阶导数。这些导数乘上系数 $[\hat{y}_i(x) - y_i]$ 后，在 f 的最小化过程中会变得越来越小。因此可以这么认为，在整个最小化过程中这些项可以忽略。注意，如果此方法收敛，那么不管迭代过程中 Jacobi 矩阵是否精确，都会收敛到同一个结果。因此迭代矩阵 A 可以简化为

$$a_{jk} = 2 \sum_{i=1}^{N} \frac{\partial \hat{y}_i}{\partial x_j}(x) \frac{\partial \hat{y}_i}{\partial x_k}(x) \quad (7.56)$$

且注意其中的 $a_{jj}(x) > 0$。

Levenberg – Marquardt 法通过引入矩阵 $\hat{A}$ 来修改式（7.55），矩阵 $\hat{A}$ 的元素为

$$\hat{a}_{jj} = (1 + \gamma) a_{jj}$$

$$\hat{a}_{jk} = a_{jk} \; j \neq k$$

式中，γ 是某个正的参数。这样式（7.55）变为

$$\hat{A}(x_0)(x_1 - x_0) = g \tag{7.57}$$

对于较大的 γ，矩阵 $\hat{A}$ 会变成对角占优矩阵。如果 γ 接近于 0，式（7.57）会变成 Newton – Raphson 法。Levenberg – Marquardt 法的基本特性就是通过选择不同的 γ 来获得最优的迭代特性。基本 Levenberg – Marquardt 法可以概括为

Levenberg – Marquardt 法

1. 令 $k = 0$。选择一个初始的 x_0、γ 和系数 α。

2. 求解式（7.57）中的线性方程组，获得 x_{k+1}。

3. 如果 $f(x_{k+1}) > f(x_k)$，x_{k+1} 不能作为新的近似值，因此舍弃，并将 γ 用 $\alpha\gamma$ 替代，重复步骤 2。

4. 如果 $f(x_{k+1}) < f(x_k)$，接受 x_{k+1} 作为新的近似值，将 γ 用 $\dfrac{\gamma}{\alpha}$ 替代，令 $k = k+1$，重复步骤 2。

5. 当下式满足时结束迭代

$$\| x_{k+1} - x_k \| < \varepsilon$$

针对非线性波形通过一系列函数进行拟合的问题，相应的最小化函数可用下式给出：

$$最小化 f = \sum_{i=1}^{N} \Big[\sum_{k=1}^{m} \big[a_k e^{(b_k t_i)} \cos(\omega_k t_i + \theta_k) \big] - y_i \Big]^2 \tag{7.58}$$

式中，m 是待拟合波形的振荡模式个数，$x = [a_1, \; b_1, \; \omega_1, \; \theta_1, \; \cdots, \; a_m, \; b_m, \; \omega_m, \; \theta_m]^{\mathrm{T}}$。

与所有的非线性迭代法一样，Levenberg – Marquardt 法能否收敛取决于初始值的选择。在这种情况下，采用矩阵束法或 Prony 法的结果作为初始值是明智的。

7.5.4　Hilbert 变换

包络线是指包围快速振荡分量的波形，该波形本身随时间而缓慢变化。通过使用 Hilbert 变化，可以去除信号中的快速振荡，获得信号的包络线。

函数 $x(t)$ 的 Hilbert 变换是

$$X_H(t) = -\frac{1}{\pi t} x(t) = f(t) x(t) = F^{-1} \{ F(\mathrm{j}\omega) X(\mathrm{j}\omega) \} \tag{7.59}$$

$(-\pi t)^{-1}$的 Fourier 变换是 $i \mathrm{sgn}\omega$ ，其中正的 ω 对应 $+i$ ，负的 ω 对应 $-i$ 。Hilbert 变换相当于一个滤波器，通过该滤波器后，各频谱分量的幅值保持不变，但各频谱分量的相位移动 $\pi/2$ ，移动的方向由 ω 的符号决定。Hilbert 变换将偶函数变为奇函数，将奇函数变为偶函数；余弦分量被变换成负的正弦分量，正弦分量被变换成余弦分量。关于 Hilbert 变换更深入的讨论可见参考文献[22]。

单自由度系统的脉冲响应函数是一个指数衰减的正弦函数。Hilbert 变换根据原始时间信号计算新的时间信号。两个信号结合在一起形成解析信号

$$x(\bar{t}) = x(t) - iX_H(t) \qquad (7.60)$$

解析信号的幅值就是原始时间信号的包络线。当包络线按照 dB 刻度绘制时，图形为一条直线，而直线的斜率与阻尼比有关。单自由度系统的脉冲响应函数可以用下面的方程描述：

$$x(t) = Ae^{-\xi\omega_n t}\sin(\omega_n(\sqrt{1-\xi^2})t) \qquad (7.61)$$

式中，ω_n 是自然频率，ξ 是阻尼比，A 是残余值。式（7.61）的 Hilbert 变换为

$$X_H(t) = Ae^{-\xi\omega_n t}\cos(\omega_n(\sqrt{1-\xi^2})t) \qquad (7.62)$$

解析信号为

$$\bar{x}(t) = Ae^{-\xi\omega_n t}(\sin(\omega_n\sqrt{1-\xi^2})t) + i\cos(\omega_n\sqrt{1-\xi^2})t))$$

解析信号的幅值消除了振荡分量，给出的包络线为

$$\left|\bar{x}(t)\right| = \sqrt{(Ae^{-\xi\omega_n t})^2(\sin^2(\omega_n(\sqrt{1-\xi^2})t) + \cos^2(\omega_n(\sqrt{1-\xi^2})t))} = Ae^{-\xi\omega_n t}$$

$$(7.63)$$

对两边取自然对数得到

$$\ln|\bar{x}(t)| = \ln(Ae^{-\xi\omega_n t})$$

$$= \ln A - \xi\omega_n t$$

这是一个关于 t 的直线方程。如果已知直线的斜率（slope），则阻尼比可以这样估计：

$$\xi = -\frac{\text{slope}}{\omega_n} \qquad (7.64)$$

当一个波形所含的振荡模式数未知时，Hilbert 变换提供了一种估计波形所含振荡模式数的方法。

7.5.5　举例

上述这些方法的有效性将通过几个实例来进行展示，这些例子从简单的三模式线性系统到一个实际的电力系统。

1. 简单例子

上述方法的应用将首先考察图 7.3 所示的波形，它是由下式得到的：

$$x(t) = \sum_{i=1}^{3} a_i e^{b_i t} (\cos\omega_i t + \theta_i)$$

式中，

模式	a_i	b_i	ω_i	θ_i
1	1.0	-0.01	8.0	0.0
2	0.6	-0.03	17.0	π
3	0.5	0.04	4.7	$\pi/4$

如果将此问题转化为只知道图 7.3 所示的波形，而不知道上述的解析表达式，那么应用 Hilbert 变换的第一步就是来估计此系统的振荡模式数。由 Hilbert 变换得到的频域响应如图 7.4 所示。从图 7.4 可以明显地看出，存在 3 个主导模式，分别位于 4.7rad、8.0rad 和 17rad 处，这与所给出的数据吻合得很好。

更进一步，3 个模式的振幅分别为 0.48、0.9 和 0.51，同样与所给出的数据能够较好吻合。如果每个振荡模式的自然振荡频率是分离的，并且脉冲响应频率是单独计算的，那么就可以确定每个振荡模式的阻尼。脉冲响应包络线的斜率可以用来估计各个振荡模式的阻尼比。在估计出每个模式的阻尼比后，就能计算出特征值。

下面将前面所述的 3 种方法中的任意一种用来估计图 7.3 信号的参数并重构波形。

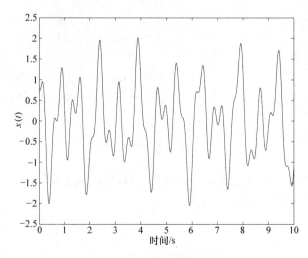

图 7.3　3 个振荡模式的波形

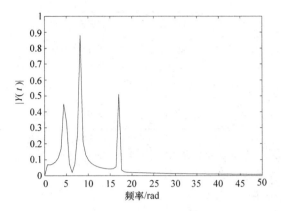

图 7.4   图 7.3 的频域响应

Prony 法：

模式	a_i	b_i	ω_i	θ_i
1	0.9927	−0.0098	7.9874	0.0617
2	0.6009	−0.0304	17.0000	3.1402
3	0.5511	0.0217	4.6600	0.9969

矩阵束法：

模式	a_i	b_i	ω_i	θ_i
1	1.0121	−0.0130	8.0000	0.0008
2	0.6162	−0.0361	16.9988	3.1449
3	0.5092	0.0364	4.6953	0.7989

Levenberg – Marquardt 法：

模式	a_i	b_i	ω_i	θ_i
1	1.0028	−0.0110	7.9998	0.0014
2	0.6010	−0.0305	16.9994	3.1426
3	0.5051	0.0378	4.6967	0.7989

波形重构的误差（error）用下式计算：

$$\text{error} = \sum_{i=1}^{N} \Big[\sum_{k=1}^{m} \big[a_k e^{(b_k t_i)} \cos(\omega_k t_i + \theta_k) \big] - y_i \Big]^2 \tag{7.65}$$

这样得到每种方法的重构误差为

方法	误差
矩阵束	0.1411
Levenberg – Marquardt	0.0373
Prony	3.9749

果然 Levenberg – Marquardt 法得到了最好的结果，因为它是一种迭代方法，而其他的估计方法是线性非迭代方法。

2. 电力系统例子

在这个例子中，将对前述几种方法的精度进行比较，所采用的动态响应曲线是基于 PSS/E 仿真美国中西部电网得到的，如图 7.5 所示。该系统包含了数百个状态，具有很宽频率范围的动态响应。该系统的主导振荡模式的个数是未知的。

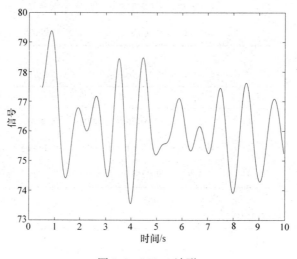

图 7.5　PSS/E 波形

首先使用 Hilbert 变换法来确定可能的振荡模式数，所得到的 FFT 结果如图 7.6 所示。从图中可以看出，似乎存在 5 个主导模式，对原始波形具有最大的贡献，且其中的几个集中在低频段。因此，前面讲述的几种估计方法将被用来提取 5 个振荡模式。

提取的 5 个振荡模式的结果如图 7.7 所示，3 种方法的结果归纳如下：

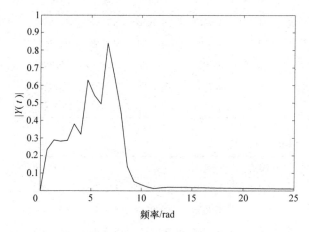

图 7.6 PSS/E 波形的 FFT 结果

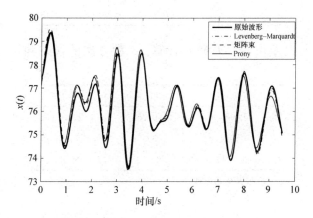

图 7.7 使用不同方法得到的重构波形

Prony 法：

模式	a_i	b_i	ω_i	θ_i
1	1.7406	-0.5020	3.7835	-1.4870
2	1.5723	-0.1143	4.8723	-1.1219
3	1.0504	-0.0156	6.2899	-0.0331
4	2.1710	-0.2455	7.7078	2.2011
5	0.9488	-0.3515	8.3854	-1.6184

矩阵束法：

模式	a_i	b_i	ω_i	θ_i
1	2.0317	-0.5610	3.7357	-1.5158
2	1.3204	-0.0774	4.8860	-1.3607
3	0.7035	0.0527	6.3030	-0.3093
4	1.2935	-0.2400	7.4175	2.9957
5	0.6718	-0.0826	8.0117	0.3790

Levenberg – Marquardt 法：

模式	a_i	b_i	ω_i	θ_i
1	1.8604	-0.5297	3.6774	-1.3042
2	1.1953	-0.0578	4.8771	-1.3405
3	0.8164	0.0242	6.2904	-0.2537
4	1.9255	-0.2285	7.6294	2.1993
5	0.6527	-0.2114	8.3617	-1.5187

每种方法的误差由式（7.65）计算，3 种方法的误差和计算时间如下表所示：

方　　法	CPU 时间	误差
Prony	0.068	228.16
矩阵束	39.98	74.81
Levenberg – Marquardt	42.82[①]	59.74

① 根据初始条件。

注意，Prony 法是计算效率最高的，因为它只需要 2 次最小二乘法求解。矩阵束法计算量较大，因为它需要对一个较大的矩阵进行 1 次奇异值分解；同时还需要对一个较小的矩阵（其阶数等于所求的模式数）进行特征值求解，不过这个计算并不过于繁重。毫不奇怪，Levenberg – Marquardt 法是计算量最大的，因为它是一个迭代方法。该方法的计算量直接与初始值有关：初始值越好，收敛得越快。将 Prony 法或矩阵束法得到的参数作为 Levenberg – Marquardt 法的初始值是非常明智的做法。

类似地，每种方法的误差水平也随着方法的复杂程度而改变。Levenberg – Marquardt 法能够得到最好的结果，但需要最长的计算时间。Prony 法的误差最大，但计算速度最快。

7.6 在电力系统中的应用

参与因子

在分析大规模电力系统时，有时期望度量某个特定状态量对所选振荡模式（即特征值）的影响。有些情况下，需要知道一组物理状态量是否对某个振荡模式有影响，从而通过对特定系统部件的控制来缓解振荡。另一种应用是确定哪个系统部件对某个不稳定振荡模式有贡献。用于确定哪个状态量显著地参与了特定振荡模式的一种工具是参与因子法[57]。在大规模电力系统中，参与因子法也可以被用来区分区域间振荡模式和局部振荡模式（区域内振荡模式）。

参与因子可用来度量每个状态量对特定振荡模式（即特征值）的影响。考虑一个线性系统

$$\dot{x} = Ax \tag{7.66}$$

参与因子 p_{ki} 用来度量第 i 个特征值相对于矩阵 A 的第 k 个对角元的灵敏度，定义为

$$p_{ki} = \frac{\partial \lambda_i}{\partial a_{kk}} \tag{7.67}$$

式中，λ_i 是第 i 个特征值，a_{kk} 是 A 的第 k 个对角元。参与因子 p_{ki} 将第 k 个状态变量与第 i 个特征值联系起来。关于参与因子的一个等价的但更通用的表达式是：

$$p_{ki} = \frac{w_{ki} v_{ik}}{w_i^{\mathrm{T}} v_i} \tag{7.68}$$

式中，w_{ki} 和 v_{ik} 分别是与 λ_i 对应的左特征向量和右特征向量的第 k 个元素。与特征向量一样，参与因子通常也被归一化，使其满足：

$$\sum_{k=1}^{n} p_{ki} = 1 \tag{7.69}$$

当参与因子被归一化后，就直接给出了每个状态变量对特定振荡模式的影响百分数。复特征值（和特征向量）的参与因子被定义为模值而不是复数值；对于复特征值，参与因子被定义为

$$p_{ki} = \frac{|v_{ik}||w_{ki}|}{\sum_{i=1}^{n} |v_{ik}||w_{ki}|} \tag{7.70}$$

在某些应用中，可能更倾向于保留参与因子的复数性质，以同时得到相位和模值信息[29]。

7.7 问题

1. 计算如下矩阵的特征值和特征向量

$$A_1 = \begin{bmatrix} 5 & 4 & 1 & 1 \\ 4 & 5 & 1 & 1 \\ 1 & 1 & 4 & 2 \\ 1 & 1 & 2 & 4 \end{bmatrix}$$

$$A_2 = \begin{bmatrix} 2 & 3 & 4 \\ 7 & -1 & 3 \\ 1 & -1 & 5 \end{bmatrix}$$

2. 使用移位 QR 法计算如下矩阵的特征值

$$A = \begin{bmatrix} 0 & 0 & 1 \\ 1 & 0 & 0 \\ 0 & 1 & 0 \end{bmatrix}$$

3. 根据下式产生如图 7.8 所示的波形，时间段 $t \in [0, 10]$，时间间隔为 0.01s

$$x(t) = \sum_{i=1}^{3} a_i e^{b_i t} (\cos c_i t + d_i)$$

式中，

模式	a_i	b_i	c_i	d_i
1	1.0	-0.01	8.0	0.0
2	0.6	-0.03	17.0	π
3	0.5	0.04	4.7	$\pi/4$

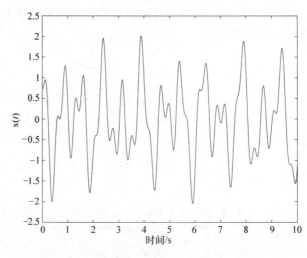

图 7.8　问题 3 的波形

（a）使用区间 $[0，10]$ 内 100 个等间隔点，使用 Prony 法估计 6 个系统特征值。它们与实际特征值相比又如何？

（b）使用区间 $[0，10]$ 内 100 个等间隔点，使用 Levenberg – Marquardt 法估计 6 个系统特征值。它们与实际特征值相比又如何？与 Prony 法得到特征值相比又如何？

（c）使用区间 $[0，10]$ 内 100 个等间隔点，使用矩阵束法估计 6 个系统特征值。它们与实际特征值相比又如何？与 Prony 法得到特征值相比又如何？

（d）用上所有点，使用 Prony 法估计 6 个系统特征值。它们与实际特征值相比又如何？

（e）用上所有点，使用 Levenberg – Marquardt 法估计 6 个系统特征值。它们与实际特征值相比又如何？

（f）用上所有点，使用矩阵束法估计 6 个系统特征值。它们与实际特征值相比又如何？

（g）用上所有点，使用矩阵束法估计系统响应的两个主导模式（两个复数特征值对）。将估计得到的参数代入

$$x(t) = \sum_{i=1}^{2} a_i e^{b_i t} (\cos c_i t + d_i)$$

并画图对比此响应曲线与三模式响应曲线，讨论两者之间的差别和相似点。

参 考 文 献

[1] P. M. Anderson and A. A. Fouad, *Power System Control and Stability*. Ames, IA: Iowa State University Press, 1977.

[2] W. E. Arnoldi, "The principle of minimized iterations in the solution of the matrix eigenvalue problem," *Quart. Appl. Math.*, vol. 9, 1951.

[3] M. S. Bazaraa, H. D. Sherali, and C. M. Shetty, *Nonlinear Programming: Theory and Algorithms*, 2nd ed. Wiley Press, 1993.

[4] L. T. Biegler, T. F. Colemam, A. R. Conn, and F. N. Santosa, *Large-scale Optimization with Applications - Part II: Optimal Design and Control*. New York: Springer-Verlag, Inc., 1997.

[5] K. E. Brenan, S. L. Campbell, L. R. Petzold, *Numerical Solution of Initial-Value Problems in Differential-Algebraic Equations*. Philadelphia: Society for Industrial and Applied Mathematics, 1995.

[6] L. O. Chua and P. Lin, *Computer Aided Analysis of Electronic Circuits: Algorithms and Computational Techniques*. Englewood Cliffs, New Jersey: Prentice-Hall, Inc., 1975.

[7] G. Dahlquist, A. Bjorck, *Numerical Methods*. Englewood Cliffs, New Jersey: Prentice-Hall, Inc., 1974.

[8] G. Dantzig, *Linear Programming: Introduction*. Secaucus, NJ, USA: Springer-Verlag New York, Inc., 1997.

[9] R. Doraiswami and W. Liu, "Real-time estimation of the parameters of power system small signal oscillations," *IEEE Transactions on Power Systems*, vol. 8, no. 1, February 1993.

[10] H. W. Dommel and W. F. Tinney, "Optimal power flow solutions," *IEEE Transactions on Power Apparatus and Systems*, vol. 87, no. 10, pp. 1866-1874, October 1968.

[11] S. Eisenstate, M. Gursky, M. Schultz, and A. Sherman, "The Yale Sparse Matrix Package I: The symmetric codes," *International Journal of Numerical Methods Engineering*, vol. 18, 1982, pp. 1145-1151.

[12] O. I. Elgerd, *Electric Energy System Theory, An Introduction*. New York, New York: McGraw-Hill Book Company, 1982.

[13] J. Francis, "The QR Transformation: A unitary analogue to the LR Transformation," *Comp. Journal*, vol. 4, 1961.

[14] C. W. Gear, *Numerical Initial Value Problems in Ordinary Differential Equations*, Englewood Cliffs, New Jersey: Prentice-Hall, Inc., 1971.

[15] C. W. Gear, "The simultaneous numerical solution of differential-algebraic equations," *IEEE Transactions on Circuit Theory*, vol. 18, pp. 89-95, 1971.

[16] C. W. Gear and L. R. Petzold, "ODE methods for the solution of differential/algebraic systems," *SIAM Journal of Numerical Analysis*, vol. 21, no. 4, pp. 716-728, August 1984.

[17] A. George and J. Liu, "A fast implementation of the minimum degree algorithm using quotient graphs," *ACM Transactions on Mathematical Software*, vol. 6, no. 3, September 1980, pp. 337-358.

[18] A. George and J. Liu, "The evoluation of the minimum degree ordering algorithm," *SIAM Review*, vol. 31, March 1989, pp. 1-19.

[19] H. Glavitsch and R. Bacher, "Optimal power flow algorithms," *Control and Dynamic Systems*, vol. 41, part 1, *Analysis and Control System Techniques for Electric Power Systems*, New York: Academic Press, 1991.

[20] G. H. Golub and C. F. Van Loan, *Matrix Computations*, Baltimore: Johns Hopkins University Press, 1983.

[21] G. K. Gupta, C. W. Gear, and B. Leimkuhler, "Implementing linear multistep formulas for solving DAEs," Report no. UIUCDCS-R-85-1205, University of Illinois, Urbana, Illinois, April 1985.

[22] Stefan Hahn, *Hilbert Transforms in Signal Processing*, Boston: Artech House Publishers, 1996.

[23] J. F. Hauer, C. J. Demeure, and L. L. Scharf, "Initial results in Prony analysis of power system response signals," *IEEE Transactions on Power Systems*, vol. 5, no. 1, February 1990.

[24] Y. Hua and T. Sarkar, "Generalized Pencil-of-function method for extracting poles of an EM system from its transient response," *IEEE Transactions on Antennas and Propagation*, vol 37, no. 2, February 1989.

[25] M. Ilic and J. Zaborszky, *Dynamics and Control of Large Electric Power Systems*, New York: Wiley-Interscience, 2000.

[26] D. Kahaner, C. Moler, and S. Nash, *Numerical Methods and Software*, Englewood Cliffs, NJ: Prentice-Hall, 1989.

[27] R. Kress, *Numerical Analysis*, New York: Springer-Verlag, 1998.

[28] V. N. Kublanovskaya, "On some algorithms for the solution of the complete eigenvalue problem," *USSR Comp. Math. Phys.*, vol. 3, pp. 637-657, 1961.

[29] P. Kundur, *Power System Stability and Control.* New York: McGraw-Hill, 1994.

[30] J. Liu, "Modification of the minimum-degree algorithm by multiple elim-
ination," *ACM Transactions on Mathematical Software*, vol. 11, no. 2,
June 1985, pp. 141-153.

[31] H. Markowitz, "The elimination form of the inverse and its application
to linear programming," *Management Science*, vol. 3, 1957, pp. 255-269.

[32] A. Monticelli, "Fast decoupled load flow: Hypothesis, derivations, and
testing," *IEEE Transactions on Power Systems*, vol. 5, no. 4, pp 1425-
1431, 1990.

[33] J. Nanda, P. Bijwe, J. Henry, and V. Raju, "General purpose fast de-
coupled power flow," *IEEE Proceedings-C*, vol. 139, no. 2, March 1992.

[34] J. M. Ortega and W. C. Rheinboldt, *Iterative Solution of Nonlinear
Equations in Several Variables*, San Diego: Academic Press, Inc., 1970.

[35] A. F. Peterson, S. L. Ray, and R. Mittra, *Computational Methods for
Electromagnetics*, New York: IEEE Press, 1997.

[36] M. J. Quinn, *Designing Efficient Algorithms for Parallel Computers*,
New York: McGraw-Hill Book Company, 1987.

[37] Y. Saad and M. Schultz, "GMRES: A generalized minimal residual al-
gorithm for solving nonsymmetric linear systems," *SIAM J. Sci. Stat.
Comput.*, vol. 7, no. 3, July 1986.

[38] O. R. Saavedra, A. Garcia, and A. Monticelli, "The representation of
shunt elements in fast decoupled power flows," *IEEE Transactions on
Power Systems*, vol. 9, no. 3, August 1994.

[39] J. Sanchez-Gasca and J. Chow, "Performance comparison of three iden-
tification methods for the analysis of electromechanical oscillations,"
IEEE Transactions on Power Systems, vol. 14, no. 3, August 1999.

[40] J. Sanchez-Gasca, K. Clark, N. Miller, H. Okamoto, A. Kurita, and
J. Chow, "Identifying Linear Models from Time Domain Simulations,"
IEEE Computer Applications in Power, April 1997.

[41] T. Sarkar and O. Pereira, "Using the matrix pencil method to estimate
the parameters of a sum of complex exponentials," *IEEE Antennas and
Propagation*, vol. 37, no. 1, February 1995.

[42] P. W. Sauer and M. A. Pai, *Power System Dynamics and Stability*,
Upper Saddle River, New Jersey: Prentice-Hall, 1998.

[43] J. Smith, F. Fatehi, S. Woods, J. Hauer, and D. Trudnowski, "Transfer
function identification in power system applications," *IEEE Transac-
tions on Power Systems*, vol. 8, no. 3, August 1993.

[44] G. Soderlind, "DASP3–A program for the numerical integration of partitioned stiff ODEs and differential/algebraic systems," Report TRITA-NA-8008, The Royal Institute of Technology, Stockholm, Sweden, 1980.

[45] D. C. Sorensen, "Implicitly restarted Arnoldi/Lanzcos methods for large scale eigenvalue calculations," in D. E. Keyes, A. Sameh, and V. Venkatakrishnan, editors, *Parallel Numerical Algorithms: Proceedings of an ICASE/LaRC Workshop, May 23-25, 1994, Hampton, VA*, Kluwer, 1995.

[46] D. C. Sorensen, "Implicit application of polynomial filters in a k-step Arnoldi method," *SIAM J. Mat. Anal. Appl.*, vol. 13, no. 1, 1992.

[47] P. A. Stark, *Introduction to Numerical Methods*, London, UK: The Macmillan Company, 1970.

[48] B. Stott and O. Alsac, "Fast decoupled load flow," *IEEE Transactions on Power Apparatus and Systems*, vol. 93, pp. 859-869, 1974.

[49] G. Strang, *Linear Algebra and Its Applications*, San Diego: Harcourt Brace Javanonich, 1988.

[50] W. Tinney and J. Walker, "Direct solutions of sparse network equations by optimally ordered triangular factorizations," *Proceedings of the IEEE*, vol. 55, no. 11, November 1967, pp. 1801-1809.

[51] L. Wang and A. Semlyen, "Application of sparse eigenvalue techniques to the small signal stability analysis of large power systems," *IEEE Transactions on Power Systems*, vol. 5, no. 2, May 1990.

[52] D. S. Watkins, *Fundamentals of Matrix Computations*. New York: John Wiley and Sons, 1991.

[53] J. H. Wilkinson, *The Algebraic Eigenvalue Problem*. Oxford, England: Clarendon Press, 1965.

[54] M. Yannakakis, "Computing the minimum fill-in is NP-complete," *SIAM Journal of Algebraic Discrete Methods*, vol. 2, 1981, pp. 77-79.

[55] T. Van Cutsem and C. Vournas, *Voltage Stability of Electric Power Systems*, Boston: Kluwer Academic Publishers, 1998.

[56] R. S. Varga, *Matrix Iterative Analysis*. Englewood Cliffs, New Jersey: Prentice-Hall, Inc., 1962.

[57] G. C. Verghese, I. J. Perez-Arriaga, and F. C. Schweppe, "Selective modal analysis with applications to electric power systems," *IEEE Transactions on Power Systems*, vol. 101, pp. 3117-3134, Sept. 1982.

[58] W. Zangwill and C. Garcia, *Pathways to Solutions, Fixed Points, and Equilibria*. Englewood Cliffs, New Jersey: Prentice-Hall, Inc., 1981.

图书在版编目（CIP）数据

电力系统分析中的计算方法：原书第 2 版/（美）玛丽莎 L. 克劳（Mariesa L. Crow）著；徐政译. —北京：机械工业出版社，2017.10

（国际电气工程先进技术译丛）

书名原文：Computational methods for electric power systems，2nd edition

ISBN 978-7-111-58306-6

Ⅰ.①电… Ⅱ.①玛…②徐… Ⅲ.①电力系统 - 系统分析 - 计算方法 Ⅳ.①TM711 - 32

中国版本图书馆 CIP 数据核字（2017）第 253809 号

机械工业出版社（北京市百万庄大街 22 号　邮政编码 100037）
策划编辑：付承桂　责任编辑：付承桂　间洪庆
责任校对：刘志文　封面设计：马精明
责任印制：常天培
涿州市京南印刷厂印刷
2018 年 1 月第 1 版第 1 次印刷
169mm × 239mm · 15.75 印张 · 296 千字
0001–3000 册
标准书号：ISBN 978 - 7 - 111 - 58306 - 6
定价：69.00 元

凡购本书，如有缺页、倒页、脱页，由本社发行部调换

电话服务　　　　　　　　　　　网络服务

服务咨询热线：010 - 88361066　机 工 官 网：www.cmpbook.com
读者购书热线：010 - 68326294　机 工 官 博：weibo.com/cmp1952
　　　　　　　010 - 88379203　金 书 网：www.golden - book.com
封面无防伪标均为盗版　　教育服务网：www.cmpedu.com